全国技工院校数控类专业教材（高级技能层级）

数控铣床加工中心编程与操作

（FANUC 系统）

（第二版）

人力资源社会保障部教材办公室组织编写

中国劳动社会保障出版社

简介

本书主要内容包括：数控铣床/加工中心编程基础知识、数控铣床/加工中心的操作、数控仿真加工、平面加工、轮廓加工、孔系加工、宏程序应用、DNC数控加工技术应用、高级职业技能等级认定技能操作模拟试题等。

本书由何宏伟担任主编，李兆祥、郭金鹏担任副主编，吴魁魁、姜成君、高晓杰参加编写。

图书在版编目(CIP)数据

数控铣床加工中心编程与操作：FANUC系统/人力资源社会保障部教材办公室组织编写. --2版. --北京：中国劳动社会保障出版社，2022

全国技工院校数控类专业教材. 高级技能层级

ISBN 978-7-5167-5352-1

Ⅰ. ①数… Ⅱ. ①人… Ⅲ. ①数控机床-铣床-程序设计-技工学校-教材②数控机床-铣床-操作-技工学校-教材 Ⅳ. ①TG547

中国版本图书馆CIP数据核字(2022)第103480号

中国劳动社会保障出版社出版发行

(北京市惠新东街1号 邮政编码：100029)

*

北京宏伟双华印刷有限公司印刷装订 新华书店经销

787毫米×1092毫米 16开本 15.75印张 333千字

2022年8月第2版 2022年8月第1次印刷

定价：31.00元

读者服务部电话：(010) 64929211/84209101/64921644

营销中心电话：(010) 64962347

出版社网址：http://www.class.com.cn

http://jg.class.com.cn

前言

为了更好地适应技工院校数控类专业的教学要求，全面提升教学质量，人力资源社会保障部教材办公室组织有关学校的骨干教师和行业、企业专家，在充分调研企业生产和学校教学情况，广泛听取教师对教材使用反馈意见的基础上，对全国技工院校数控类专业高级技能层级的教材进行了修订。

本次教材修订工作的重点主要体现在以下几个方面：

第一，更新教材内容，体现时代发展。

根据数控类专业毕业生所从事岗位的实际需要和教学实际情况的变化，合理确定学生应具备的能力与知识结构，对部分教材内容及其深度、难度做了适当调整。

第二，反映技术发展，涵盖职业技能标准。

根据相关工种及专业领域的最新发展，在教材中充实新知识、新技术、新设备、新工艺等方面的内容，体现教材的先进性。教材编写以国家职业技能标准为依据，内容涵盖数控车工、数控铣工、加工中心操作工、数控机床装调维修工、数控程序员等国家职业技能标准的知识和技能要求，并在配套的习题册中增加了相关职业技能等级认定模拟试题。

第三，精心设计形式，激发学习兴趣。

在教材内容的呈现形式上，较多地利用图片、实物照片和表格等将知识点生动地展示出来，力求让学生更直观地理解和掌握所学内容。针对不同的知识点，设计了许多贴近实际的互动栏目，以激发学生的学习兴趣，使教材“易教易学，易懂易用”。

第四，采用 CAD/CAM 应用技术软件最新版本编写。

在 CAD/CAM 应用技术软件方面，根据最新的软件版本对 UG、Creo、Mastercam、CAXA、SolidWorks、Inventor 进行了重新编写。同时，在教材中不仅局限于介绍相关的软件功能，而是更注重介绍使用相关软件解决实际生产中的问题，以培养学生分析和解决问题的综合职业能力。

第五，开发配套资源，提供教学服务。

本套教材配有习题册和方便教师上课使用的多媒体电子课件，可以通过登录技工教育网（http://jg.class.com.cn）下载。另外，在部分教材中使用了二维码技术，针对教材中的教学重点和难点制作了动画、视频、微课等多媒体资源，学生使用移动终端扫描二维码即可在线观看相应内容。

本次教材的修订工作得到了河北、辽宁、江苏、山东、河南等省人力资源和社会保障厅及有关学校的大力支持，在此我们表示诚挚的谢意。

人力资源社会保障部教材办公室

2022 年 7 月

目　录

第一章　数控铣床/加工中心编程基础知识

第一节　数控铣床/加工中心概述

一、数控的基本概念

数控技术即数字控制（Numerical Control，简称 NC）技术，是一种借助数字、字符或者其他符号对某一工作过程进行编程控制的自动化方法。

数控机床是采用了数控技术的机床，或是装备了数控系统的机床。国际信息处理联盟（International Federation of Information Processing）第五技术委员会对数控机床作了如下定义：数控机床是一种装有程序控制系统的自动化机床，该控制系统能逻辑地处理具有控制编码或其他符号指令规定的程序，并将其译码，用代码化的数字表示，通过信息载体输入数控装置。经运算处理由数控装置发出各种控制信号，控制机床的动作，按图样要求的形状和尺寸自动地将零件加工出来。

最初的数控系统是由数字逻辑电路构成的专用硬件数控系统。随着微型计算机的发展，硬件数控系统已经逐渐被淘汰，取而代之的是计算机数控系统（Computer Numerical Control，简称 CNC），即采用计算机实现数字程序控制的技术。由于计算机可以完全用软件来控制数字信息的处理过程，从而具有真正的“柔性”，并可以处理硬件逻辑电路难以处理的复杂信息，使数字控制系统的性能大大提高。

现代的数控系统通常是由一台带有专用系统软件的微型计算机控制的，主要由显示器、操作面板、计算机控制主机、伺服控制器、可编程控制器等构成。现在国内市场上流行的和企业普遍使用的国内数控系统有华中数控（HNC）、广州数控（GSK）、凯恩帝（KND）、航天数控（CASNUC）、南京华兴数控（WASHING）和大连大森数控（DASEN）等。国外数控系统有日本的发那科（FANUC）、德国的西门子（SIEMENS）、日本的三菱（MITSUBISHI）、法国的纽姆（NUM）等。本教材主要介绍 FANUC 系统。

二、数控铣床/加工中心的概念、分类及加工对象

1. 数控铣床/加工中心的概念

数控铣床就是装备了数控系统或采用了数控技术主要完成铣削加工，并辅助有镗削等加工的机床，如图 1－1 所示。加工中心是由数控铣床发展而来的，与数控铣床相比，主要区别是加工中心配备有刀库和自动换刀装置，如图 1－2 所示，它能按程序中的控制指令自动完成更换刀具动作。

图 1－1　数控铣床

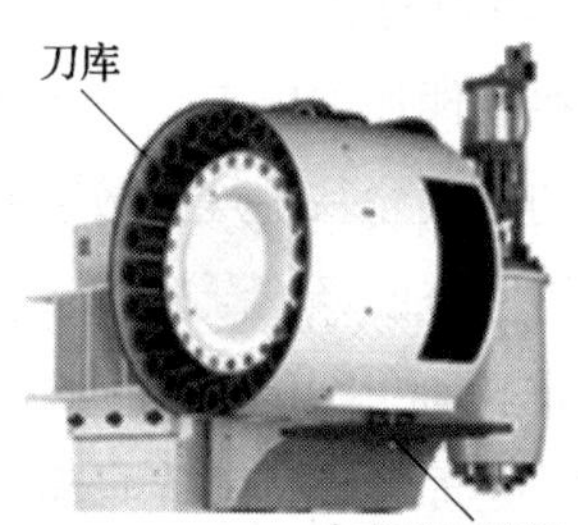

图 1－2　加工中心

2. 数控铣床/加工中心的分类

按数控铣床/加工中心主轴位置进行分类，一般分为立式数控铣床/加工中心、卧式数控铣床/加工中心。

（1）立式数控铣床/加工中心

此类机床结构简单，工件装夹方便，加工时便于观察，其主轴轴线垂直于工作台，如图 1－3所示。

（2）卧式数控铣床/加工中心

此类机床结构复杂，在加工时不便观察，其主轴轴线与工作台面平行，如图 1－4所示。

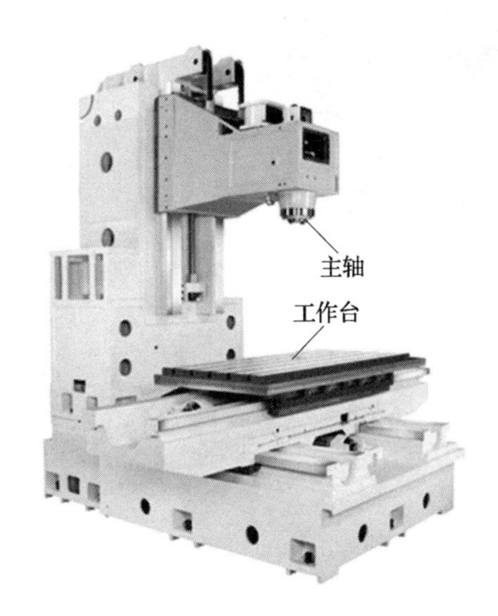

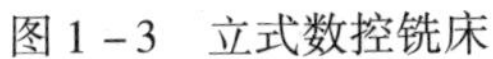

图1－3　立式数控铣床

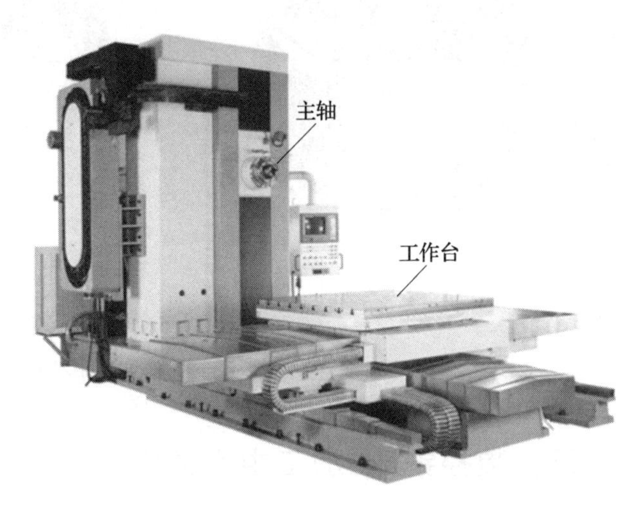

图1－4　卧式加工中心

3. 数控铣床的加工对象

数控铣床一般为三轴联动机床，可以加工二维轮廓零件或三维轮廓零件，如平面类零件、变斜角类零件、曲面类零件，也可以对孔类零件进行加工，如钻孔、扩孔、锪孔、铰孔、镗孔和攻螺纹等，但它主要还是用来对工件进行铣削加工。常见的数控铣床加工对象包括机械零件、塑料模具、电极等，如图1－5所示。

a)

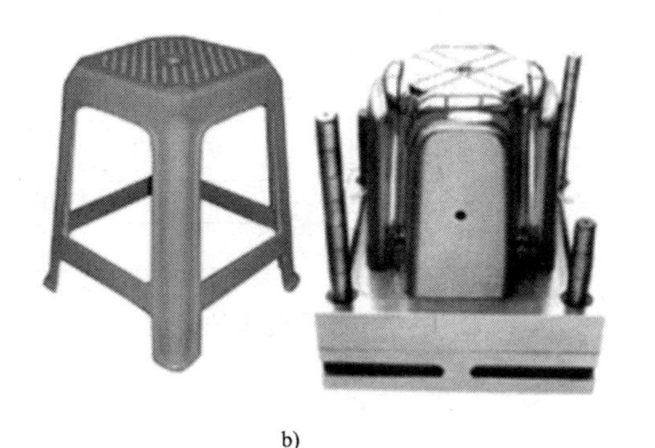

b)

c)

图1－5　数控铣床加工对象

a）机械零件　b）塑料模具　c）电极

4. 加工中心的加工对象

加工中心适宜于加工复杂、工序多、精度要求较高、需用多种类型的刀具，且经多次装夹和调整才能完成加工的具有一定批量的零件，其加工的主要对象有箱体类零件、复杂曲面、异形件、盘类零件、套类零件、板类零件和特殊加工零件等，如图1－6所示。

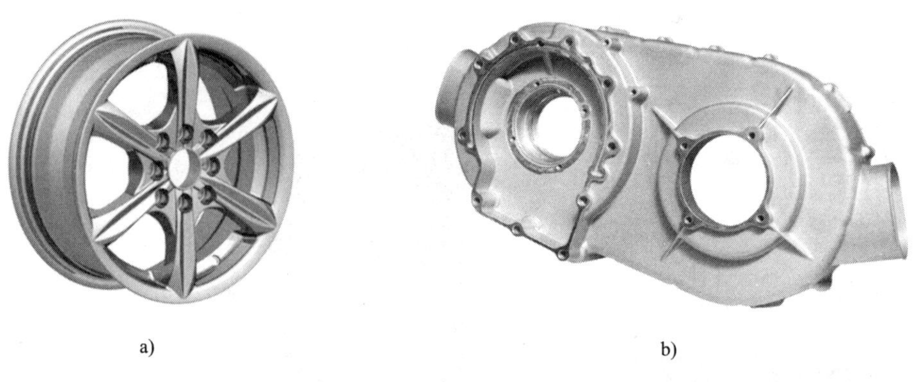

图 1-6　加工中心加工对象

a）汽车轮圈　b）箱体

三、数控铣床/加工中心的组成

数控机床的种类很多，但任何一种数控机床都主要由操作装置、输入/输出装置、数控装置（CNC 装置）、伺服及驱动装置、可编程控制器、机床主体及检测与反馈装置等组成。由于数控装置和伺服系统在结构上的一体化设计，该部分也被称为计算机数控系统，因此，数控机床的基本结构也可以归纳为由计算机数控系统和机床主体两大部分组成，如图 1-7 所示。

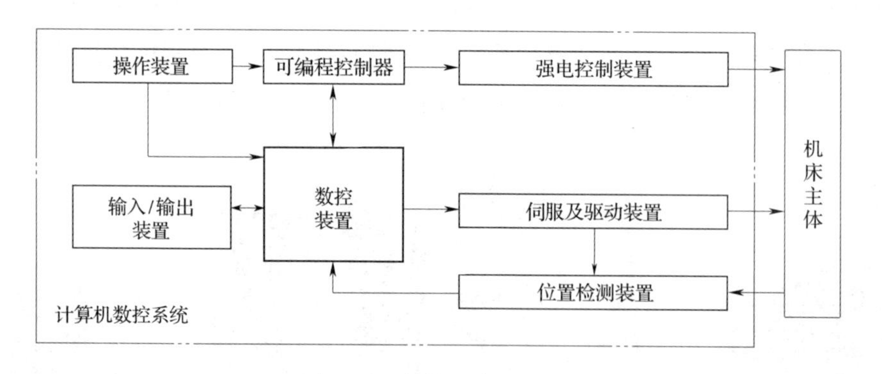

图 1-7　数控机床的组成

1. 操作装置

操作装置是操作人员与数控机床进行对话的工具，操作人员通过它可对数控机床进行操作、编程、调试或对机床参数进行设定和修改。FANUC 系统的操作装置主要由 LCD 显示器、MDI 键盘、机床控制面板、状态灯和手持单元等部分组成。

2. 输入/输出装置

数控程序一般被保存在某种控制介质上，采用通信方式（RS232）进行程序的输入/输出。早期的数控机床常用穿孔纸带、磁盘等控制介质，现代数控机床常用磁盘、U 盘、移动硬盘等控制介质。此外，操作人员还可以直接通过数控系统自带的键盘手动输入/输出零件程序。

3. 可编程控制器

可编程控制器（Programmable Logical Controller，缩写为 PLC）是一种通过编程实现顺序控制、定时、计数和数学运算，最终实现对机械设备控制的工业控制装置。

4. 数控装置

数控装置是计算机数控系统的核心，现代数控装置通常是一台带有专门系统软件的专用微型计算机，由输入装置、控制运算器和输出装置等构成。它接收控制介质上的数字化信息，经过控制软件或逻辑电路进行编译、运算和逻辑处理后，输出各种信号和指令，控制机床的各运动部件进行规定有序的动作。

5. 强电控制装置

强电控制装置的主要功能是接收可编程控制器输出的主轴变速、换向、启动或停止，刀具的选择和更换，分度工作台的转位和锁紧，工件的夹紧和松开，切削液的开或关等辅助操作的信号，经功率放大直接驱动相应的执行元件，如接触器、电磁阀等，从而实现数控机床在加工中的全部自动操作。

6. 伺服及驱动装置

伺服及驱动装置是数控机床的重要组成部分，是数控系统和受控设备的联系环节。数控系统发出的控制信息经伺服系统中的控制电路、功率放大电路，由伺服电动机驱动受控设备工作，并可对其位置、速度等进行控制。伺服系统一般可根据有无检测反馈环节分为开环系统、半闭环系统和闭环系统。

7. 位置检测装置

半闭环系统和闭环系统配有位置检测装置，可以将检测元件所测得的位移值进行模拟转换，然后作为反馈信号输入比较电路，经与指令值相比较后控制伺服驱动系统进行补偿运动。因此，检测元件的性能对伺服系统有很大的影响。常用的位移检测元件有脉冲编码器、旋转变压器、感应同步器、光栅传感器和磁栅等。

8. 机床主体

机床主体是用于完成各种切削加工的机械部分。数控机床与普通机床相比，数控机床在整体布局、外形、主传动系统、进给传动系统、刀具系统、支撑系统、排屑系统和冷却系统等方面有很大的差异，如对机床的精度、静刚度、动刚度等提出了更高的要求，而传动链则要求尽可能简单。这些差异使数控机床能够更好地完成加工任务，并充分适应数控加工的特点。

第二节　数控铣床/加工中心坐标系

一、坐标系命名原则

编程时为了描述机床的运动和方向，进行正确的数值计算，简化程序的编制，以及保存记录数据的互换性，就需要明确数控机床坐标轴和进给方向。

中国机械工业联合会提出了标准《工业自动化系统与集成　机床数值控制　坐标系和运动命名》（GB/T 19660—2005），该标准等同采用国际上针对数控机床的坐标系和运动方向制定的《工业自动化系统与集成　机床数值控制　坐标系和运动命名》（ISO 841:2001）。

标准中采取的坐标轴和运动方向命名的规则为刀具相对于静止的工件而运动，即永远假定刀具相对于静止的工件而运动。这一原则使编程人员能够在不知道是刀具运动还是工件运动的前提下确定加工工艺，编程时只要依据零件图样即可进行数控加工程序的编制。这一假定使编程工作有了统一的标准，无须考虑数控机床各部件的具体运动方向。

二、机床坐标系

在数控编程时，为了描述机床的运动，简化程序编制的方法及保证记录数据的互换性，以机床原点 *O* 为坐标系原点并遵循右手笛卡儿直角坐标系建立的由 *X*、*Y*、*Z* 轴组成的固定的直角坐标系称为机床坐标系。

1. 机床坐标系的确定原则

标准的机床坐标系是一个右手笛卡儿直角坐标系，如图 1－8 所示。三个主要的轴称为 *X*、*Y* 和 *Z* 轴，拇指的指向为 *X* 坐标的正方向，食指的指向为 *Y* 坐标的正方向，中指的指向为 *Z* 坐标的正方向。绕 *X*、*Y* 和 *Z* 轴回转的轴分别称为 *A*、*B* 和 *C* 轴。

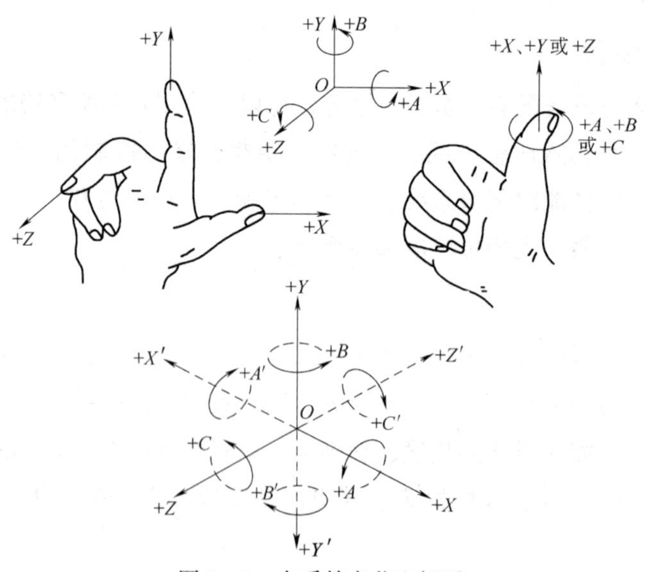

图 1－8　右手笛卡儿坐标系

确定机床坐标系应遵循以下原则：

（1）遵循右手笛卡儿直角坐标系。

（2）永远假设工件是静止的，刀具相对于工件运动。

（3）刀具远离工件的方向为正方向。

2. 运动方向的确定

运动方向的确定顺序为：首先确定 *Z* 轴，然后确定 *X* 轴，最后确定 *Y* 轴和其他轴。

（1）Z 轴

Z 轴由传递切削力的主轴所决定，与主轴轴线平行。Z 轴的正方向是增大刀具与工件距离的方向。

（2）X 轴

一般情况下 X 轴是水平的，它平行于工作台，与 Z 轴垂直。X 轴的正方向分两种情况：若机床 Z 轴是水平的（如卧式数控铣床），由刀具主轴向工件看时，X 轴水平向右，如图 1－9 所示；若机床 Z 轴是垂直的（如立式数控铣床），向立柱看时，X 轴水平向右，如图 1－10 所示。

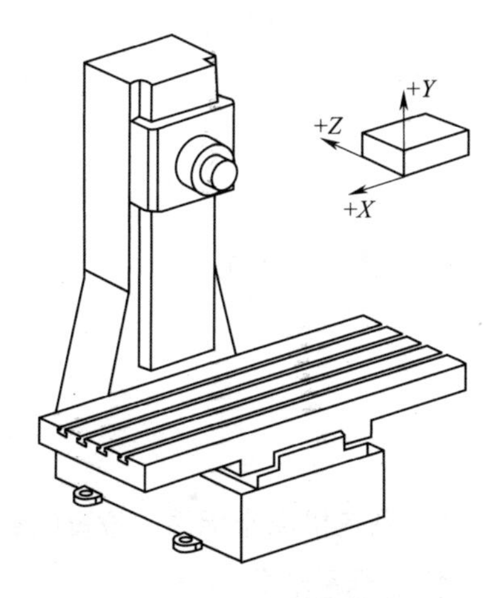

图 1－9　卧式数控铣床

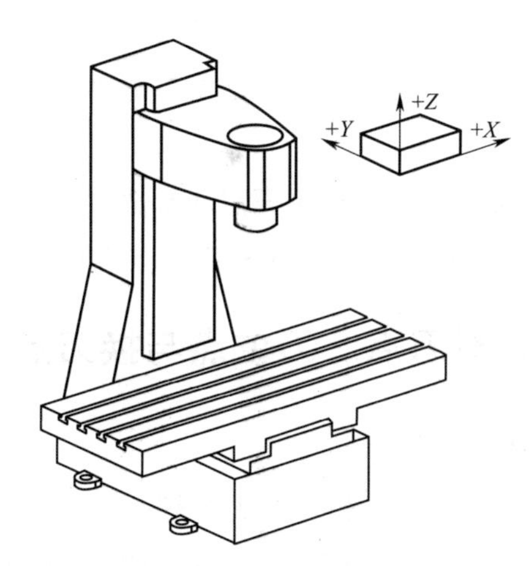

图 1－10　立式数控铣床

（3）Y 轴

Y 轴的正方向，根据 Z 轴和 X 轴的运动，按照右手笛卡儿直角坐标系来确定。

（4）A、B、C 轴

如图 1－8 所示，A、B、C 轴表示其相应轴线平行于 X、Y、Z 轴做旋转运动的轴。A、B、C 轴正方向的判断方法是按照右手螺旋法则，拇指指向 X（Y、Z）轴的正方向，其他四指的指向为 A（B、C）旋转轴的正方向。

3. 数控机床原点及参考点

（1）机床原点

机床原点一般位于 X、Y、Z 轴的正方向极限位置，是机床在装配、调试时就确定的一个固定的点。

（2）机床参考点

机床参考点是数控机床上一个特殊位置的点。机床参考点与机床原点的距离可由系统参数来设定，如设定值为零，则表示机床参考点与机床原点重合；如设定值不为零，则机床开机回零后显示的机床坐标系值就是系统参数中设定的距离。

机床原点是通过返回机床参考点来确定的。首先机床参考点通过各轴的减速行程开关实现粗定位，然后由编码器零位电脉冲精确定位，当返回参考点工作完成后，显示器显示出机床参考点在机床坐标系中的坐标值，从而建立机床坐标系。

三、工件坐标系

工件坐标系也称编程坐标系，是编程人员在编程时使用的，它是由编程人员任意设定的。选择工件坐标系时一般应遵循以下原则：

（1）工件坐标系各轴的方向应该与所使用的数控机床相应的坐标轴方向一致。

（2）尽可能将工件坐标系原点选择在工艺定位基准上，这样有利于提高加工精度。

（3）尽量选在精度较高的工件表面上，以提高被加工零件的加工精度。

（4）将工件坐标系原点选择在零件的尺寸基准上，这样便于坐标值的计算，减少手工计算量。

（5）Z 轴工件坐标系原点通常选在工件的上表面。

（6）X 轴、Y 轴工件坐标系原点设在与零件的设计基准重合的地方。

四、对刀点、刀位点与换刀点

1. 对刀点

对刀点是工件在机床上找正夹紧后，用于确定工件坐标系在机床坐标系中位置的基准点。

对刀点可以选择在工件上或工件外，但对刀点与工件坐标系必须有准确、合理、简单的位置对应关系。对刀点既可以与工件坐标系原点重合，也可以不重合，主要取决于加工精度和对刀的方便性。

如图 1－11 所示，定位块被事先安装在机床上，水平边和竖直边分别与机床坐标系的 X 轴和 Y 轴平行。对刀点位于定位块的左下角，相对于编程原点的距离为 δ_1 和 δ_2。对刀点在机床坐标系中的位置可以通过对刀的方式获得，即图中的 X_1 值和 Y_1 值，此值为负值。因定位块的厚度尺寸 δ_1 和 δ_2 是已知的，所以就可以间接计算出编程原点在机床坐标系中的坐标值为（$X_1+\delta_1$，$Y_1+\delta_2$）。此值便为设定工件坐标系的坐标值。

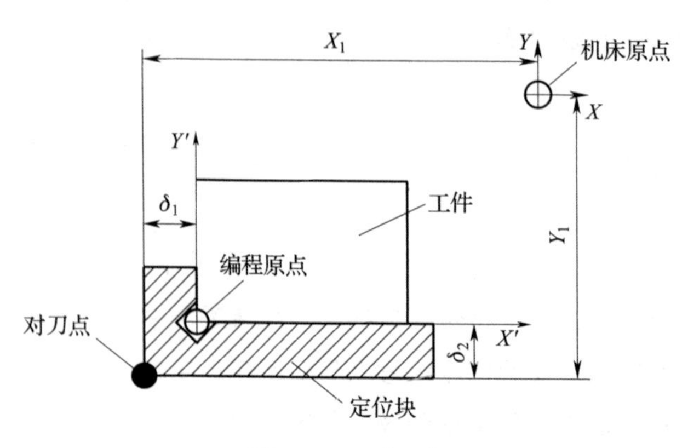

图 1－11　对刀点

对刀点的选择原则应考虑以下几点：所选的对刀点应使程序编制简单；对刀点应选择在容易找正、便于确定零件加工原点的位置；对刀点应选在加工时检验方便、可靠的位置；对刀点的选择应有利于提高加工精度；对刀点应选在零件设计基准或定位基准重合的位置。

如以孔定位的零件，可选孔的中心作为对刀点，采用找正工具（如百分表、中心规和寻边器等）来找正。找正操作一定要仔细，找正的方法必须与工件的加工精度相一致，以确保零件的加工质量。

2. 刀位点

刀具在机床上的位置用刀位点表示。所谓刀位点，是指刀具的定位基准点，不同刀具的刀位点不同，如图 1－12 所示。平底铣刀、端铣刀类刀具的刀位点为它们的底面中心；钻头的刀位点为钻尖；球头铣刀的刀位点为球心；车刀、镗刀类刀具的刀位点为其刀尖。

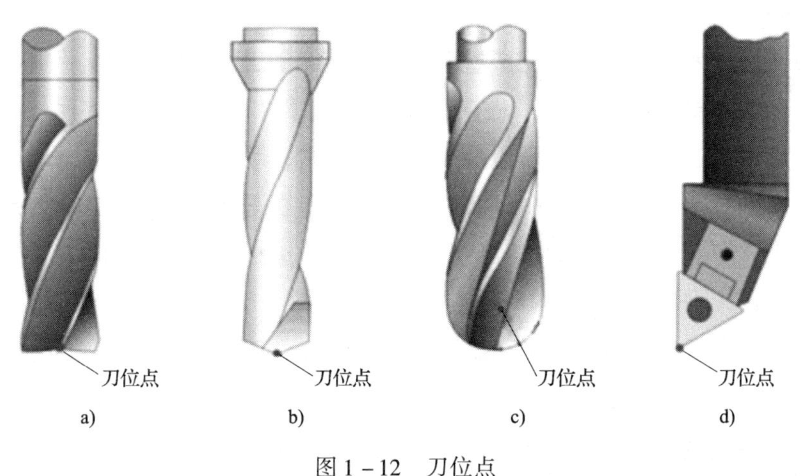

图 1－12　刀位点

a）平底铣刀　b）钻头　c）球头铣刀　d）车刀

3. 换刀点

数控铣床和加工中心在加工的过程中经常需要换刀，编程时应设置一个换刀点。换刀点一般设置在被加工零件的外部，以防止换刀时刀具与工件或夹具发生碰撞。数控铣床的换刀是采用手动方式进行的，换刀点是任意一点，选择原则是在保证刀具不与机床、夹具或者工件产生干涉或碰撞的情况下越近越好。其主要目的是节约辅助时间，提高加工效率。加工中心的换刀是采用自动方式进行的，该点是一个固定的点，是机床制造厂家精确调整好的。

第三节　数控编程的基本知识

一、数控加工程序及其编制过程

1. 数控加工程序的概念

数控机床是按照事先编好的加工程序，经数控装置接收和处理后，自动控制机床加工出各种不同形状、尺寸及精度的零件。

按规定格式描述零件几何形状和加工工艺的数控指令集称为数控加工程序。

2. 程序的编制及分类

（1）程序编制的概念

数控机床加工零件时，需要将所加工零件的全部工艺信息以信息代码的形式记录在控制介质上，并用控制介质上的信息控制机床动作，实现零件的全部加工过程。这种从零件图样到获得数控机床所需控制介质的全过程称为程序编制，主要内容包括工艺处理、数值处理、编写程序及制作控制介质等。

（2）程序编制的方法

数控程序的编制可以分为手工编程和自动编程两种方法。

1）手工编程

由程序员或操作者以手工方式完成整个加工程序编制工作的方法称为手工编程。

对于加工形状简单、计算量小、程序段数不多的零件，采用手工编程较容易，而且经济。因此，在点位加工或直线与圆弧组成的轮廓加工中，手工编程仍然广泛应用。对于形状复杂的零件，特别是具有非圆曲线、列表曲线及曲面等的零件，用手工编程就有一定困难，出错的概率增大，有时甚至无法编出程序，必须用自动编程的方法编制程序。

2）自动编程

自动编程是指利用 CAD/CAM 辅助编程软件对零件加工内容进行编程的过程。自动编程的一般步骤为几何造型、加工工艺分析、刀具轨迹生成、刀具轨迹的验证与编辑、后置处理、数控程序的输出。

自动编程的优点是效率高、编程时间短、质量高。缺点是必须具备自动编程软件，自动编程的硬件和软件配置费用较高。

3. 程序编制的过程

无论手工编程还是自动编程，程序编制的过程均如图 1 – 13 所示。

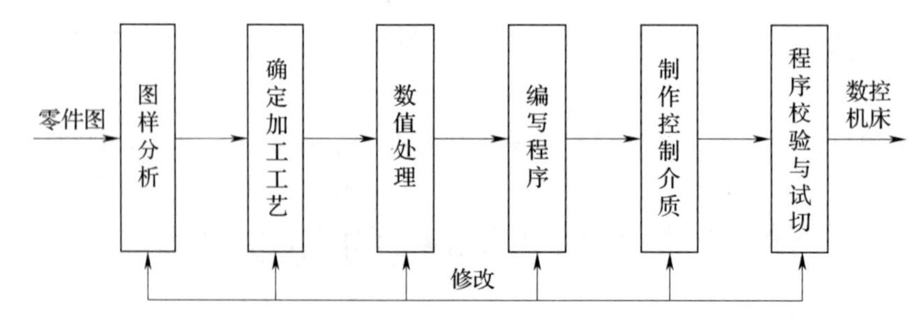

图 1 – 13 程序编制的过程

（1）图样分析

对零件图样进行分析以明确加工的内容及要求，主要包括识读标题栏、技术要求和对零件轮廓形状、标注（尺寸公差、几何公差以及表面粗糙度要求等）及材料、热处理等要求进行分析。

(2) 确定加工工艺

根据图样分析选择加工方案，确定加工顺序、进给路线，选择合适的对刀点和换刀点，选择机床，选择夹具和刀具，确定合理的切削用量。

(3) 数值处理

数值处理包括尺寸分析、选择处理方法、数值计算及对拟合误差的分析和计算等。

(4) 编写程序

根据确定的加工路线、刀具号、切削用量以及数值计算的结果，按照数控机床规定使用的功能指令代码及程序段的格式，逐段编写加工程序。此外，还应附上必要的加工示意图、刀具说明、机床调整卡和工序卡等。

(5) 制作控制介质

把编制好的程序内容记录在控制介质上，作为数控装置的输入信息。通过程序的手工输入或通信传输送入数控系统。

(6) 程序校验与试切

加工程序必须经过校验和试切才能正式使用。校验的方法是直接将控制介质上的内容输入数控系统，让机床空运转，以检查机床的运动轨迹是否正确。在有 LCD 图形显示的数控机床上，用模拟刀具与工件切削过程的方法进行检验更为方便，但这些方法只能检验运动是否正确，不能检验被加工零件的加工精度。因此，要对零件进行首件试切加工。当发现有加工误差时，分析误差产生的原因，找出问题并加以修正，直至达到零件图样要求。

二、常用术语及指令代码

1. 字符

字符是用于组织、控制或表示数据的一组符号，也是计算机进行存储或传送的信号，由英文字母、数字、标点符号和数学运算符号等组成。

2. 程序字

程序字是组成程序段的最小基本单元，可以作为一个信息单元存储、传递和操作，是一套有规定次序的字符。如 X123.456，就是由 8 个字符组成的一个程序字。

3. 地址和地址字

(1) 地址

地址又称为地址符，在数控加工程序中，它是指位于程序字头的字符或字符组，用以识别其后的数据；在传递信息时，它表示其出处或目的地。在数控铣床加工程序中常用的地址符有 N、G、X、Y、Z、U、V、W、I、J、K、R、F、S、T 和 M 等字符，每个地址都有它的特定含义。常用地址符见表 1－1。

表 1-1　　常用地址符

地址	功能	含义或取值
O	程序号	程序号
N	程序段号	程序段号
G	准备功能	指令运动方式（G00 ~ G99）
X、Y、Z A、B、C	尺寸字	坐标轴的移动指令
U、V、W		
R		圆弧的半径；固定循环的参数
I、J、K		圆心坐标；固定循环的参数
F	进给速度	指定进给速度
S	主轴功能	指定主轴转速
T	刀具功能	指定刀具号（T0 ~ T99）
M	辅助功能	机床辅助动作（M0 ~ M99）
H、D	补偿号	指定刀具补偿号（00 ~ 99）
P、X	暂停	指定暂停时间，单位为 s
P	子程序号	指定子程序号
L	重复次数	子程序的重复次数，固定循环的重复次数
P、Q、R	参数	固定循环参数

（2）地址字

由带有地址的一组字符组成的字称为地址字。数控程序中的地址字也称为程序字。例如，在“N600 M02”这个程序段中，就有 N600 和 M02 两个地址字。数控程序中常见的地址字有以下几种：

1）顺序号字

顺序号字一般称为程序段号，它表示程序段的名称，由地址符 N 和后续的四位数字组成，后续数字一般为 1 ~ 9 999。

程序段号位于程序段之首，可以用在引导程序、主程序、子程序及用户宏程序中，也可以省略不写。

程序段号数字部分为正整数，可以不连续使用，也可以不按顺序使用。顺序号字不是程序段中的必用字，对于整个程序，可以每个程序段均有顺序号字，也可以均没有顺序号字，也可以部分程序段有顺序号字。

2）准备功能字

准备功能字是设定机床工作方式或控制系统工作方式的一种命令。由地址符 G 和后续的两位数字组成，从 G00 到 G99 共 100 种代码。也有少数数控系统（如西门子系统）采用三位数字。因其地址符为 G，故又称为 G 功能或 G 代码。表 1-2 是 FANUC 0i 系统常用 G 代码。

表 1－2　　FANUC 0i 系统常用 G 代码

G 代码	组	功能	G 代码	组	功能
▲G00	01	快速定位	G43	08	刀具长度正补偿
G01		直线插补	G44		刀具长度负补偿
G02		顺圆插补/螺旋线插补	G45	00	刀具位置偏置加
G03		逆圆插补/螺旋线插补	G46		刀具位置偏置减
G04	00	暂停	G47		刀具位置偏置加 2 倍
G05. 1		超前读多个程序段	G48		刀具位置偏置减 2 倍
G07. 1		圆柱插补	▲G49	08	刀具长度补偿取消
G08		预读控制	▲G50	11	比例缩放取消
G09		准确停止	G51		比例缩放有效
G10		可编程数据输入	▲G50. 1	22	可编程镜像取消
G11		可编程数据输入方式取消	G51. 1	22	可编程镜像有效
▲G15	17	极坐标指令取消	G52	00	设定局部坐标系
G16		极坐标指令	G53		机床坐标系
▲G17	02	*XY* 平面选择	▲G54	00	工件坐标系 1
G18		*XZ* 平面选择	G54. 1		选择附加工件坐标系
G19		*YZ* 平面选择	G55		工件坐标系 2
G20	06	英制输入	G56		工件坐标系 3
▲G21		公制输入	G57		工件坐标系 4
▲G22	04	存储行程检测接通	G58		工件坐标系 5
G23		存储行程检测断开	G59		工件坐标系 6
G27	00	返回参考点检测	G60	00/01	单方向定位
G28		返回参考点	G61	15	准确停止方式
G29		由参考点返回	G62		自动拐角倍率
G30		返回第 2、3、4 参考点	G63		攻螺纹方式
G31		跳转功能	▲G64		切削方式
G33	01	螺纹切削	G65	00	宏程序调用
G37	00	自动刀具长度测量	G66	12	宏程序模态调用
G39		拐角偏置圆弧插补	▲G67		宏程序模态调用取消
▲G40	07	刀具半径补偿取消	G68	16	坐标旋转有效
G41		刀具半径左补偿	▲G69		坐标旋转取消
G42		刀具半径右补偿	G73	09	深孔钻循环
▲G40. 1	18	法线方向控制取消	G74		攻左旋螺纹循环
G41. 1		法线方向控制左侧接通	G76		精镗孔循环
G42. 1		法线方向控制右侧接通	▲G80		固定循环取消

续表

G 代码	组	功能	G 代码	组	功能
G81	09	钻孔循环，锪镗孔循环	G91	03	增量值编程
G82		钻孔循环	G92	00	工件坐标系设定
G83		深孔钻循环	G92.1		工件坐标系预置
G84		攻右旋螺纹循环	▲G94	05	每分钟进给
G85		镗孔循环	G95		每转进给
G86		镗孔循环	G96	13	恒线速度
G87		反镗孔循环	▲G97		每分钟转数
G88		镗孔循环	▲G98	10	固定循环返回初始点
G89		镗孔循环	G99		固定循环返回 R 点
▲G90	03	绝对值编程			

注：带▲号的 G 代码为开机默认代码。

3）坐标尺寸字

坐标尺寸字用于在程序段中指定刀具运动后应到达的坐标位置。坐标尺寸字由直线尺寸字、角度尺寸字和圆心尺寸字组成。

直线尺寸字主要用于指定到达点的直线坐标尺寸，其地址符为 X、Y、Z、U、V、W、P、Q、R。

角度尺寸字主要用于指定到达点的角度坐标尺寸，其地址符为 A、B、C、D、E。

圆心尺寸字主要用于指定圆弧轮廓的圆心坐标尺寸，其地址符为 I、J、K。

坐标尺寸字可以使用公制，也可以使用英制。在 FANUC 0i 系统中，用 G21 和 G20 来指定。G21 表示采用公制编程，单位为毫米（mm）；G20 表示采用英制编程，单位为英寸（in）。公制/英制对角度无效，角度单位为度（°）。

对于数据的输入，在 FANUC 0i 系统中，输入带有小数点的数据以毫米（mm）为单位；输入不带小数点的数据以脉冲当量为单位，即机床的最小输出单位，现在大多数数控机床的脉冲当量为 0.001 mm。

例如，当输入的数据为 X123. 时，表示以 mm 为单位，系统在执行该指令后，刀具（或工件）将移到 X 坐标轴的 123 mm 处；当输入的数据为 X123 时，表示以脉冲当量为单位，系统在执行该指令后刀具（或工件）将移到 X 坐标轴的 0.123 mm（即 123 × 0.001 mm = 0.123 mm）处；当输入的数据为 X123.456 7 时，表示以 mm 为单位，如果机床的脉冲当量为 0.001 mm，系统将对数据进行四舍五入处理，即 X123.457。

4）进给功能字

进给功能字主要用于指定进给速度，因其由地址符 F 和后续的数字组成，故又称为 F 功能或 F 代码。

进给单位分为每分钟进给（mm/min）和每转进给（mm/r）两种。在 FANUC 0i 系统中，每分钟进给量用指令 G94 表示，每转进给量用指令 G95 表示。

例如：G94 G01 X123.0 F100；（进给速度为 100 mm/min）

G95 G01 X123.0 F100；（进给速度为 100 mm/r）

5）主轴功能字

主轴功能字是用于指定主轴转速的地址字，因其由地址符 S 和后续的数字组成，故又称为 S 功能或 S 代码。

主轴转速单位分为恒线速度（m/min）和每分钟转数（r/min）两种。在 FANUC 0i 系统中，恒线速度用指令 G96 表示，每分钟转数用指令 G97 表示。其中恒线速度指令多用于数控车床加工表面质量要求较高的圆锥表面。

例如：G96 M03 S100；（主轴转速为 100 m/min）

G97 M03 S100；（主轴转速为 100 r/min）

6）刀具功能字

刀具功能字是用于指定加工中所用刀具号的地址字，因其由地址符 T 和后续的数字组成，故又称为 T 功能或 T 代码。

例如：T01；（选用刀具库中的 01 号刀具）

7）辅助功能字

辅助功能字是用于指定数控机床中辅助装置的开关动作的地址字，因其由地址符 M 和后续的两位数字组成（M00～M99，共 100 种），故又称为 M 功能或 M 代码。也有少数系统采用三位数字（如西门子系统）。FANUC 0i 系统常用 M 代码见表 1－3。

表 1－3　FANUC 0i 系统常用 M 代码

序号	代码	功能	说　明
1	M00	程序暂停	系统执行 M00 指令后，程序在本程序段停止运行，机床的所有动作均被切断，同时模态信息全部被保存下来，相当于程序暂停。当重新按下操作面板的“循环启动”按钮后，可继续执行 M00 指令后的程序。M00 指令一般可以用于在自动加工过程中停车进行某些固定的手动操作（如测量、换刀等）
2	M01	选择停止	M01 的执行过程与 M00 指令类似，不同的是需要在执行 M01 指令前按下操作面板上的“选择停止”开关，程序运行到 M01 时即停止。若不按下“选择停止”开关，则 M01 指令不起作用，机床继续执行后面的程序
3	M02	程序结束	该指令表示加工程序全部结束。它使主轴、进给、切削液都停止，机床复位。M02 指令必须用在最后一个程序段中
4	M03	主轴正转	表示主轴正转
5	M04	主轴反转	表示主轴反转
6	M05	主轴停止	表示主轴停止
7	M06	自动换刀	M06 指令用于在加工中心上自动换刀。通常 M06 指令要与 T 指令配合使用，T 指令是使机床选定所用的刀具号，并不执行换刀动作，当执行 M06 后机床才可执行正确的换刀动作

续表

序号	代码	功能	说　明
8	M07	喷雾	表示喷雾
9	M08	切削液开	表示切削液开
10	M09	切削液关	表示切削液关
11	M30	程序结束，光标返回程序开头	该指令与 M02 指令类似，用作程序结束指令。不同之处是执行 M30 指令后光标将返回程序开头的位置，为加工下一个零件做准备
12	M98	调用子程序	子程序调用指令
13	M99	子程序结束并返回主程序	表示子程序结束并返回主程序

4. 代码属性

（1）开机默认代码

数控系统对每一组的代码指令都选取了其中的一个作为开机默认代码，此代码在开机时或系统复位时可以自动生效，因此，在编程时对这些代码可以省略不写。

（2）代码分组

代码分组就是将系统中不能同时执行的代码分为一组，并以组别号区别，例如，G00、G01、G02、G03 就属于同组代码，其编号为“01”。同组代码具有相互取代的作用，同组代码在一个程序段中只能有一个有效。当在同一个程序段中有两个或两个以上的同组代码时，一般以最后输入的代码为准，有时机床还会出现报警。因此，在编程过程中要避免将同组代码编入同一个程序段中，以免引起混淆。对于不同组的代码，在同一个程序段中可以进行不同的组合，如 G00 G17 G21 G40 G49 G80。

（3）模态代码与非模态代码

模态代码又称续效代码，这种代码一经指定，在接下来的程序段中一直持续有效，直到出现同组其他代码时该代码才失效。在 FANUC 0i 系统中，除“00”组中的 G 代码是非模态代码外，其他组的 G 代码都是模态代码。另外，F、S、T 代码也属于模态代码。非模态代码是指仅在编写的程序段中才有效，如 G 代码中的 G09 代码，M 代码中的 M00、M01 等代码。

模态代码的应用简化了编程，避免了程序中出现大量的重复指令。同样的尺寸功能字如前后重复出现，该尺寸功能字也可以省略不写。

三、数控加工程序的格式及组成

1. 加工程序的组成

加工程序由遵循一定结构和格式的若干个程序段所组成。不同的数控系统，其加工程序的结构及程序段的格式会存在一定的差异。编程时，只有掌握数控系统所规定的结构和格式后，才能正确地编制出合理的加工程序。FANUC 0i 系统的程序结构如图 1－14 所示。

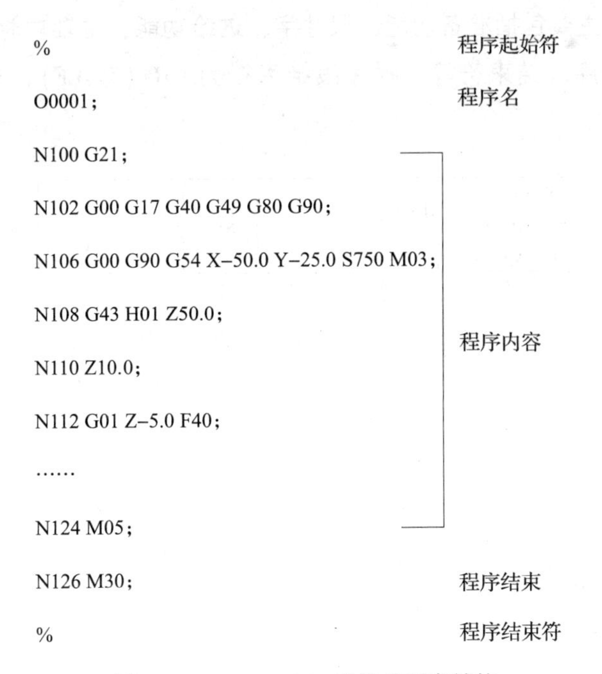

图 1－14　FANUC 0i 系统的程序结构

（1）程序起始符、程序结束符

新程序建立时由系统自动标记，标记符号为%。

（2）程序名

FANUC 0i 系统的程序名由地址符 O 和后续的四位数字表示，取值范围为 O0000～O9999。建立程序名时应注意以下几点：

1）在同一台机床上程序名不能同名。

2）程序名必须写在程序的最前面，并单独占一行。

3）程序名 O0000 和 O8000 以后的程序名在系统中有特殊的用途，所以用户应尽量避免在普通数控加工程序中使用。

4）数字前的零可以省略不写，如 O0001 可以省略为 O1。

（3）程序内容

程序内容是整个程序的核心，它由若干个程序段组成，包含了所有的加工信息，如加工轨迹、主轴启或停、切削液开或关等。

（4）程序结束

程序结束通过 M30 和 M02 代码来实现，写在程序的最后一行。系统执行程序结束代码后，即停止程序的执行。

2. 程序段的格式

零件的加工程序是由程序段组成的，每个程序段由若干个地址字组成，每个地址字是控制系统的具体指令，它是由表示地址的英文字母和数字集合而成的。

程序段可以由一个指令或多个指令组成，如图 1－15 所示。程序段由 N 开头；中间部分是程序段的内容，主要包括准备功能、尺寸字、进给功能、主轴功能、刀具功能、刀具补偿号、辅助功能和程序段结束符等；程序段结束符为 CR（或 LF），实际使用时常用符号“；”表示。

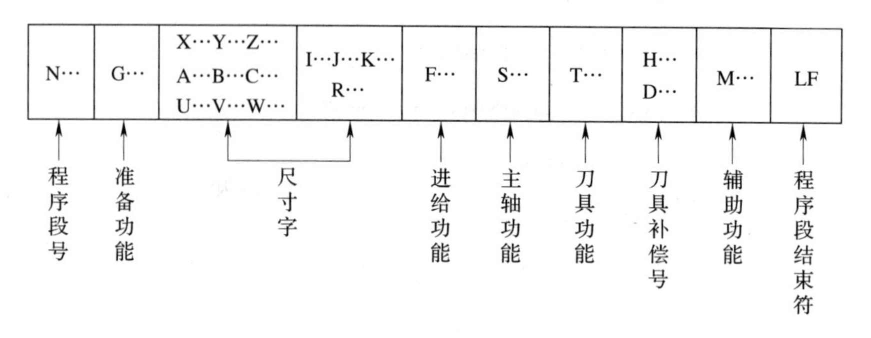

图 1－15　程序段格式

3. 程序段的特殊用法

（1）程序段的跳跃

FANUC 0i 系统程序段跳跃用符号“/”表示，该符号放在程序段的最前面。

例如：/ N10 M08；

使用程序段跳跃时，必须按下机床控制面板的“跳步”按钮，系统在执行到带有“/”符号的程序段时，将跳过这些程序段。若没有按下机床控制面板的“跳步”按钮，则系统将执行这些带有“/”符号的程序段。

（2）程序段的注释

为了方便操作者阅读和检查数控程序，系统允许对程序进行注释，注释内容作为提示信息只会显示在屏幕上，而不会使机床产生任何动作。

程序的注释内容应用“（　）”括起来，放在程序段的末尾，不允许将注释插在程序段的中间。正确的注释方法如下：

```
O0001;                                   (程序名)
N100 G00 G21 G17 G40 G49 G80 G90;
N102 T01 M06;                            (选用 01 号刀具)
N104 G00 G90 G54 X-16.5 Y-25.0 S400 M03;
N106 G43 Z50.0 H01;
……
N124 M30;
```

第四节　程序编制的工艺处理

制定零件的数控铣削加工工艺是数控铣削加工的一项首要工作。数控铣削加工工艺制定得合理与否，直接影响零件的加工质量、生产效率和加工成本。制定数控铣削加工工艺主要包括以下几个方面：

一、零件图样分析

要分析零件图的内容，就必须了解零件图包含的内容。一张完整的零件图是由标题栏、技术要求、一组视图以及完整的尺寸组成的。

（1）标题栏

标题栏通常显示零件的名称、材料、数量、日期、图的编号、比例等，编程人员通过分析这些内容可以获取零件的材料，以及零件的数量（单件加工还是批量加工）等信息。

（2）技术要求

技术要求主要显示零件制造、检验、未注公差尺寸的极限偏差、未注粗糙度、冲压、装配等内容。编程人员通过分析这些信息可以获取在编程、加工时需要注意的内容，如图中未注的表面粗糙度、未注的尺寸公差等。

（3）一组视图

通过识读主视图、左视图、俯视图及其他视图，编程人员可以获取如下信息：

1）零件的最大形状尺寸是否超过机床的最大行程。

2）了解零件形状结构，分析确定零件的加工内容。

3）分析零件的刚度是否随着加工的进行有太大的变化等，如零件的薄壁、开口等部位。

4）根据零件的形状以及数量确定相应的夹具并确定装夹基准。

5）零件上是否存在对刀具形状、尺寸有限制的部位，如过渡圆角、倒角、槽宽等，这些尺寸是否凌乱，是否可以统一。尽量使用最少的刀具进行加工，减少刀具规格、换刀及对刀次数和时间，以缩短总加工时间。

（4）完整的尺寸

图样尺寸标注主要分两大类，一类为线性尺寸标注，一类为几何公差标注，通过分析这些信息，编程人员可以获取零件的尺寸加工精度、几何公差及表面粗糙度，为后期程序的编制做好准备。

二、加工方法的选择

机械零件的结构、形状是多种多样的，但它们都是由平面、曲面等基本表面组成。每一种表面都有多种加工方法，具体选择时应根据零件的加工精度、表面粗糙度、材料、结构、形状、尺寸及生产类型等因素，选用相应的加工方法和加工方案。

1. 内孔表面加工方法的选择

在数控铣床上加工内孔表面的方法主要有钻削、扩削、铰削和镗削等。应根据被加工孔的加工要求、尺寸、具体生产条件、批量的大小及毛坯上有无预制孔等情况合理选用。

（1）直径大于30 mm的已铸出或锻出毛坯孔的加工，一般采用粗镗→半精镗→孔口倒角→精镗加工方案。孔径较大的可采用立铣刀粗铣→精铣加工方案。有退刀槽时可用锯片铣刀在半精镗之后、精镗之前铣削完成，也可用镗刀进行单刀镗削，但单刀镗削效率低。

（2）直径小于30 mm的无毛坯孔的加工，通常采用锪平端面→钻中心孔→钻孔→扩孔→孔口倒角→铰孔加工方案。有同轴度要求的小孔，须采用锪平端面→钻中心孔→钻孔→半精镗→孔口倒角→精镗（或铰孔）加工方案。为提高孔的位置精度，在钻孔工步前须安排锪平端面和钻中心孔工步。孔口倒角安排在半精加工之后、精加工之前，以防止孔内产生毛刺。

（3）内螺纹的加工方法根据孔径的大小来确定，一般情况下，直径在6～20 mm的螺纹通常采用攻螺纹方法加工。直径在6 mm以下的螺纹，因小直径丝锥很容易折断，一般需采用其他手段攻螺纹。直径在20 mm以上的螺纹可采用螺纹梳齿刀铣削加工。在数控铣床/加工中心上用铣削方式加工螺纹是一项对技术和技能要求极高的操作，如果操作不当，丝锥容易折断，例如，螺纹底孔歪斜、加工参数的设置与丝锥螺距不匹配等，都会导致加工过程中丝锥折断在孔内。

2. 平面加工方法的选择

（1）周铣与端铣

用圆柱铣刀的圆周刀齿进行铣削的方式叫作周铣，如图1－16a所示。

用端铣刀的端面刀齿进行铣削的方式叫作端铣，如图1－16b所示。

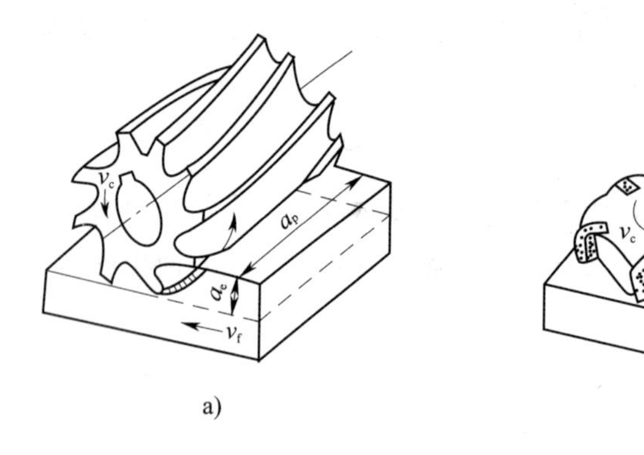

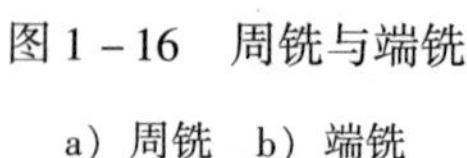

图1－16　周铣与端铣

a）周铣　b）端铣

与周铣相比，端铣加工平面较有利，其原因如下：

1）端铣刀的副切削刃对已加工表面有修光作用，能使表面粗糙度值降低。周铣的工件表面则有波纹状残留面积。

2）端铣刀同时参加切削的刀齿较多，切削力的变化程度较小，因此，工作时的振动比周铣小。

3）端铣刀的主切削刃刚接触工件时，切削厚度不等于零，使切削刃不易磨损。

4）端铣刀的刀杆伸出较短，刚度高，刀杆不易变形，可采用较大的切削用量。

由此可见，端铣的加工质量较好，生产率较高，所以铣削平面大多采用端铣。但是，周铣对加工各种型面的适应性较广，而有些型面则不能用端铣加工。

（2）逆铣与顺铣

1）逆铣与顺铣的概念

铣刀在工件切削部位的旋转方向和工件的进给方向相反时称为逆铣，相同时称为顺铣，如图1－17所示。

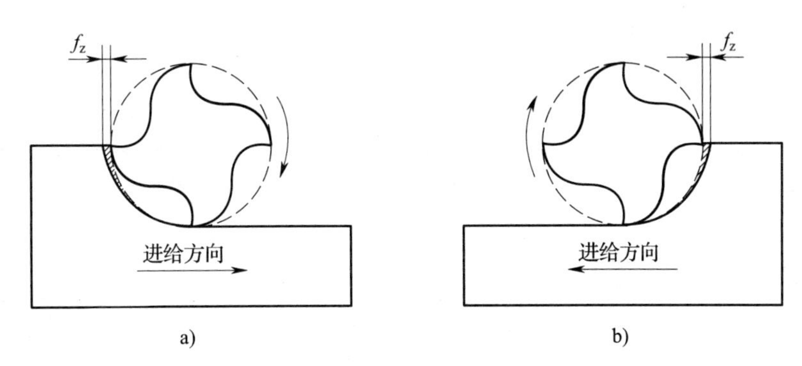

图1－17　逆铣与顺铣

a）逆铣　b）顺铣

2）逆铣与顺铣的应用

如图1－17a所示，逆铣是刀具从已加工表面切入，从未加工表面切出，切入的厚度为"零"，切出的厚度为"f_z"，所以当刀具切入工件时，切削刃会在工件已加工表面上产生"滑行"和"挤压"的现象，易使刀具磨损并影响已加工表面的质量。但当工件表面存在硬化层时（如铸造毛坯），采用逆铣这种铣削方式，可有效减少刀具切入硬化层时产生的磨损现象，故逆铣常用于粗加工。

如图1－17b所示，顺铣是刀具从未加工表面切入，从已加工表面切出，切入的厚度为"f_z"，切出的厚度为"零"。因此刀具切出工件时，刀具对已加工表面的作用力为"零"，可有效保持已加工表面质量。但顺铣加工方式的进给方向与切削力方向相同，容易造成因机床进给机构间隙过大引起的振动与爬行，故顺铣一般被应用于加工余量小、表面质量要求高的精加工。

（3）对称铣和不对称铣

铣削加工时，根据铣刀与工件相对位置的不同，端铣分为对称铣和不对称铣两种，不对称铣又分为不对称逆铣和不对称顺铣，如图1－18所示。

1）对称铣

如图1－18a所示，铣刀轴线位于铣削弧长的对称中心位置，铣刀每个刀齿切入和切出工件时切削厚度相等，称为对称铣。对称铣具有最大的平均切削厚度，可避免铣刀切入时对工件表面的挤压、滑行，铣刀刀具寿命高。对称铣适用于工件宽度接近端铣刀的直径，且铣刀刀齿较多的情况。

2）不对称逆铣

如图 1－18b 所示，当铣刀轴线偏置于铣削弧长的对称中心位置，且逆铣部分大于顺铣部分的铣削方式称为不对称逆铣。不对称逆铣切削平稳，切入时切削厚度小，减小了冲击，从而使刀具寿命和加工表面质量得到提高，适合于加工碳钢、低合金钢及较窄的工件。

3）不对称顺铣

如图 1－18c 所示，其特征与不对称逆铣正好相反。这种切削方式一般很少采用，但用于铣削不锈钢和耐热合金钢时，可减少硬质合金刀具的剥落磨损。

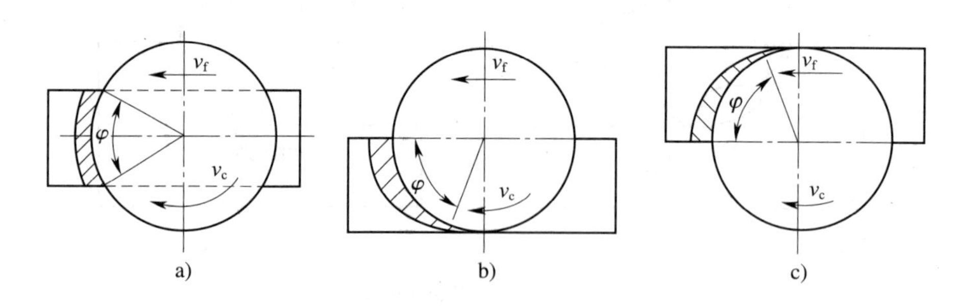

图 1－18　端铣方式

a）对称铣　b）不对称逆铣　c）不对称顺铣

三、加工阶段的划分

当零件的加工质量要求较高时，往往不可能用一道工序来满足其要求，而要用多道工序逐步达到所要求的加工质量。为保证加工质量和合理地使用设备、人力，零件的加工过程通常按工序的性质不同分为粗加工、半精加工、精加工和光整加工四个阶段。

1. 粗加工阶段

主要任务是切除毛坯上的大部分余量，使毛坯在形状和尺寸上接近零件成品。因此，应采取措施尽可能地提高生产率。同时要为半精加工阶段提供精基准，并留有充分均匀的加工余量，为后续工序创造有利条件。

2. 半精加工阶段

主要任务是达到一定的精度要求，并保证留有一定的加工余量，为主要表面的精加工做准备。

3. 精加工阶段

保证各主要表面达到图样要求，其主要任务是保证加工质量。

4. 光整加工阶段

对于表面质量和尺寸精度要求很高的表面，还需要进行光整加工。其目的是提高表面质量，一般不能用于提高形状精度和位置精度，常采用的加工方法有金刚车（镗）、研磨、珩磨、超精加工、镜面磨、抛光及无屑加工等。

四、数控铣床加工工艺路线的拟定

1. 工序的划分

在数控铣床上加工零件，一般按工序集中原则划分工序，划分方法如下：

（1）刀具集中分序法

这种方法就是按所用刀具来划分工序，用同一把刀具加工完所有可以加工的部位，然后再换刀。该方法可以减少换刀次数，缩短辅助时间，提高加工效率。

（2）粗、精加工分序法

根据零件的形状、尺寸精度等因素，按粗、精加工分开的原则，先粗加工，再半精加工，最后精加工。粗、精加工之间最好隔一段时间，以使粗加工后零件的变形得到充分恢复，再进行精加工，这种方法可以有效保证零件的加工精度，多应用于零件材料变形较大，加工余量不均匀，且精度要求较高的场合。

（3）按加工部位分序法

以完成相同型面的那一部分工艺过程为一道工序，对于加工表面多而复杂的零件，可按其结构特点（如内轮廓和外轮廓、曲面和平面等）划分多道工序。

（4）按安装次数分序法

以一次安装完成的那一部分工艺过程为一道工序，这种方法适用于加工内容不多的工件，加工完成后就能达到待检状态。

2. 加工顺序安排的原则

（1）基准先行的原则

作为精基准的表面一般应优先加工，因为定位基准的表面越精确，装夹误差就越小，以便用它定位加工其他表面。

（2）先粗后精的原则

各个表面的加工顺序按照粗加工→半精加工→精加工→光整加工的顺序进行，逐步提高表面的加工精度，减小表面粗糙度值。

（3）先主后次的原则

主要表面一般是零件的工作表面、装配基面等，它们的技术要求较高，加工工作量较大，故应先安排加工，以便及早发现毛坯中主要表面可能出现的缺陷。其他次要表面（如非工作面、键槽、螺孔等）一般可穿插在主要表面加工工序之间，或稍后进行加工，但应安排在主要加工表面加工到一定程度后、最终精加工或光整加工之前。

（4）先面后孔的原则

对箱体、支架类零件，平面轮廓尺寸较大，一般先加工平面，再加工孔和其他尺寸。这样安排加工顺序，一方面用加工过的平面定位稳定可靠；另一方面在加工过的平面上加工孔比较容易，并能提高孔的加工精度，特别是钻孔时孔的轴线不易偏斜。

（5）先近后远的原则

需要注意的问题如下：

1）上道工序的加工不能影响下道工序的定位与夹紧，中间穿插有通用机床加工工序的也要综合考虑。

2）在同一次安装中进行多道工序，应先安排对工件刚度破坏较小的工序。

3）加工中容易损伤的表面（如螺纹等）应放在加工路线的后面。

五、加工路线的确定

加工（进给）路线是数控加工过程中刀具相对于工件的运动轨迹和方向。加工路线的确定非常重要，因为它与零件的加工精度和表面质量密切相关。在确定加工路线时应重点考虑以下几个方面：

第一，应能保证零件的加工精度和表面粗糙度要求，且效率较高。

第二，缩短加工路线，减少进退刀时间和其他辅助时间。

第三，应使数值计算简单，程序段数量少，以减少编程工作量。

第四，保证零件的工艺要求。

铣削加工中的典型加工路线如下：

1. 点位控制加工路线

欲使刀具在 XY 平面上的加工路线最短，必须保证各定位点间路线的总长最短，减少刀具空行程时间，提高加工效率。

图 1－19 所示为最短加工路线选择示例。通常先加工均布于同一圆周上的八个孔，再加工另一圆周上的孔，如图 1－19a 所示。但是对点位控制的数控机床而言，要求定位精度高，定位过程尽可能快，因此，这类机床应按空行程最短来安排加工路线，以节省加工时间，提高生产率，如图 1－19b 所示。

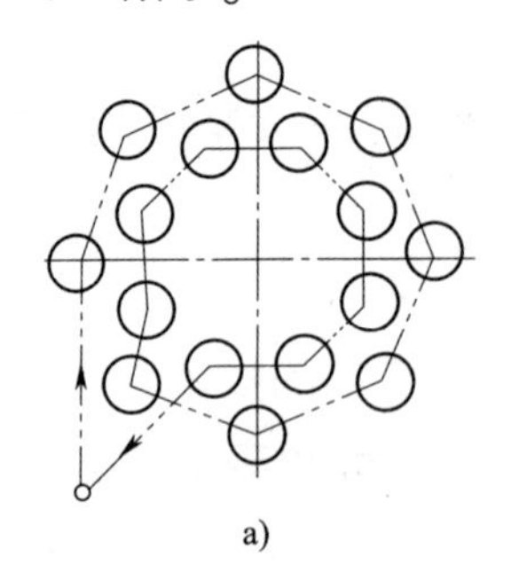

a)

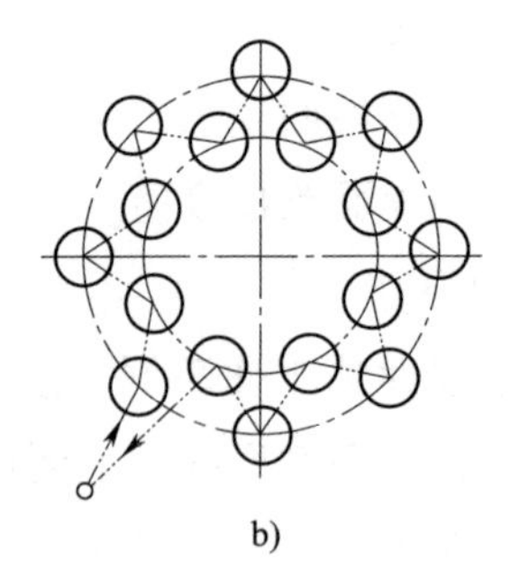

b)

图 1－19　最短加工路线的选择

2. 孔系加工路线

对于孔位置精度要求较高的零件，在精镗孔系时，镗孔路线一定要注意各孔的定位方向一致，即采用单向趋近定位点的方法，以避免传动系统反向间隙误差或测量系统的误差对定位精度的影响。例如，图 1－20 所示的孔系加工路线，从图中不难看出，图 1－20a 中由于Ⅳ孔与Ⅰ、Ⅱ、Ⅲ孔的定位方向相反，X 向的反向间隙会使定位误差增大，从而影响Ⅳ孔的位置精度。

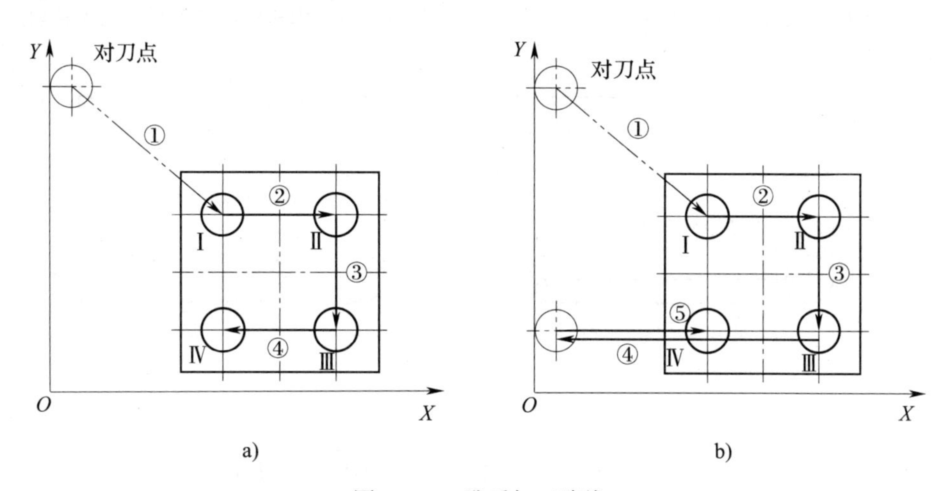

图 1－20　孔系加工路线

a）存在反向间隙误差的加工路线　b）避免反向间隙误差的加工路线

在图 1－20b 中，当加工完Ⅲ孔后并没有直接在Ⅳ孔处定位，而是多运动了一段距离，然后折回来在Ⅳ孔处定位。这样Ⅰ、Ⅱ、Ⅲ孔与Ⅳ孔的定位方向是一致的，就可以避免引入反向间隙误差，从而提高了Ⅳ孔与各孔之间的孔距精度。

3. 铣削轮廓加工路线

轮廓类零件包括外轮廓和内轮廓两种。

（1）铣削外轮廓表面

用立铣刀侧刃铣削平面零件外轮廓时，应避免沿零件外轮廓的法向切入和切出，应沿着外轮廓曲线的切向延长线切入或切出，如图 1－21 所示，这样可避免刀具在切入或切出时产生切削刃切痕，保证零件曲面的平滑过渡。

（2）铣削封闭的内轮廓表面

铣削封闭的内轮廓表面时，若内轮廓曲线允许外延，则应沿切线方向切入、切出，如图 1－22所示。若内轮廓曲线不允许外延，刀具只能沿内轮廓曲线的法向切入、切出，此时刀具的切入、切出点应尽量选在内轮廓曲线两几何元素的交点处。当内部几何元素相切无交点时，如图 1－23 所示，为防止刀具施加刀偏时在轮廓拐角处留下凹口（见图 1－23a），刀具切入、切出点应远离拐点（见图 1－23b）。

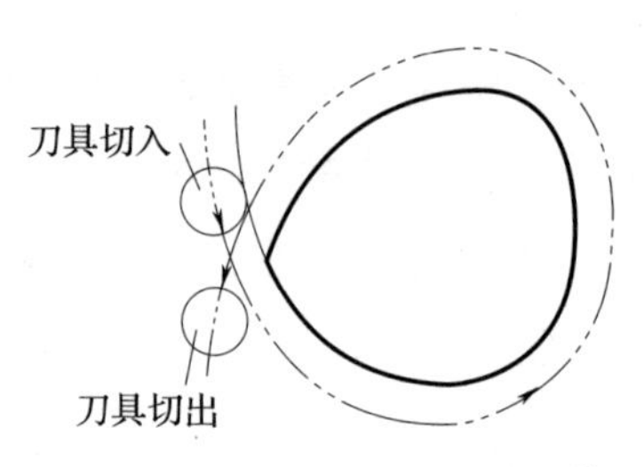

图 1－21　刀具切入和切出时的外延

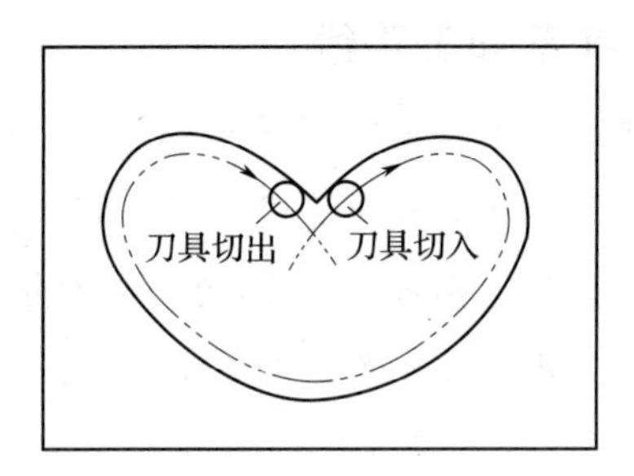

图 1－22　内轮廓加工刀具的切入和切出

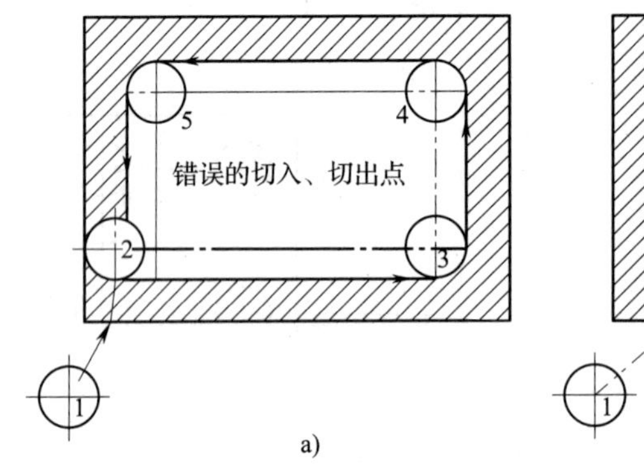

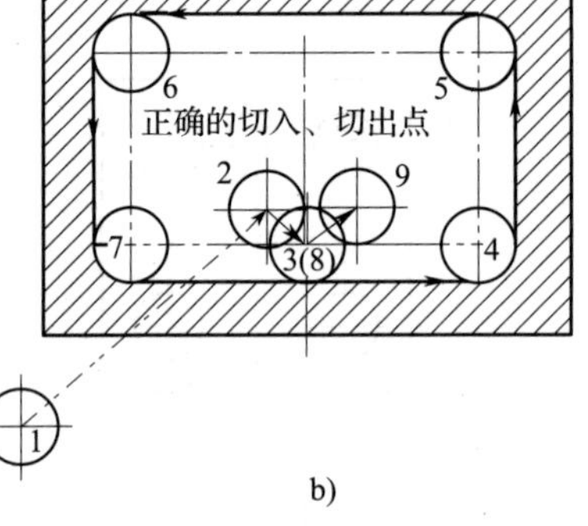

图 1－23　无交点内轮廓加工刀具的切入和切出

加工内腔的三种加工路线分别为行切法加工、行切法＋环切法加工、环切法加工，应根据具体情况合理选择加工路线。

如图 1－24a 所示为用行切法加工内腔的加工路线，采用这种方法刀具路径最短，切削效率较高，能切除内腔中的大部分余量。但行切法将在两次进给的起点和终点间留有残料，不能获得良好的工件表面质量。图 1－24b 所示为行切法＋环切法加工路线，先用行切法，最后沿周向环切一刀光整轮廓表面，能获得较好的效果。图 1－24c 所示为环切法加工路线，采用这种方法能切除内腔中的全部余量，不留死角，不伤轮廓。但刀具路径最长，切削时间长，加工效率较低。

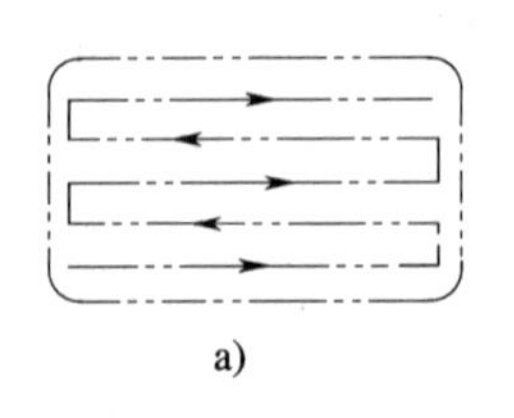

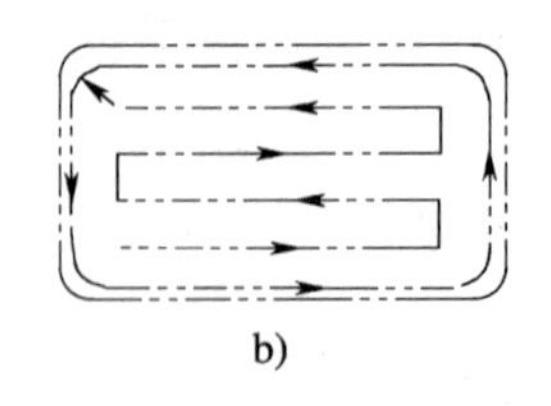

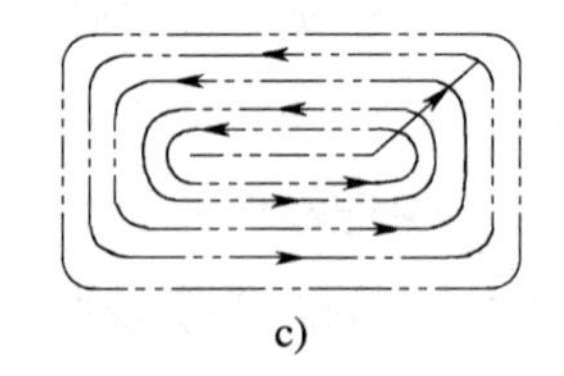

图 1－24　铣削内腔的三种加工路线

a）行切法　b）行切法＋环切法　c）环切法

（3）用圆弧插补方式铣削外、内整圆时的加工路线

如图 1－25 所示，用圆弧插补方式铣削外整圆时，要安排刀具从切向进入圆周进行铣削加工，整圆加工完毕后，不要在切点处直接退刀，最好让刀具沿切线方向多运动

一段距离，以避免取消刀具补偿时刀具与工件表面发生过切现象，导致工件报废。铣削内整圆时，也要遵守从切向切入的原则，安排切入、切出过渡圆弧，如图1－26所示，若刀具从工件坐标系原点出发，其加工路线为1→2→3→4→5，以提高内圆表面的加工精度和质量。

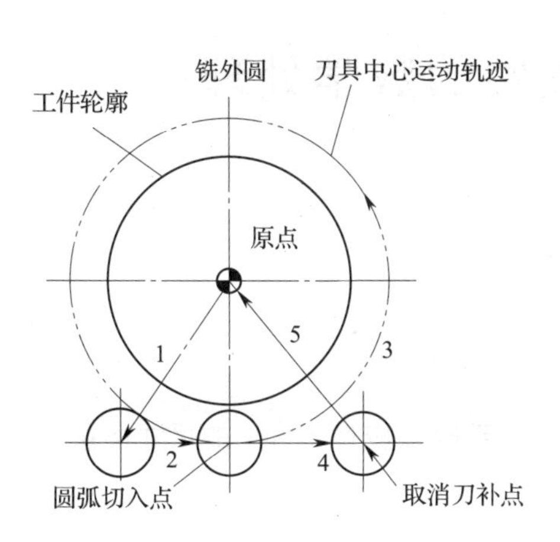

图1－25　外整圆加工路线

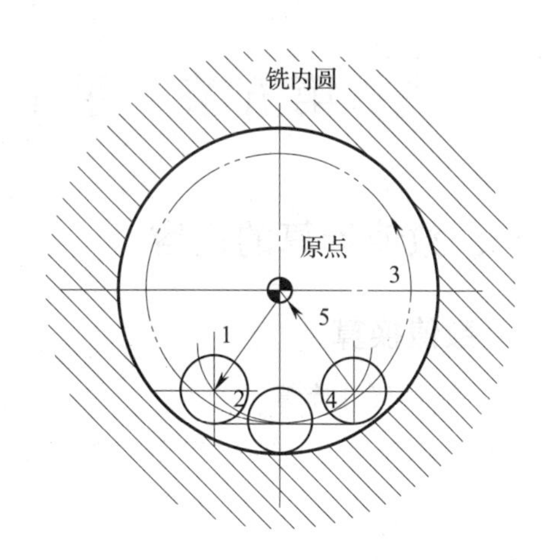

图1－26　内整圆加工路线

4. 铣削曲面轮廓的加工路线

铣削曲面时，常用球头铣刀采用行切法进行加工，即刀具的切削路径是相互平行的，而行间距是按零件的加工精度要求来确定的。

图1－27所示是加工边界敞开式曲面的两种加工路线。若加工发动机叶片，当采用图1－27a所示的加工方案时，每次沿直线加工，刀位点计算简单，程序少，加工过程符合直纹面的形成，可以确保母线的直线度；当采用图1－27b所示的加工方案时，符合这类零件数据的给出情况，便于加工后检验，叶形的准确度高，但程序量较大。由于曲面零件的边界是敞开的，没有其他表面限制，所以曲面边界可以延伸，球头铣刀应由边界外开始加工。

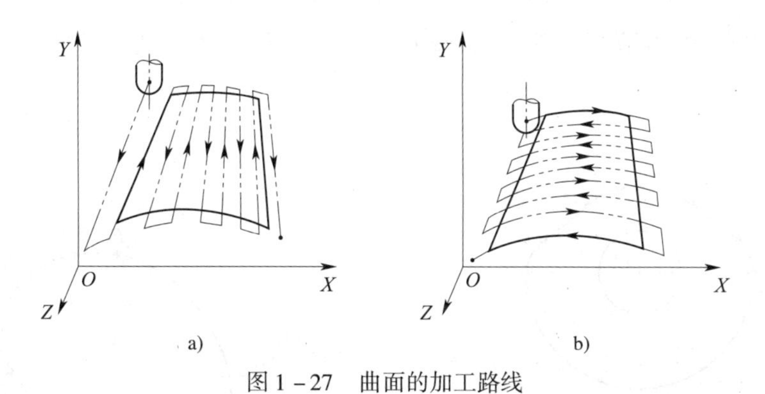

图1－27　曲面的加工路线

加工路线的选择还应考虑刀具的进刀量和退刀量。加工路线中的进给运动，开始时要加速，快接近停止时要减速，在加速和减速的过程中刀具运动不平稳，使表面粗糙度值增大，所以，在加速和减速过程中应不切削工件，而应在刀具达到匀速进给时再切削工件。为此，刀具进入切削前要安排进刀量，刀具结束切削后要安排退刀量，即为避开加速和减速过程必须附加一小段行程长度，使刀具在进刀过程中完成加速，达到匀速状态，而当刀具离开工件后的退刀过程中减速停止。

第五节　手工编程中的数学处理

一、数值计算的内容

1. 数值换算

（1）标注尺寸换算

图样上的尺寸基准与编程所需要的尺寸基准不一致时，应将图样上的尺寸换算为编程坐标系中的尺寸，再进行下一步数学处理工作。

（2）尺寸链解算

在数控加工中，除了需要准确地得到编程尺寸外，还需要掌握控制某些重要尺寸的允许变动量，这就需要通过尺寸链解算才能得到，故尺寸链解算是数学处理中的一项重要内容。

2. 坐标值计算

一个零件的轮廓往往是由许多不同的几何元素组成的，如直线、圆弧、二次曲线以及其他公式曲线等。构成零件轮廓的不同几何元素的交点或切点称为基点，如图 1－28 中的 A、B、C、D、E 和 F 点都是该零件轮廓上的基点。显然，相邻基点间只能是一个几何元素。

当采用不具备非圆曲线插补功能的数控机床加工非圆曲线轮廓的零件时，在加工程序的编制工作中，常常需要用直线或圆弧去近似代替非圆曲线，称为拟合处理。拟合线段的交点或切点称为节点。如图 1－29 中的 P_1、P_2、P_3、P_4、P_5 点为直线拟合非圆曲线时的节点。

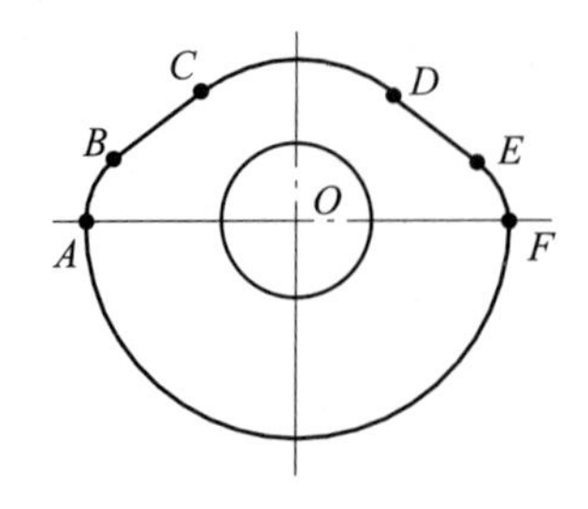

图 1－28　零件轮廓上的基点

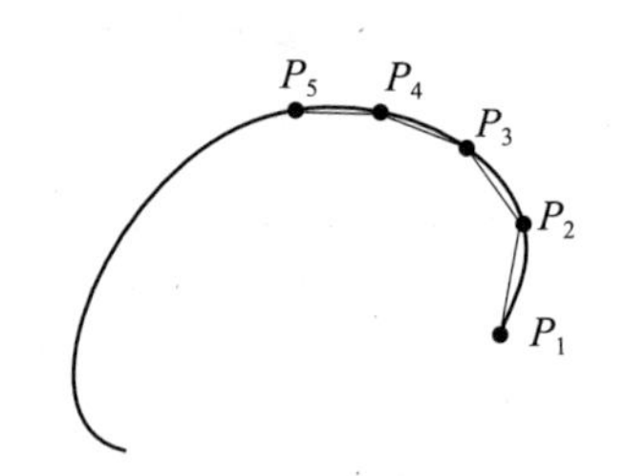

图 1－29　零件轮廓上的节点

编制加工程序时，需要进行的坐标值计算工作有基点的直接计算、节点的拟合计算及刀具中心轨迹的计算等。现代数控机床由于具有刀具半径补偿功能，往往不需要对刀具中心轨迹进行计算。

（1）基点的直接计算

根据直接填写加工程序段时的要求，该内容主要有每条运动轨迹（线段）的起点或终点在选定坐标系中的各坐标值和圆弧运动轨迹的圆心坐标值。基点直接计算的方法比较简单，一般根据零件图样所给已知条件人工完成。

（2）节点的拟合计算

节点拟合计算的难度及工作量都较大，故宜通过计算机完成，有时也可由人工计算完成，但对编程者的数学处理能力要求较高。拟合结束后，还必须通过相应的计算对每条拟合段的拟合误差进行分析。

二、基点计算方法

常用的基点计算方法有解析法、三角函数法、CAD 绘图分析法等。

1. 解析法

解析法用于基点计算的主要内容为直线和圆弧的端点、交点、切点的计算。

2. 三角函数法

在手工编程工作中，三角函数法是进行数值计算时应重点掌握的方法之一。

3. CAD 绘图分析法

（1）CAD 绘图分析基点坐标

采用 CAD 绘图来分析基点坐标时，首先应学会一种 CAD 软件的使用方法，然后用该软件绘制出零件二维零件图并标出相应尺寸（通常是基点与工件坐标系原点间的尺寸），最后根据坐标系的方向及所标注的尺寸确定基点的坐标。

采用这种方法分析基点坐标时，要注意以下几方面的问题：

1）绘图要细致认真，不能出错。

2）图形绘制时应严格按 1∶1 的比例进行。

3）尺寸标注的精度单位要设置正确，通常为小数点后三位。

4）标注尺寸时找点要精确，不能捕捉无关的点。

（2）CAD 绘图分析法的特点

采用 CAD 绘图分析法可以避免大量复杂的人工计算，操作方便，基点分析精度高，出错概率小。因此，建议尽可能采用这种方法来分析基点坐标。这种方法的不利之处是对技术工人又提出了新的学习要求，同时还增加了设备的投入。

三、不同情况的基点计算

1. 解析法求解直线与圆弧或圆弧间的交点与切点（见表 1－4）

2. 三角函数法求解直线和圆弧或圆弧间的交点与切点（见表 1－5）

表 1－4　　解析法求解直线与圆弧或圆弧间的交点与切点

类型	类型图与已知条件	联立方程与推导计算公式	说明
直线与圆相交	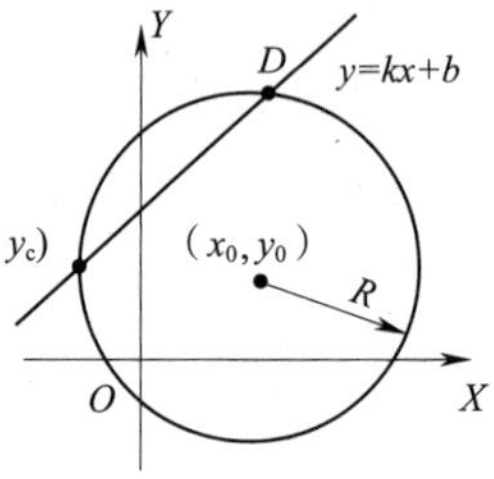 已知：k、b、$(x_0,\ y_0)$、R，求 $(x_c,\ y_c)$	方程：$\begin{cases}(x-x_0)^2+(y-y_0)^2=R^2\\ y=kx+b\end{cases}$ 公式：$A=1+k^2$ $B=2\left[k\ (b-y_0)-x_0\right]$ $C=x_0^2+(b-y_0)^2-R^2$ $x_c=\dfrac{-B\pm\sqrt{B^2-4AC}}{2A}$ $y_c=kx_c+b$	公式也可用于求解直线与圆相切时的切点坐标。当直线与圆相切时，取 $B^2-4AC=0$，此时 $x_c=-B/(2A)$，其余计算公式不变
两圆相交	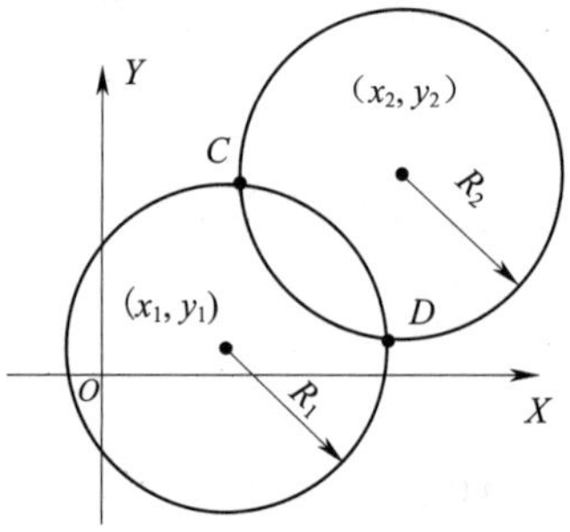 已知：$(x_1,\ y_1)$、R_1、$(x_2,\ y_2)$、R_2，求 $(x_c,\ y_c)$	方程：$\begin{cases}(x-x_1)^2+(y-y_1)^2=R_1^2\\ (x-x_2)^2+(y-y_2)^2=R_2^2\end{cases}$ 公式：$\Delta x=x_2-x_1$，$\Delta y=y_2-y_1$ $D=\dfrac{(x_2^2+y_2^2-R_2^2)-(x_1^2+y_1^2-R_1^2)}{2}$ $A=1+\left(\dfrac{\Delta x}{\Delta y}\right)^2$ $B=2\left[\left(y_1-\dfrac{D}{\Delta y}\right)\dfrac{\Delta x}{\Delta y}-x_1\right]$ $C=\left(y_1-\dfrac{D}{\Delta y}\right)^2+x_1^2-R_1^2$ $x_c=\dfrac{-B\pm\sqrt{B^2-4AC}}{2A}$ $y_c-=\dfrac{D-\Delta x x_c}{\Delta y}$	当两圆相切时，$B^2-4AC=0$，因此公式也可用于求两圆相切的切点坐标 用公式求解 x_c 时，较大值取“+”，较小值取“－”

表 1－5　　三角函数法求解直线和圆弧或圆弧间的交点与切点

类型	类型图与已知条件	推导后的计算公式	说明
直线与圆相切	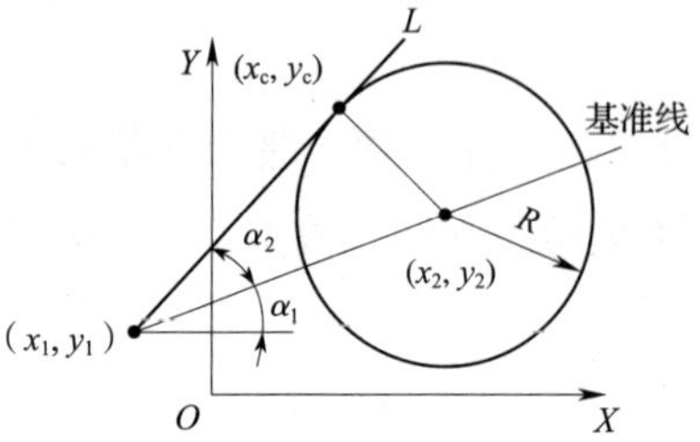 已知：$(x_1,\ y_1)$、$(x_2,\ y_2)$、R，求 $(x_c,\ y_c)$	$\Delta x=x_2-x_1$，$\Delta y=y_2-y_1$ $\alpha_1=\arctan(\Delta y/\Delta x)$ $\alpha_2=\arcsin\dfrac{R}{\sqrt{\Delta x^2+\Delta y^2}}$ $\beta=\lvert\alpha_1\pm\alpha_2\rvert$ $x_c=x_2\pm R\lvert\sin\beta\rvert$ $y_c=y_2\pm R\lvert\cos\beta\rvert$	公式中的角度是有方向的。由于过已知点与圆的切线有两条，具体选哪条切线由 α_2 前面的“±”号决定，沿基准线的逆时针方向为“+”

续表

类型	类型图与已知条件	推导后的计算公式	说明
直线与圆相交	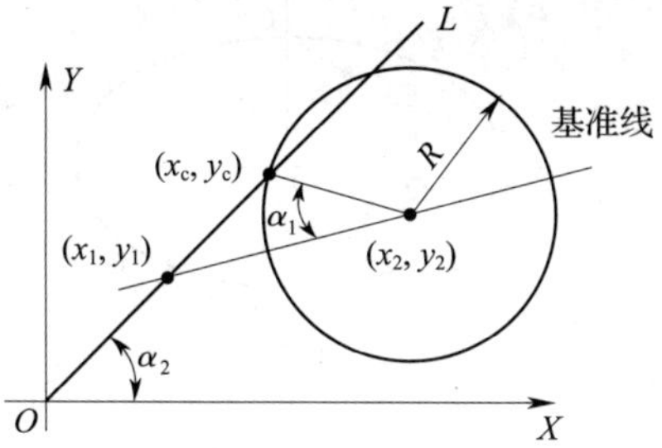 已知：(x_1, y_1)、α_1、(x_2, y_2)、R，求 (x_c, y_c)	$\Delta x = x_2 - x_1$，$\Delta y = y_2 - y_1$ $x_2 = \arcsin \dfrac{\Delta x\sin \alpha_1 - \Delta y\cos\alpha_1}{R}$ $\beta = \lvert \alpha_1 \pm \alpha_2 \rvert$ $x_c = x_2 \pm R\lvert \cos\beta \rvert$ $y_c = y_2 \pm R\lvert \sin\beta \rvert$	公式中的角度是有方向的，α_1 取角度绝对值不大于 90°范围内的那个角。直线相对于 X 轴逆时针方向为“+”，反之为“-”
两圆相交	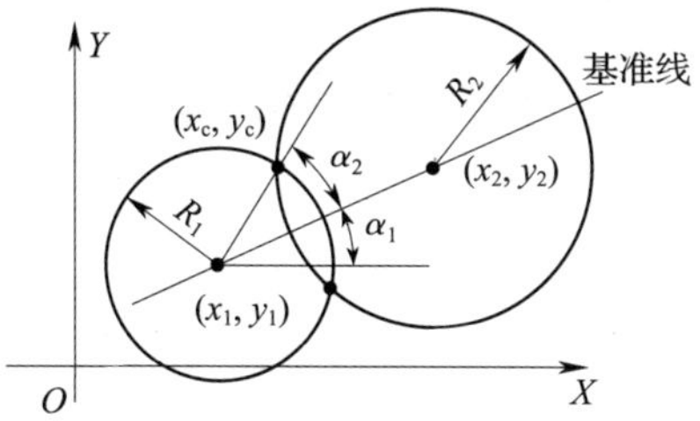 已知：(x_1, y_1)、R_1、(x_2, y_2)、R_2，求 (x_c, y_c)	$\Delta x = x_2 - x_1$，$\Delta y = y_2 - y_1$ $d = \sqrt{\Delta x^2 + \Delta y^2}$ $\alpha_1 = \arctan(\Delta y/\Delta x)$ $\alpha_2 = \arccos \dfrac{R_1^2 + d^2 - R_2^2}{2R_1 d}$ $\beta = \lvert \alpha_1 \pm \alpha_2 \rvert$ $x_c = x_1 \pm R_1 \cos\lvert \beta \rvert$ $y_c = y_1 \pm R_1 \sin\lvert \beta \rvert$	两圆相切时，$\alpha_2 = 0°$，计算较方便，两圆相交的另一交点坐标根据公式中的“±”选取，注意 X 和 Y 值相互间的搭配关系
直线与两圆相切	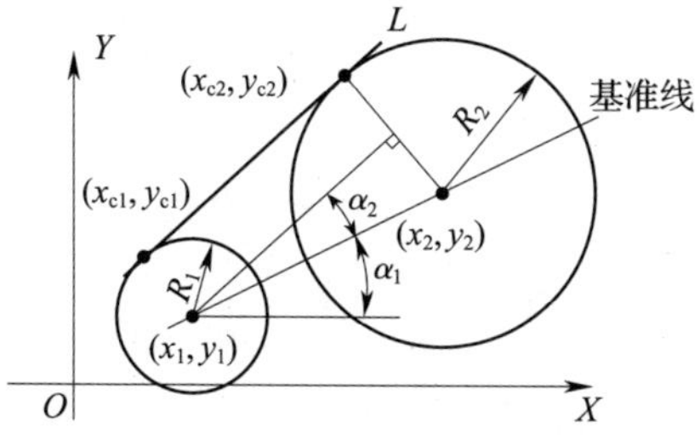 已知：(x_1, y_1)、R_1、(x_2, y_2)、R_2，求 (x_c, y_c)	$\Delta x = x_2 - x_1$，$\Delta y = y_2 - y_1$ $\alpha_1 = \arctan(\Delta y/\Delta x)$ $\alpha_2 = \arcsin \dfrac{R_2 \pm R_1}{\sqrt{\Delta x^2 + \Delta y^2}}$ $\beta = \lvert \alpha_1 \pm \alpha_2 \rvert$ $x_{c1} = x_1 \pm R_1 \lvert \sin\beta \rvert$ $y_{c1} = y_1 \pm R_1 \lvert \cos\beta \rvert$ 同理，$x_{c2} = x_2 \pm R_2 \sin\beta$ $y_{c2} = y_2 \pm R_2 \lvert \cos\beta \rvert$	求 α_2 角度值时，内公切线用“+”，外公切线用“-”

3. 示例

计算用四心法近似加工如图 1-30 所示椭圆所需数值。

（1）数值计算的基础

用四心法加工椭圆时，一般选椭圆的中心为工件原点，如图 1-30 所示。数值计算的基础就是用四心法作近似椭圆的画法，如图 1-31 所示。

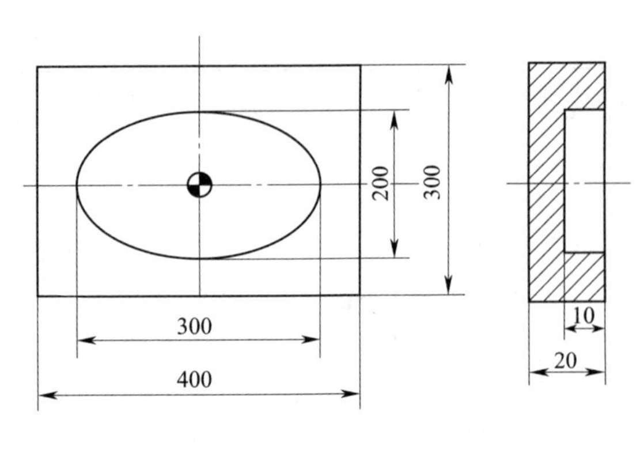

图 1－30　工件原点

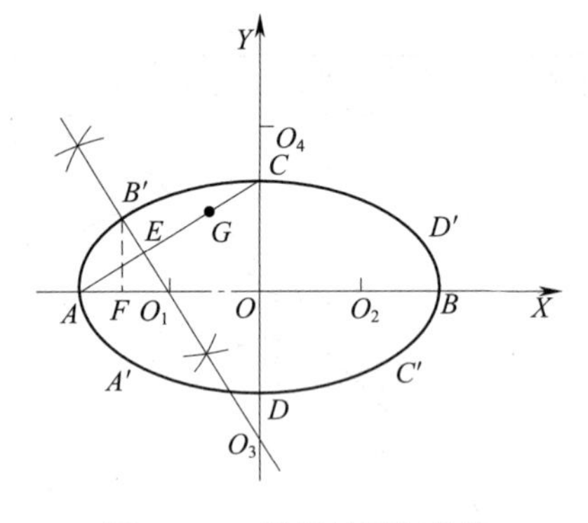

图 1－31　椭圆的近似作法

1）作相互垂直平分的线段 AB 与 CD 交于 O 点，其中 $AB=2a=300$ mm 为长轴，$CD=2b=200$ mm 为短轴。

2）连接 AC，取 $CG=AO-OC=50$ mm。

3）作 AG 的垂直平分线分别交 AG、AO 及 OD 的延长线于 E、O_1、O_3点。

4）作 O_1、O_3的对称点 O_2、O_4。

5）分别以 O_1、O_2、O_3、O_4为圆心，O_1A、O_2B、O_3C、O_4D 为半径作圆，分别相切于 B'、D'、A'、C'，即得到一近似椭圆。

（2）数值计算

用四心法加工椭圆时，数值计算就是求 B'、A'、D'、C'的坐标，以及 O_1、O_2、O_3、O_4 的坐标。由用四心法作椭圆的画法可知，B'与 A'、D'、C'是对称的，O_1、O_3与 O_2、O_4也是对称的，因此，只要求出 B'、O_1、O_3点的坐标，其他点的坐标也就迎刃而解了。

$AO=150$

$OC=100$

$AC=\sqrt{150^2+100^2}\approx180.2776$

由用四心法作椭圆的画法可知：

$GC=AO-OC=50$

$AE=(AC-GC)/2=65.1388$

$\triangle B'FO_1\cong\triangle AEO_1$

$B'F=AE=65.1388$

$AO_1=B'O_1$

又$\triangle B'FO_1\sim\triangle AOC$

$$\frac{B'F}{AO}=\frac{O_1F}{OC}=\frac{B'O_1}{AC}$$

$B'O_1\approx78.2871$

$O_1F\approx43.4259$

$R_1 = AO_1 = B'O_1 = 78.287\ 1$

$OO_1 = AO - AO_1 = 71.712\ 9$

$OF = O_1F + O_1O = 115.138\ 8$

O_1 点坐标为（$-71.712\ 9$，0）

B'点坐标为（$-115.138\ 8$，$65.138\ 8$）

$\triangle B'FO_1 \sim \triangle O_3OO_1$

$$\frac{B'F}{O_3O} = \frac{O_1F}{O_1O}$$

$O_3O = 107.569\ 3$

$R_3 = O_3C = 207.569\ 3$

O_3 点的坐标为（0，$-107.569\ 3$）

当然，这些点的坐标也可以用解析法求得，即

由 $\lambda = \dfrac{AE}{EC} = \dfrac{AE}{EG + GC} = 0.565\ 5$ 与定比分点定理可得：

E 点坐标为（-95.816，$36.122\ 6$）

又因为直线 AC 的斜率为 $k_{AC} = 100/150 \approx 0.666\ 7$

且 $B'O_3 \perp AC$

直线 $B'O_3$ 的方程为 $y - 36.122\ 6 = -1.5(x + 95.816)$

即 $1.5x + y + 107.601\ 4 = 0$

O_1、O_3 点的坐标为（$-71.712\ 9$，0）、（0，$-107.569\ 3$）

圆 O_1、O_3 的方程为：

$(x + 71.712\ 9)^2 + y^2 = 78.287\ 1^2$

$x^2 + (y + 107.569\ 3)^2 = 207.569\ 3^2$

B'点的坐标为（$-115.138\ 8$，$65.138\ 8$）

由 O_1、O_3、B'点的坐标就可以很容易地求出 O_2、O_4、A'、C'、D'点的坐标。

第二章　数控铣床/加工中心的操作

第一节　数控铣床/加工中心的面板介绍

数控铣床/加工中心的面板由数控系统面板和机床操作面板两部分组成，如图 2－1 所示。数控系统面板主要由研发生产数控系统的厂家提供，如发那科、西门子、华中数控和广州数控系统等。机床操作面板是由机床厂家配合数控系统自主设计的。不同厂家的产品，机床的操作面板各不相同。本节将介绍 FANUC 0i 数控系统及机床操作面板的功能及应用。

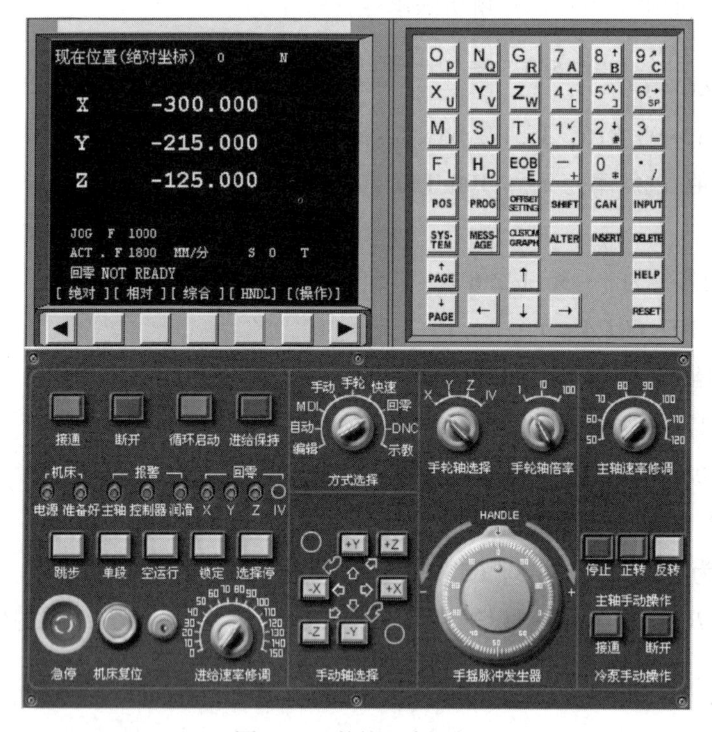

图 2－1　数控机床面板

一、FANUC 0i 数控系统面板

FANUC 0i 数控系统面板位于数控机床面板的上半部分，由左侧的液晶显示器（Liquid Crystal Display，简称 LCD）和右侧的手动数据输入（Manual Date Input，简称 MDI）键盘组成。

1. LCD 显示器

LCD 的作用是根据用户操作，将不同的信息显示在屏幕上，如显示机床和工件坐标值、输入数控系统的指令数据、刀具补偿量的数值、报警信息和操作信息等。在显示屏幕正下方的一行软键，除了左右两个向前和向后的翻页键外，其余键面上均没有任何标志，这是因为各键的功能都显示在屏幕下方对应的位置上，并随着页面不同而有着不同的功能，图 2－2 所示页面各软键依次对应的标志为向前翻页、绝对、相对、综合、HNDL、操作和向后翻页。

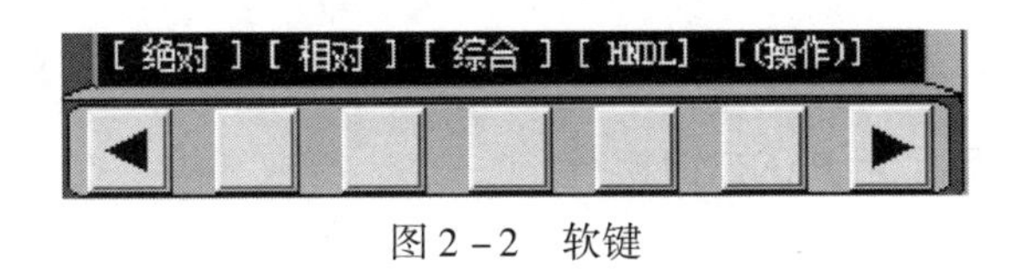

图 2－2 软键

2. MDI 键盘

MDI 键盘是用户输入数据和数控指令的工具，由地址/数据键、功能键、翻页键、光标移动键和编辑键等组成，如图 2－3 所示。

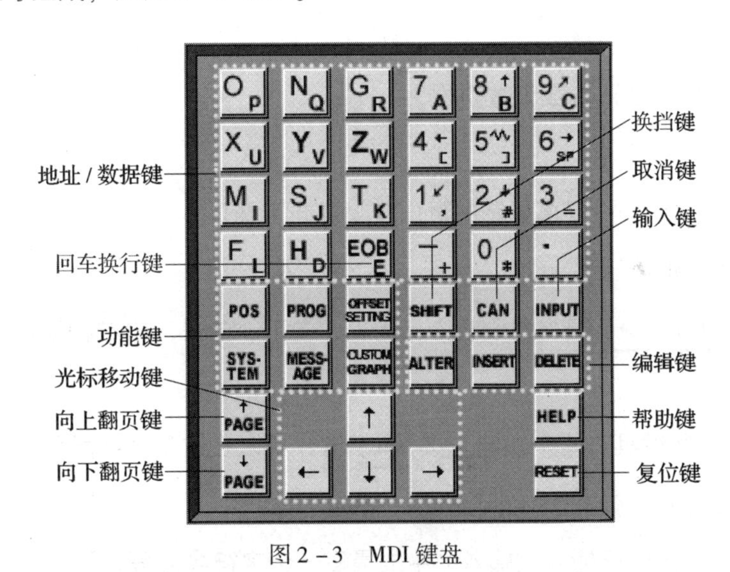

图 2－3 MDI 键盘

（1）地址/数据键

地址/数据键由英文字母、数字和标点符号等组成，按键标志一般位于左上角和右下角，共两个，通过 SHIFT（换挡键）切换输入，如 O/P、7/A。

（2）功能键

功能键主要由坐标位置显示页面键 POS、数控程序显示与编辑页面键 PROG、参数输入页面键 OFFSET SETTING、系统参数页面键 SYSTEM、信息页面键 MESSAGE 和图形参数设置页面键 CUSTOM GRAPH 组成。

1）坐标位置显示页面键

按 POS 键，屏幕将切换到坐标位置显示页面，系统提供了绝对、相对和综合三种坐标位置显示方式。

2）数控程序显示与编辑页面键

在编辑方式下，按 PROG 键，用于编辑、显示存储器内的程序；在手动数据输入方式下，用于输入和显示数据；在自动方式下，用于显示程序指令。

3）参数输入页面键

按 OFFSET SETTING 键，进入工具补正页面，按屏幕下方的软键可在补正、SETTING 和坐标系中切换，进入不同的页面以后，用 PAGE 键换行。

4）系统参数页面键

按 SYS-TEM 键，显示系统参数。

5）信息页面键

按 MESS-AGE 键，显示提示信息。

6）图形参数设置页面键

按 CUSTOM GRAPH 键，进入图形参数设置页面。

（3）翻页键

↑PAGE、↓PAGE 键，用于将屏幕显示的页面向上或向下翻页。

（4）光标移动键

↑、↓、←、→ 键，用于将光标向上、向下、向左、向右移动。

（5）换挡键

在键盘上，有些键具有两个功能。按 SHIFT 键，可以在这两个功能之间进行切换。

（6）取消键

按 CAN 键，可删除已输入到输入区中的最后一个字符或符号。

（7）输入键

当按下一个字母键或数字键时，按 INPUT 键，可把输入区中的数据插入当前光标之后的位置。

（8）编辑键

编辑键由字符替换键 ALTER、字符插入键 INSERT 和字符删除键 DELETE 组成。

1）字符替换键

按 ALTER 键，可将当前光标所在处的数据替换为输入区中的数据。

2）字符插入键

按 INSERT 键，可将输入区中的数据插入当前光标之后的位置。

3）字符删除键

按 DELETE 键，删除光标所在位置的数据，或者删除一个（或全部）程序。

(9) 帮助键

按 HELP 键，系统进入帮助页面。

(10) 复位键

按 RESET 键，可使 CNC 复位，用于清除报警等。

(11) 回车换行键

按 EOB E 键，结束程序段的输入并换行。

二、机床操作面板

机床操作面板位于数控机床面板的下半部分，如图 2－4 所示，主要用于控制机床的运行状态，由系统控制、方式选择、手动轴选择、手轮和主轴/冷泵手动操作部分组成，每一部分的说明如下。

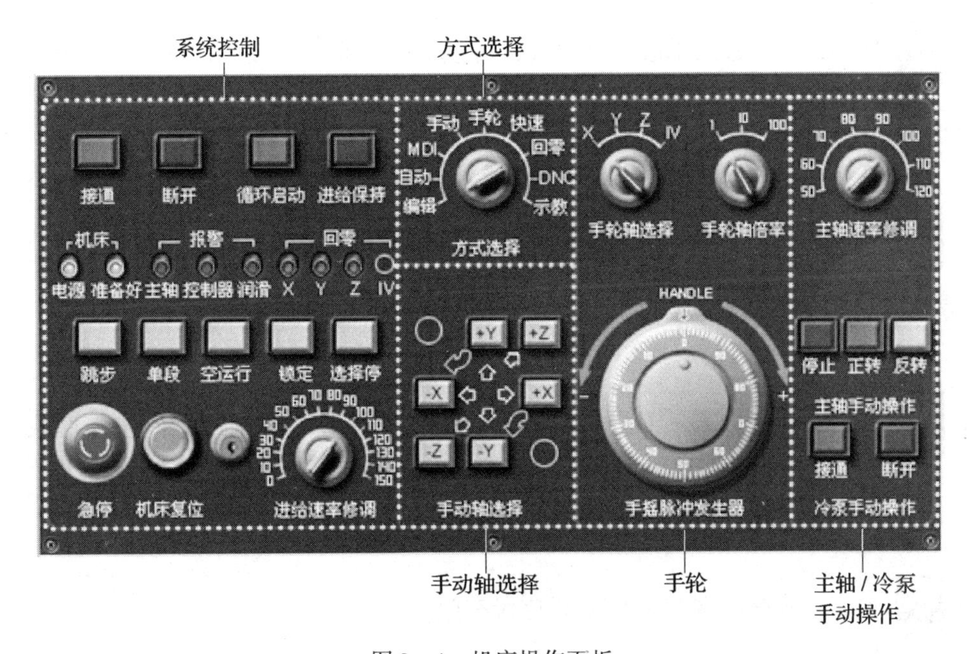

图 2－4 机床操作面板

1. 系统控制

系统控制按钮主要控制系统当前的状态，如系统的上电、断电、指示灯的显示、程序的执行方式和进给倍率的调整等。由接通、断开、循环启动、进给保持、跳步、单段、空运行、锁定、选择停、急停、机床复位和进给速率修调等按钮（旋钮）组成。

(1) 接通、断开按钮

按 按钮接通或断开系统电源，相应指示灯 

打开或关闭。

（2）急停按钮

在紧急情况下按  按钮，使机床立即停止，并且所有的输出（如主轴的转动等）都会关闭。顺时针旋转该按钮自动弹起松开。

（3）机床复位按钮

按 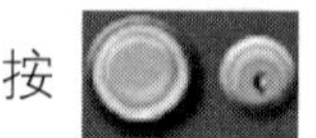 按钮，使 CNC 系统复位，解除报警。

（4）程序控制按钮

控制程序的运行状态，包括跳步、单段、空运行、锁定和选择停。

1）跳步

按 按钮，数控程序中带有“/”符号的程序段将被忽略并不予执行。

2）单段

按 按钮，系统进入单段运行模式，每按一次循环启动按钮，系统执行一个程序段后停止。

3）空运行

按 按钮，系统进入空运行状态，机床按指定的速度快速移动，而与程序中指定的进给速度无关。该功能用来在机床未装工件时检查刀具的运动轨迹。

4）锁定

按 按钮，锁定机床，刀具不再移动，但是显示器上的位置坐标按程序执行而变化。

5）选择停

按 按钮，程序中带有 M01 的程序段有效。

（5）循环启动按钮

自动或 MDI 模式下，按 按钮，程序开始运行。其他模式下该按钮无效。

（6）进给保持按钮

程序运行过程中，按 按钮，运行暂停。再按 按钮，程序恢复运行。

（7）进给速率修调旋钮

程序运行过程中，程序中 F 指定的进给速度可以通过进给速率修调旋钮  按照一定比例进行调整，其进给倍率范围为 0～150%。

（8）报警指示灯

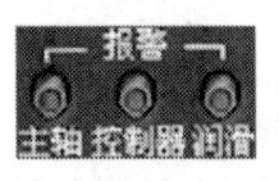

灯亮时表示主轴过热、控制器出现故障或润滑油泵无油。

（9）回零指示灯

灯亮时表示 X、Y 或 Z 轴已经回到参考点。

2. 方式选择

方式选择旋钮可以控制机床在不同方式中切换，如编辑、自动、MDI、手动、手轮、快速、回零、DNC 和示教。

（1）编辑

编辑方式下，配合 MDI 键盘，可以完成程序的录入、编辑和删除等操作。

（2）自动

进入自动加工方式。

（3）MDI

手动数据输入（MDI）方式下，配合 MDI 键盘，可以录入单步、少量且不用保存的程序。

（4）手动

手动方式下，配合 X、Y 和 Z 轴的轴向移动按钮，使刀具进行连续移动。

（5）手轮

手轮方式下，刀具可以通过旋转操作面板上的手摇脉冲发生器微量移动。

（6）快速

手动快速方式下，配合 X、Y 和 Z 轴的轴向移动按钮，使刀具进行快速移动，不能进行切削操作。

（7）回零

回零方式下，配合 X、Y 和 Z 轴的轴向移动按钮，实现自动回参考点。

（8）DNC

在该方式下，通过与机床联网的计算机传输软件，实现计算机传输程序与机床在线加工，可以解决机床内存小的问题。

（9）示教

通过手动操作获得机床 X、Y 和 Z 轴的坐标位置，可存储到内存中作为创建程序的坐标位置。

3. 手动轴选择

手动轴选择按钮有 +X、-X、+Y、-Y、+Z 和 -Z 六个按钮。在手动或快速方式下，按下其中一个按钮可以使刀具沿各轴正向或负向连续移动，移动速度可由进给速率修调旋钮调节，松开按钮后移动停止。

4. 手轮

手轮由手轮轴选择旋钮、手轮轴倍率旋钮和手摇脉冲发生器三部分组成。使用时，首先旋转手轮轴选择旋钮至 X、Y、Z 或Ⅳ，选择刀具移动的轴；然后，旋转手轮轴倍率旋钮至 1、10、100，选择刀具移动的距离和精度；最后，旋转手摇脉冲发生器移动机床，其中手摇脉冲发生器每转动一个刻度，根据确定的手轮轴倍率，机床移动的距离分别为 1（0.001 mm）、10（0.01 mm）、100（0.1 mm）。

5. 主轴/冷泵手动操作

主轴/冷泵手动操作由主轴速率修调、主轴手动操作和冷泵手动操作三部分组成。

当方式选择旋钮旋转至自动、MDI、手动、手轮和快速方式时，旋转主轴速率修调旋钮可以将主轴转速按照确定的倍率（50% ~120%）增高或降低。

当方式选择旋钮旋转至手动、手轮和快速方式时，按主轴手动操作的停止、正转和反转按钮，可以控制主轴的运行状态。按冷泵手动操作的接通或断开按钮，可以手动控制切削液的开、关。

第二节　数控铣床/加工中心的基本操作

一、开机操作

机床开机操作步骤见表 2-1。

表 2-1　　机床开机操作步骤

顺序步骤	操作内容	图　示
1	开启空气压缩机	—
2	（1）开启电源总阀 （2）将电气箱侧面的电源开关旋至“ON”，开启机床电源	—
3	按下数控机床操作面板上的电源开关，启动 CNC 的电源，电源指示灯亮，完成 CNC 系统的装载，该操作需要等待十几秒	接通　机床　电源　准备好
4	顺时针旋转弹起急停按钮，解除急停状态	

二、关机操作

机床关机操作步骤见表 2－2。

表 2－2　　机床关机操作步骤

顺序步骤	操作内容	图　示
1	将工作台移动至各坐标轴的中间位置	—
2	关闭主轴、切削液及所有驱动元件	—
3	按下急停开关	
4	按下数控机床操作面板上的电源开关，关闭 CNC 的电源，电源指示灯熄灭	
5	（1）将电气箱侧面的电源开关旋至“OFF”，关闭机床电源 （2）关闭电源总阀	—
6	关闭空气压缩机	—

三、回参考点

回参考点操作步骤见表 2－3。

表 2－3　　回参考点操作步骤

顺序步骤	操作内容	图　示
1	检查机床当前位置，如果距离参考点太近（小于 50 mm），参考点回归无法完成，则需要将机床向着远离参考点的方向移动一段距离，然后再执行步骤 2	—
2	旋转方式选择旋钮至回零	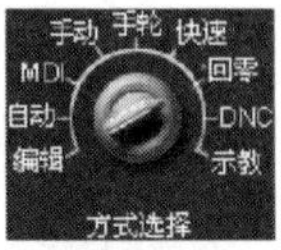
3	依次按下 +Z、+X 和 +Y 轴移动按钮，使机床各轴回参考点，在执行回参考点的过程中，指示灯会持续闪烁。参考点回归完成后，则指示灯变亮，不再闪烁	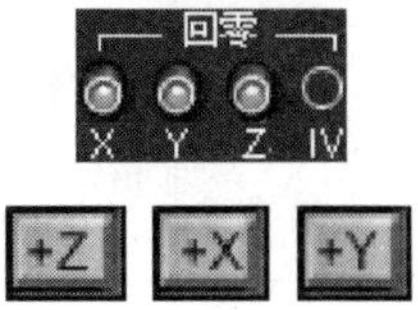

四、手动操作

移动刀具的方法有手动、手轮和快速三种。

1. 手动或快速方式

手动方式和快速方式的操作步骤相同，不同之处是移动速度。手动/快速方式操作步骤见表 2－4。

表 2－4 手动/快速方式操作步骤

顺序步骤	操作内容	图示
1	旋转方式选择旋钮至手动或快速方式	手动 手轮 快速 MDI 回零 自动 DNC 编辑 示教 方式选择 手动 手轮 快速 MDI 回零 自动 DNC 编辑 示教 方式选择
2	按相应的移动轴按钮，刀具移动，松开即停止移动	+Y +Z -X +X -Z -Y

2. 手轮方式

手轮方式操作步骤见表 2－5。

表 2－5 手轮方式操作步骤

顺序步骤	操作内容	图示
1	旋转方式选择旋钮至手轮方式	手动 手轮 快速 MDI 回零 自动 DNC 编辑 示教 方式选择
2	旋转手轮轴选择旋钮至 X、Y、Z 或Ⅳ，选择刀具移动的轴	X Y Z Ⅳ 手轮轴选择
3	旋转手轮轴倍率旋钮至 1、10 或 100，设置刀具移动的距离和精度	1 10 100 手轮轴倍率
4	旋转手摇脉冲发生器，顺时针转动时刀具向正方向移动，逆时针转动时刀具向负方向移动	HANDLE 手摇脉冲发生器

五、程序的输入与管理

1. 程序的新建与传输

程序的输入方法主要包括手动数据输入（MDI 方式）、RS232 串口通信输入。零件结构简单、程序较小的加工程序一般采用手动数据输入，零件结构复杂、通过自动编程生成的加工程序则采用 RS232 串口通信输入。

（1）新建一个程序，其操作步骤见表 2－6。

表 2－6　　新建程序操作步骤

顺序步骤	操作内容	图　示
1	旋转方式选择旋钮至编辑方式	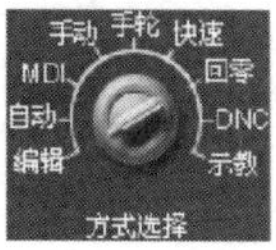
2	按 PROG 键，LCD 界面转入编辑页面，利用 MDI 键盘输入“O0001”，如右图所示	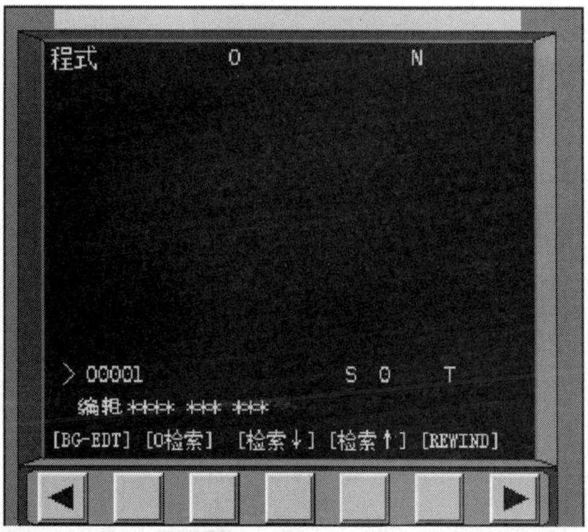
3	依次按 INSERT 键→ EOB E 键→ INSERT 键，则 LCD 界面上显示一个新建的程序号，如右图所示 按照上面的方法依次输入其他程序段，注意以 EOB E 键结束程序段的输入	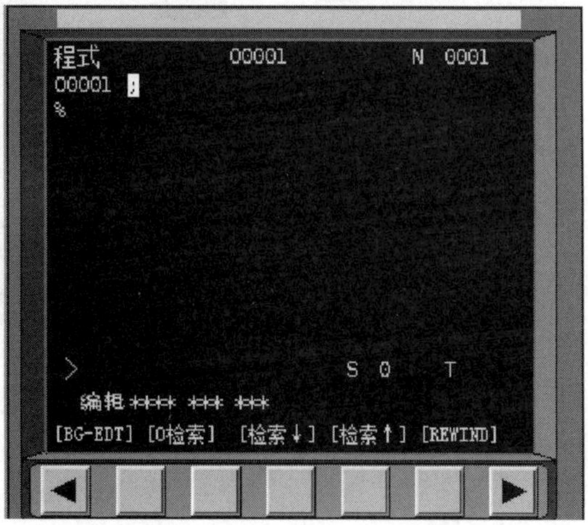

（2）程序的传输，其操作步骤见表 2－7。

表 2－7　　程序传输操作步骤

顺序步骤	操作内容	图　示
1	在计算机上，用记事本或写字板编辑一个名字为“1. txt”的程序文件或用自动编程软件生成一个名字为“＊. nc”的程序文件，并保证在指定的路径中，如右图所示	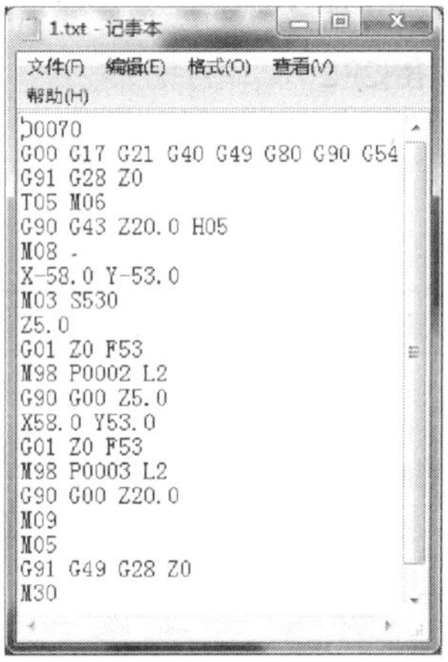 1.txt - 记事本 文件(F) 编辑(E) 格式(O) 查看(V) 帮助(H) O0070 G00 G17 G21 G40 G49 G80 G90 G54 G91 G28 Z0 T05 M06 G90 G43 Z20.0 H05 M08 X-58.0 Y-53.0 M03 S530 Z5.0 G01 Z0 F53 M98 P0002 L2 G90 G00 Z5.0 X58.0 Y53.0 G01 Z0 F53 M98 P0003 L2 G90 G00 Z20.0 M09 M05 G91 G49 G28 Z0 M30
2	旋转方式选择旋钮至编辑方式	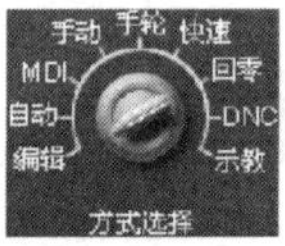 手动 手轮 快速 MDI 回零 自动 DNC 编辑 示教 方式选择
3	 依次按  PROG 键→ [(操作)] 软键→  ▶ 软键→  [READ] 软键，在 MDI 键盘上输入程序名“O0001”，按  [EXEC] 软键，屏幕显示“标头 SKP”，表示接收准备就绪，如右图所示	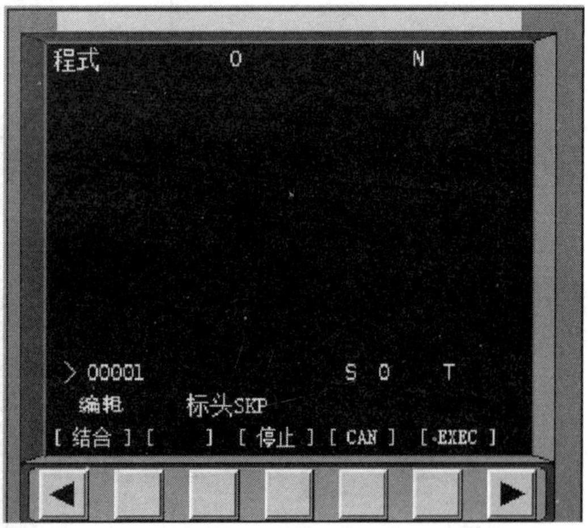 程式 O N > O0001 S 0 T 编辑 标头SKP [结合] [ ] [停止] [CAN] [EXEC]

续表

顺序步骤	操作内容	图　示
4	用机床通信软件，打开所传输的加工程序并发送，程序即传输到数控机床，如右图所示	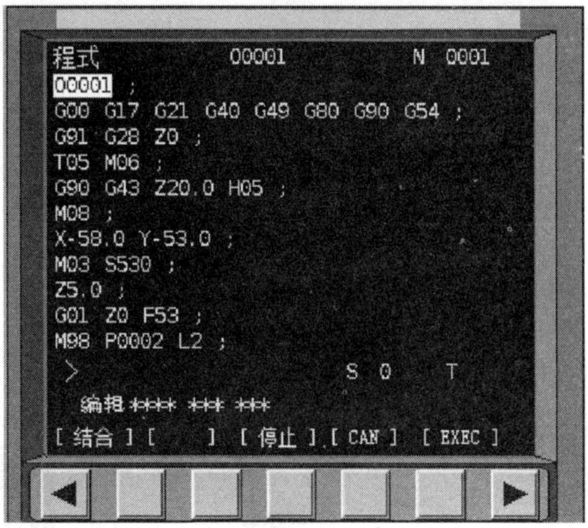

2. 程序的管理

（1）调用程序

FANUC 0i 系统调用程序的方式有两种，一种是直接在程序界面中输入程序号调用，另一种是在程序列表中输入程序号调用。

1）在程序界面中调用程序，其操作步骤见表 2－8。

表 2－8　　在程序界面中调用程序的操作步骤

顺序步骤	操作内容	图　示
1	旋转方式选择旋钮至编辑方式	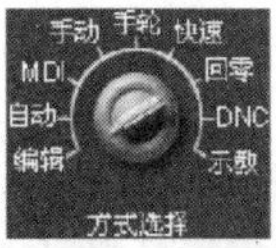
2	按  PROG 键，LCD 界面转入编辑页面。在 MDI 键盘输入“O××××”（××××为数控程序目录中显示的程序号），按  ↓ 键开始搜索，搜索到“O××××”后 NC 程序显示在屏幕上	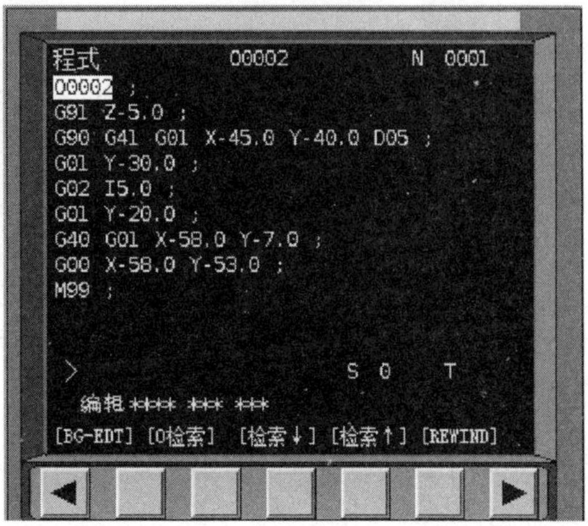

2）在程序列表中调用程序，其操作步骤见表 2－9。

表 2－9　　在程序列表中调用程序的操作步骤

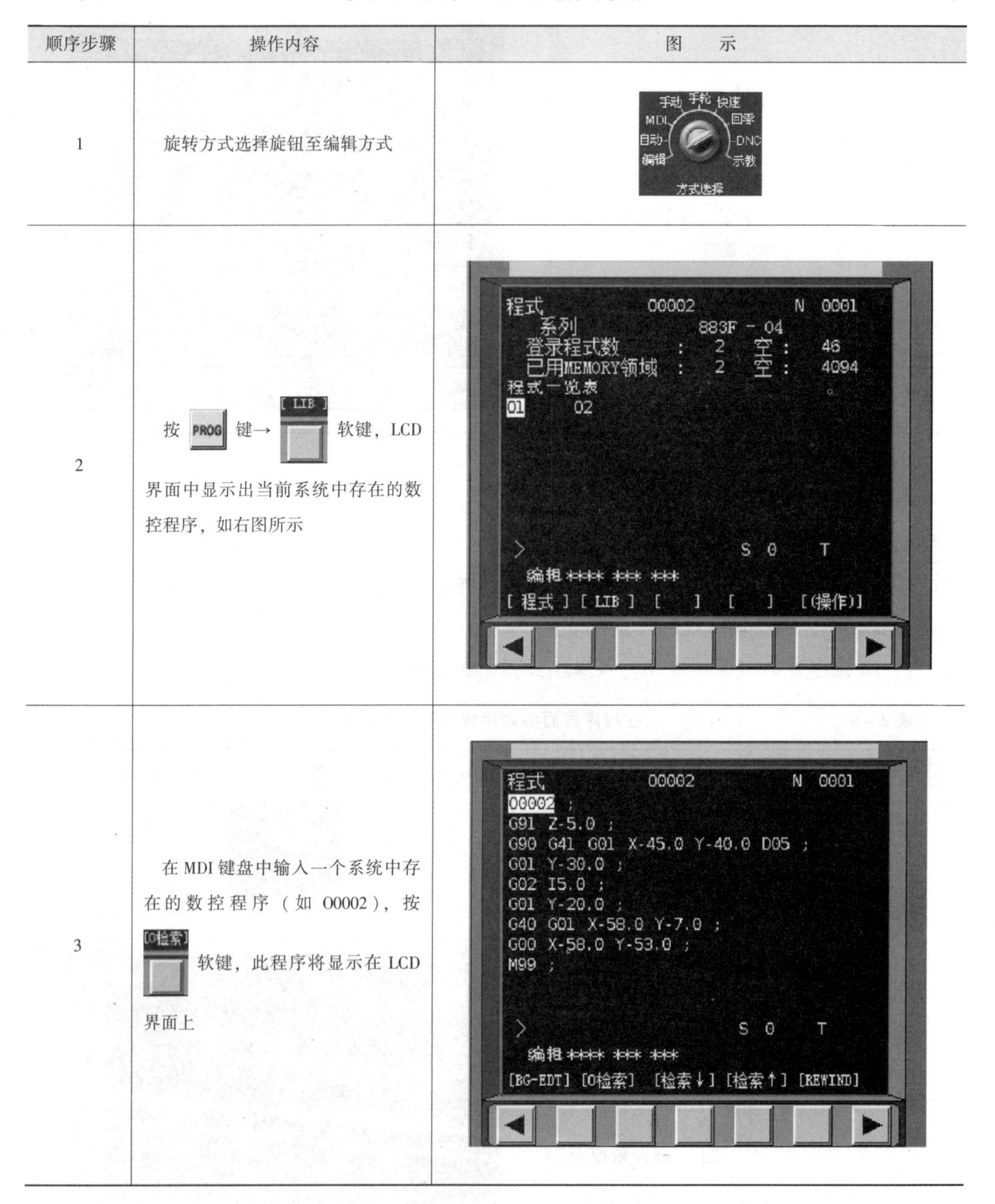

顺序步骤	操作内容	图　示
1	旋转方式选择旋钮至编辑方式	
2	按 PROG 键→ [LIB] 软键，LCD 界面中显示出当前系统中存在的数控程序，如右图所示	
3	在 MDI 键盘中输入一个系统中存在的数控程序（如 O0002），按 [O检索] 软键，此程序将显示在 LCD 界面上	

（2）删除程序

FANUC 0i 系统删除程序的方式有两种，一种是每次删除一个程序，另一种是删除系统中所有的程序。

1）删除一个数控程序，其操作步骤见表 2－10。

表 2－10　　删除一个数控程序的操作步骤

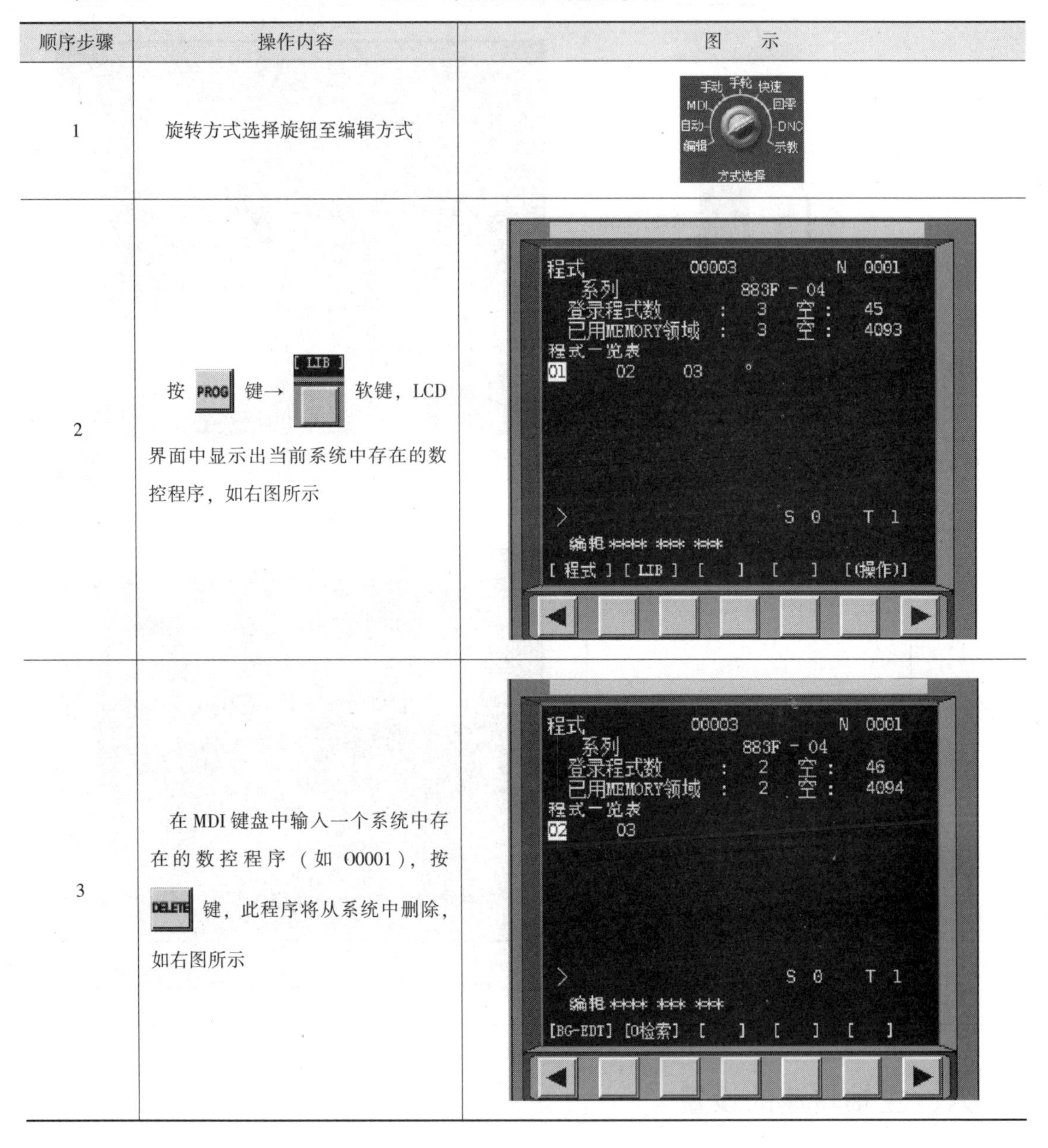

顺序步骤	操作内容	图　示
1	旋转方式选择旋钮至编辑方式	
2	按 PROG 键→[LIB]软键，LCD 界面中显示出当前系统中存在的数控程序，如右图所示	
3	在 MDI 键盘中输入一个系统中存在的数控程序（如 O0001），按 DELETE 键，此程序将从系统中删除，如右图所示	

2）删除系统中所有的数控程序，其操作步骤见表 2－11。

表 2－11　　删除所有数控程序的操作步骤

顺序步骤	操作内容	图　示
1	旋转方式选择旋钮至编辑方式	

续表

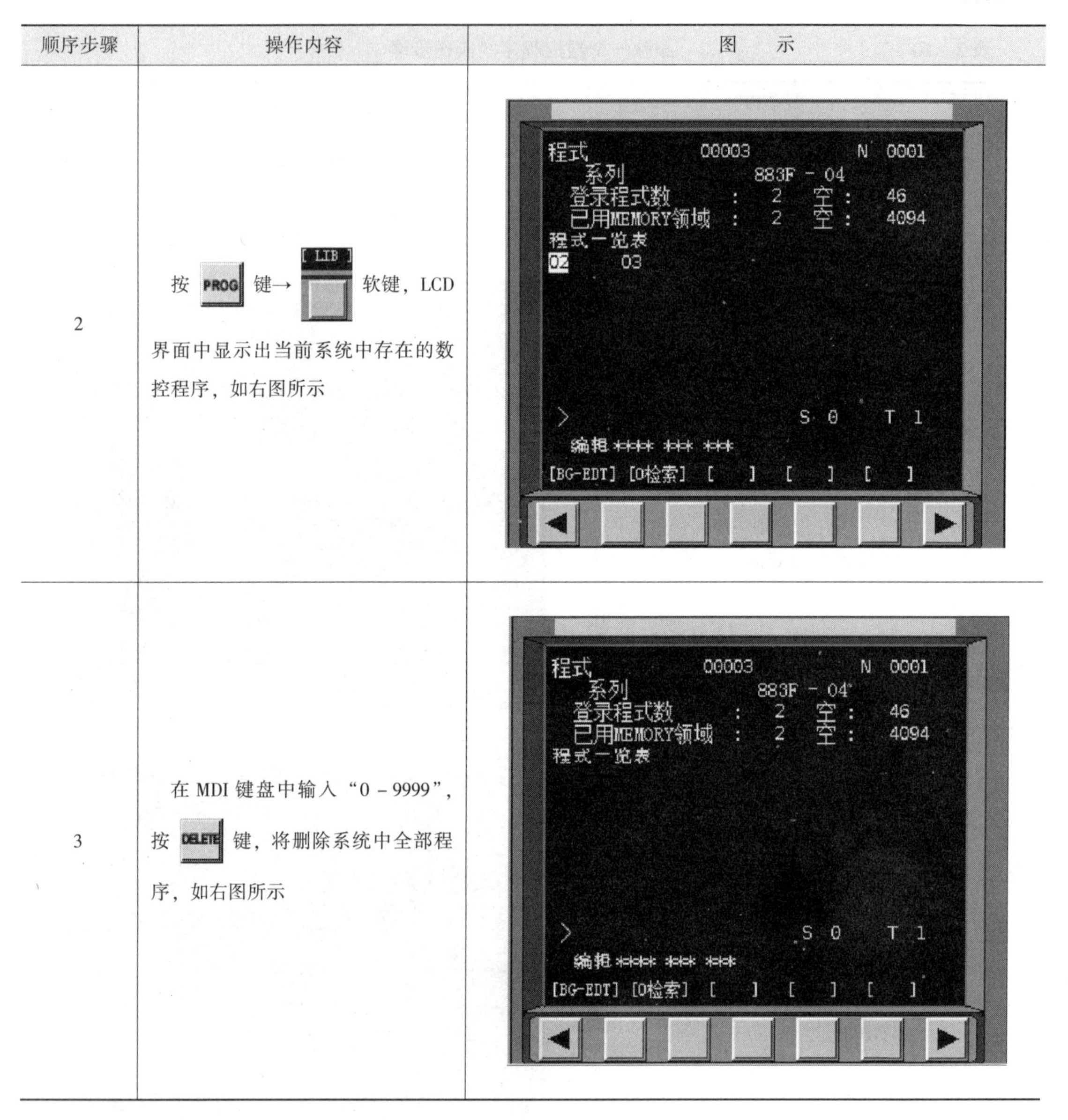

顺序步骤	操作内容	图　示
2	按 PROG 键→ [LIB] 软键，LCD 界面中显示出当前系统中存在的数控程序，如右图所示	程式 O0003 N 0001 系列 883F - 04 登录程式数 : 2 空 : 46 已用MEMORY领域 : 2 空 : 4094 程式一览表 02 03 S 0 T 1 编辑 **** *** *** [BG-EDT] [O检索] [ ] [ ] [ ]
3	在 MDI 键盘中输入“0 - 9999”，按 DELETE 键，将删除系统中全部程序，如右图所示	程式 O0003 N 0001 系列 883F - 04 登录程式数 : 2 空 : 46 已用MEMORY领域 : 2 空 : 4094 程式一览表 S 0 T 1 编辑 **** *** *** [BG-EDT] [O检索] [ ] [ ] [ ]

六、主轴转速的设置

自动运行时主轴的转速、转向是在程序中用 S 代码和 M 代码指定的。在手动模式下，必须采用 MDI 方式设定主轴转速。

七、MDI 操作

MDI 方式适用于简单程序的操作，如指定主轴的转速、更换刀具等。这些程序在执行后将不能被存储。

例如，指定主轴的转速为 500 r/min，其操作步骤见表 2 - 12。

表 2－12　　　　　　　　　　　　　　MDI 操作步骤

顺序步骤	操作内容	图　示
1	旋转方式选择旋钮至 MDI 方式	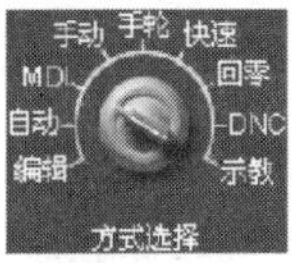
2	按  PROG 键，LCD 将显示“程式(MDI)”界面，如右图所示	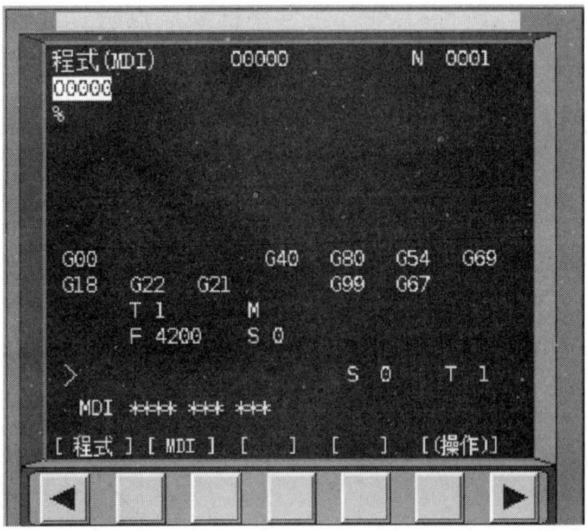
3	 按  EOB E 键→ INSERT 键，在 MDI 键盘中输入“M03 S500;”，按  INSERT 键，程序显示在 LCD 界面中，通过光标键使光标回到程序开头，如右图所示	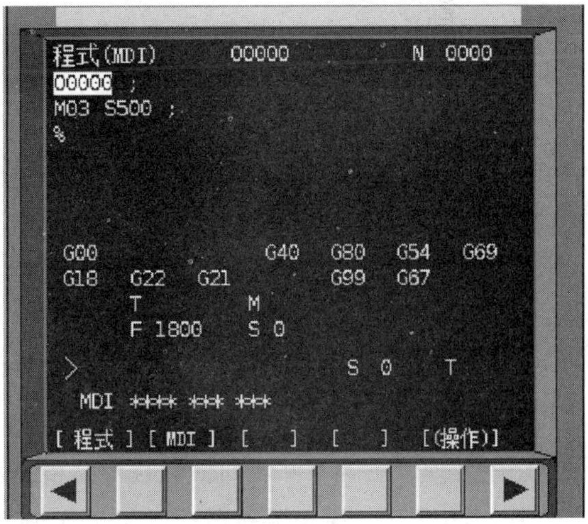
4	按下机床操作面板上的循环启动按钮  循环启动，主轴开始旋转	—

八、对刀操作及参数设置

1. 对刀操作

数控程序是在工件坐标系下编制的，而刀具则依靠机床坐标系实现正确的移动。加工时，只有确定两者之间的位置关系，数控系统才能正确地按照程序坐标控制刀具的运动轨迹。在数控机床上确定它们的位置关系通常采用对刀的方式进行。

机床坐标系原点是由机床在执行各轴回零操作后，由机床自动控制的点，该点一般认定在主轴端面的中心处。工件坐标系原点根据编程需要由编程操作者人为设定。对刀的目的就是要获得工件坐标系原点在机床坐标系中的坐标值。如图 2－5 所示，工件坐标系原点相对于机床坐标系原点的坐标值为($-X$， $-Y$， $-Z$)。

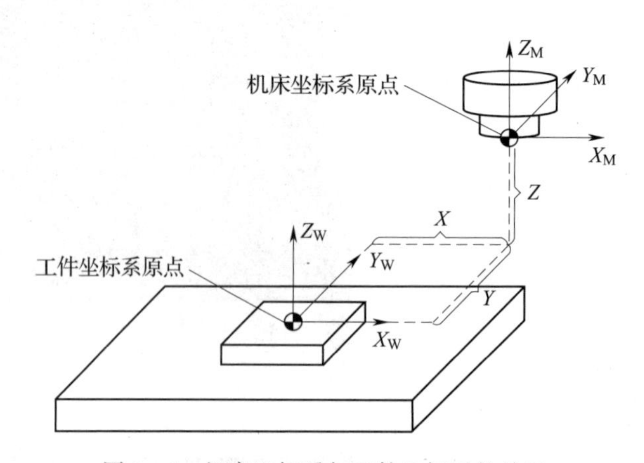

图 2－5　机床坐标系与工件坐标系的关系

数控铣床的对刀操作分为 X、Y 向对刀和 Z 向对刀，对刀的准确性将直接影响加工精度，因此对刀操作一定要仔细，对刀的方法要与零件的加工精度相适应。

(1) X、Y 向对刀

根据使用对刀工具的不同，对刀方法可以分为试切对刀法、刚性靠棒对刀法、寻边器对刀法、百分表对刀法和机外对刀仪对刀法。

1) 试切对刀法

试切对刀法是指直接采用加工刀具进行对刀，这种方法操作简单、方便，但会在零件表面留下切削刀痕，影响零件表面质量且对刀精度较低。

如图 2－6 所示，采用手轮方式并启动主轴（主轴转速按刀具直径进行设置），使刀具圆周刃口轻微接触工件的左侧面，记下此时刀具在机床坐标系中的 X 坐标值 X_{M1}；然后，使刀具圆周刃口轻微接触工件的右侧面，记下此时刀具在机床坐标系中的 X 坐标值 X_{M2}。

用同样的方法使刀具圆周刃口轻微接触工件的后侧面，记下此时的 Y 坐标值 Y_{M1}；最后，使刀具圆周刃口轻微接触工件的前侧面，记下此时的 Y 坐标值 Y_{M2}。

则工件坐标系在机床坐标系中的坐标应是 $[(X_{M1}+X_{M2})/2, (Y_{M1}+Y_{M2})/2]$。

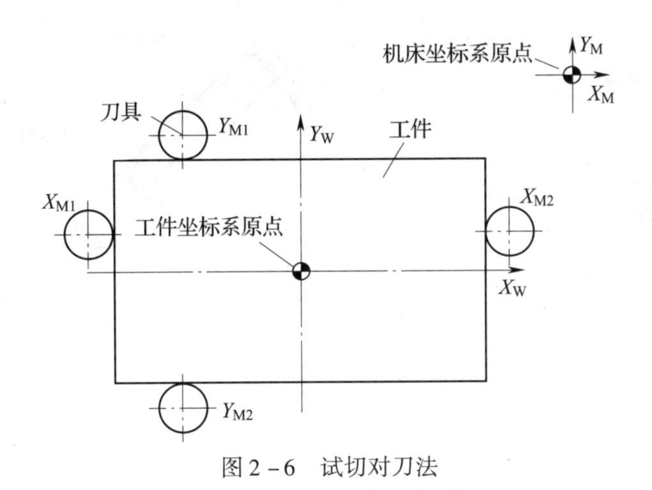

图 2－6 试切对刀法

2）刚性靠棒对刀法

刚性靠棒对刀法是指利用刚性靠棒配合塞尺（或量块）对刀的一种方法，与试切对刀法相似。将刚性靠棒安装在刀柄中，采用手轮方式并关闭主轴，使刚性靠棒快速靠近工件后，将塞尺塞入刚性靠棒与工件之间，然后，设置最小的手轮轴倍率缓慢靠近工件，以塞尺恰好不能自由抽动为准，如图 2－7 所示。这种对刀方法不会在零件表面上留下痕迹，但对刀精度不高且较费时。

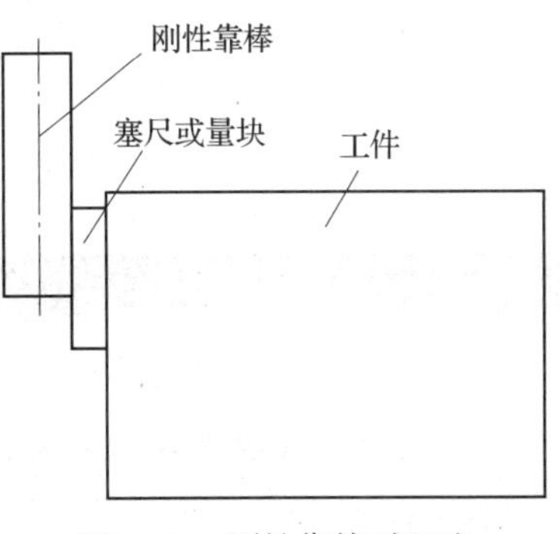

图 2－7 刚性靠棒对刀法

提示

采用刚性靠棒只能对工件的 X、Y 向对刀，工件的 Z 向需采用刀具进行对刀。

3）寻边器对刀法

寻边器对刀法与刚性靠棒对刀法相似。常用的寻边器有偏心式和电子式两种，如图 2－8所示。

偏心式寻边器由夹持端和测量端两部分组成。使用时将夹持端装夹在主轴上，启动主轴（转速为 500 r/min 左右），在测量端未接触工件表面时，测量端会因为主轴转动而摆动。当测量端与工件表面逐渐接触时，这种摆动会逐渐减小，直至夹持端的轴线与测量端的轴线基本重合。此时使用最小的手轮轴倍率继续缓慢靠近工件，当测量端突然偏摆到一边时，认定当前测量端的轴线与夹持端的轴线重合。

提示

图 2－8 中偏心式寻边器的测量端由两个部分组成，直径分别为 5 mm 和 10 mm，小直径一般用于孔类零件的校正，大直径一般用于轮廓类零件的校正。

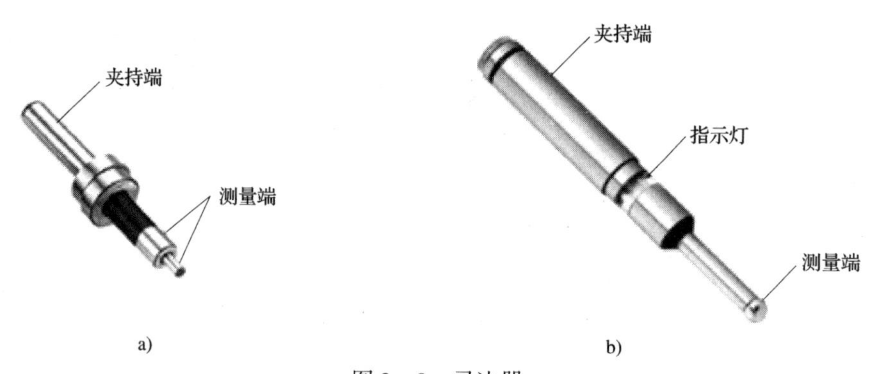

图2-8 寻边器

a）偏心式寻边器 b）电子式寻边器

电子式寻边器由夹持端、指示灯和测量端三部分组成。使用时将其装夹在主轴上，主轴不需要转动。用手轮方式，先使测量端（钢球）快速靠近工件，然后逐步减小手轮轴倍率到1，使寻边器缓慢地靠近工件，当测量端与工件接触的瞬间，由于机床、工件和电子感应器组成的电路接通，指示灯亮，从而确定基准面的位置。

提示

在使用电子式寻边器时，应使其钢球部位与工件接触；被加工工件必须是良好的导体；定位基准面要有较好的表面质量。

4）百分表对刀法

百分表对刀法一般用于圆形零件的对刀，如图2-9所示，用磁力表座将百分表安放在机床主轴端面上，调整磁力表座上的伸缩杆长度和角度，使测头压住被测表面（约0.2 mm），用手慢慢旋转主轴，使百分表的测头沿零件的圆周面转动，观察百分表指针的偏移情况，通过多次反复调整，待转动主轴一周时百分表的指针基本上停止在同一个位置，其指针的跳动量在允许的对刀误差范围内，这时认定主轴轴线与孔的轴线重合。

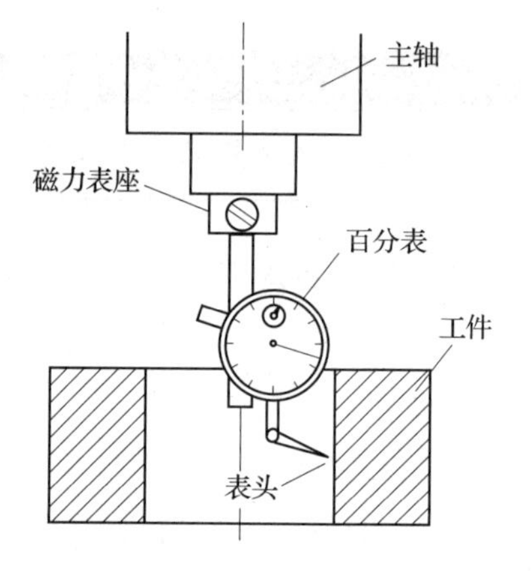

图2-9 百分表对刀法

5）机外对刀仪对刀法

机外对刀仪由刀柄定位机构、测量机构、数据处理装置三部分组成，如图2-10所示。使用机外对刀仪可以测出新刀具的主要参数，如刀具的长度、直径、形状和角度等。机外对刀仪对刀的操作步骤如下：

选择第一把装配好的刀具在机外对刀仪上进行对刀，并记下它的长度L_1、半径R_1。有时第一把刀具也可以作为基准刀具，以它的长度L_1为基准，其他刀具的长度是相对于基准刀具的长度，但因基准刀具长度L_1改变后（如磨损、更换刀具等），其他刀具参数都要重新计算，很不方便，所以一般情况下不使用这种方法。

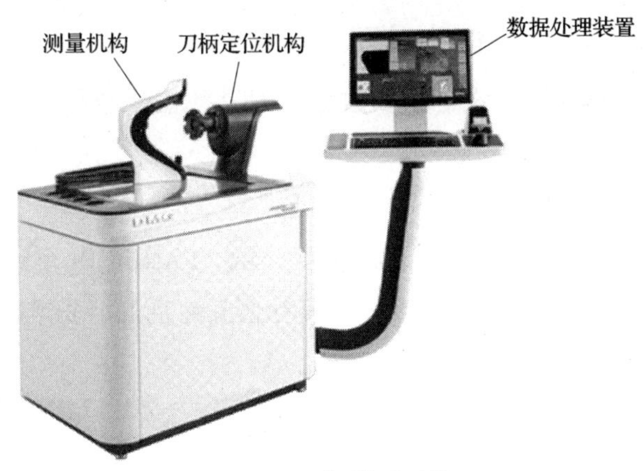

图 2-10　机外对刀仪

测量第二把刀具，分别记下长度 L_2、半径 R_2。如果第一把刀具的长度 L_1 是基准，第二把刀具相对于第一把刀具的长度 $\Delta L_2 = L_2 - L_1$。

依次测量其他刀具，分别记下长度 L_n、半径 R_n，并输入数控系统刀具管理参数中。

（2）Z 向对刀

Z 向对刀主要用于确定工件坐标系原点在机床坐标系中的 Z 轴坐标。零件的 Z 向对刀通常采用试切法和 Z 向对刀仪。

1）试切法

Z 向的对刀点通常都设在工件上表面上。采用试切法对刀时，移动刀具至工件的上表面，启动主轴，使刀具端面刃缓慢接触工件上表面，并记下机床坐标系的 Z 向坐标值，此值即工件坐标系原点在机床坐标系中的 Z 向坐标值。

2）Z 向对刀仪

Z 向对刀仪有光电式和指针式两种类型，如图 2-11 所示。其高度一般为 50 mm 或 100 mm，对刀精度一般可达 0.002 5 mm。对刀时，将带有磁性表座的 Z 向对刀仪牢固地附着在工件或夹具上，使刀具的端面刃与 Z 向对刀仪的测头接触，利用机床坐标显示来确定对刀值。

a)

b)

图 2-11　Z 向对刀仪

a）光电式对刀仪　b）指针式对刀仪

2. 参数设置

数控铣床/加工中心需要用户设置的参数包括刀具补偿参数和工件坐标系（G54～G59）参数。

（1）刀具补偿参数的设置

刀具补偿参数包括刀具半径补偿和刀具长度补偿。FANUC 0i 系统中刀具半径补偿又包括形状半径补偿和摩耗半径补偿两种，刀具长度补偿又包括形状长度补偿和摩耗长度补偿两种，其设置的操作步骤见表 2－13。

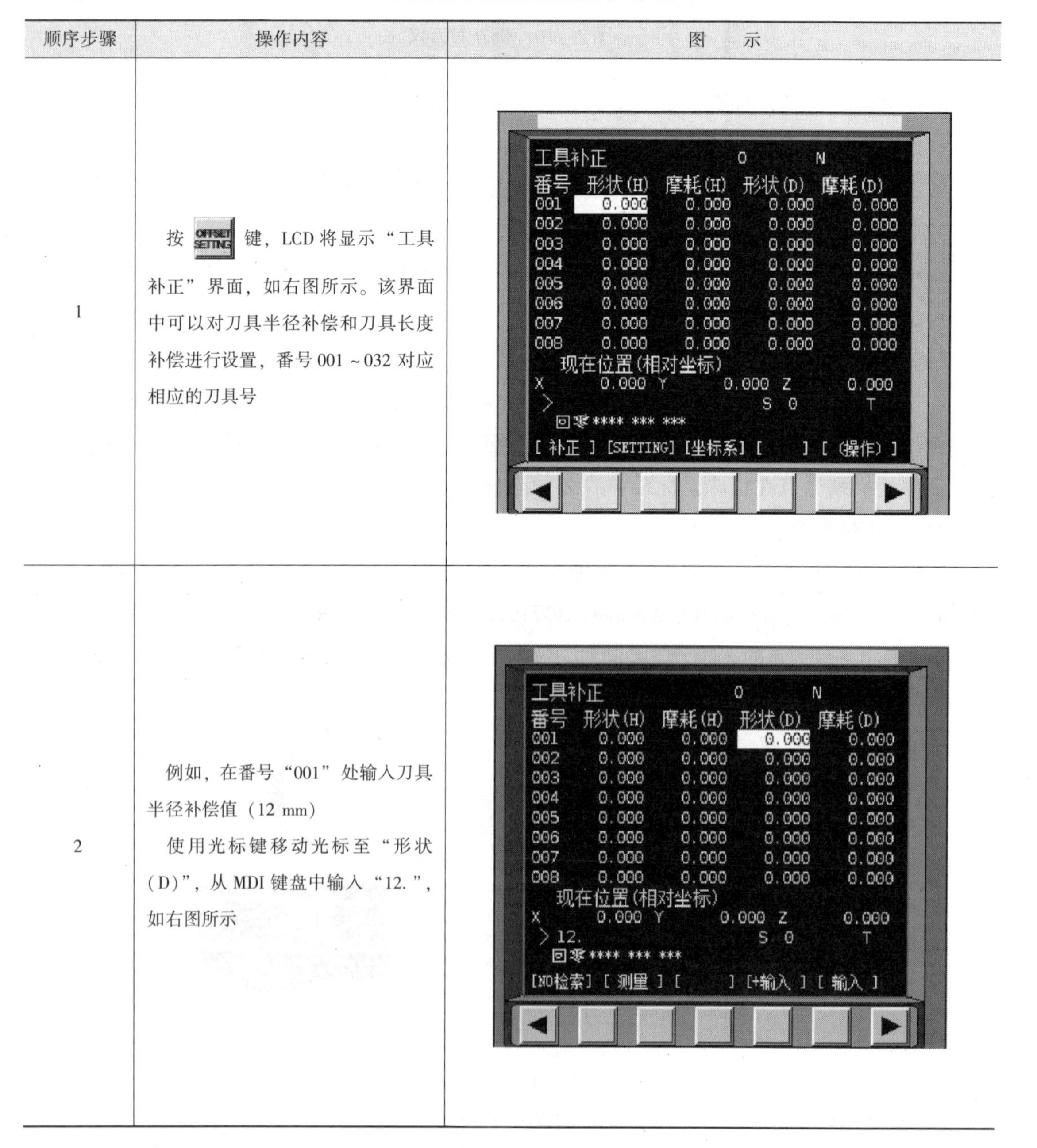

表 2－13　刀具补偿参数设置的操作步骤

顺序步骤	操作内容	图示
1	按 OFFSET SETTING 键，LCD 将显示“工具补正”界面，如右图所示。该界面中可以对刀具半径补偿和刀具长度补偿进行设置，番号 001～032 对应相应的刀具号	
2	例如，在番号“001”处输入刀具半径补偿值（12 mm） 使用光标键移动光标至“形状（D）”，从 MDI 键盘中输入“12.”，如右图所示	

续表

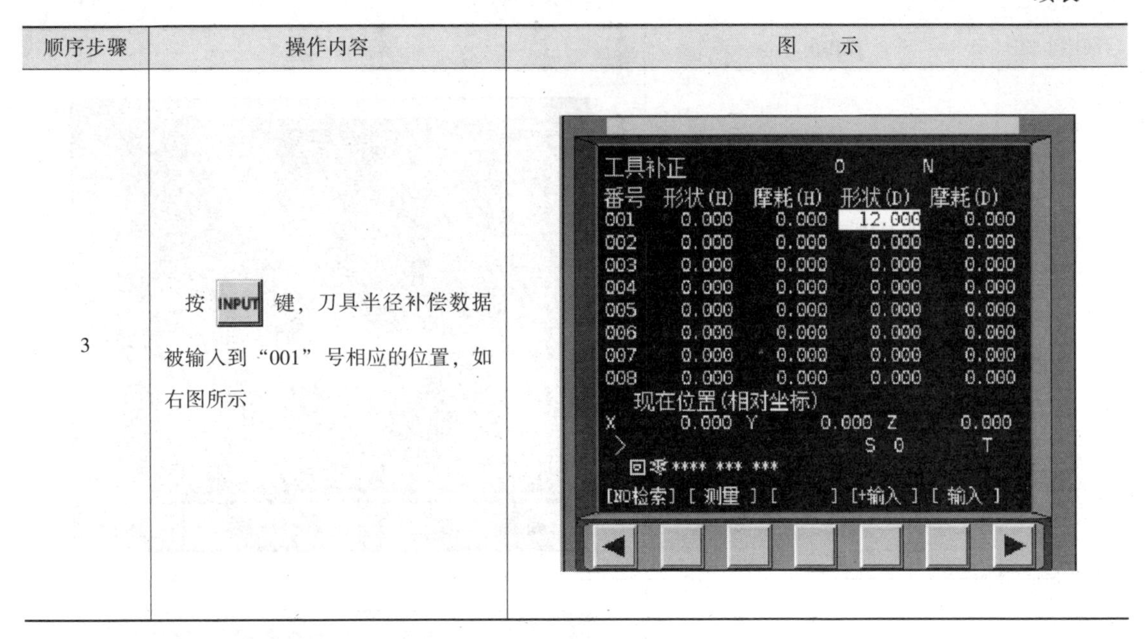

顺序步骤	操作内容	图　示
3	按 INPUT 键，刀具半径补偿数据被输入到“001”号相应的位置，如右图所示	

（2）工件坐标系（G54～G59）参数的设置

系统提供了 G54～G59 六个工件坐标系，使用时，用户可以根据需要设置一个或多个工件坐标系。

例如，通过对刀工件坐标系在机床坐标系中的坐标为（$X-300.00$，$Y-215.00$，$Z-150.00$），工件坐标系参数设置的操作步骤见表 2－14。

表 2－14　　工件坐标系参数设置的操作步骤

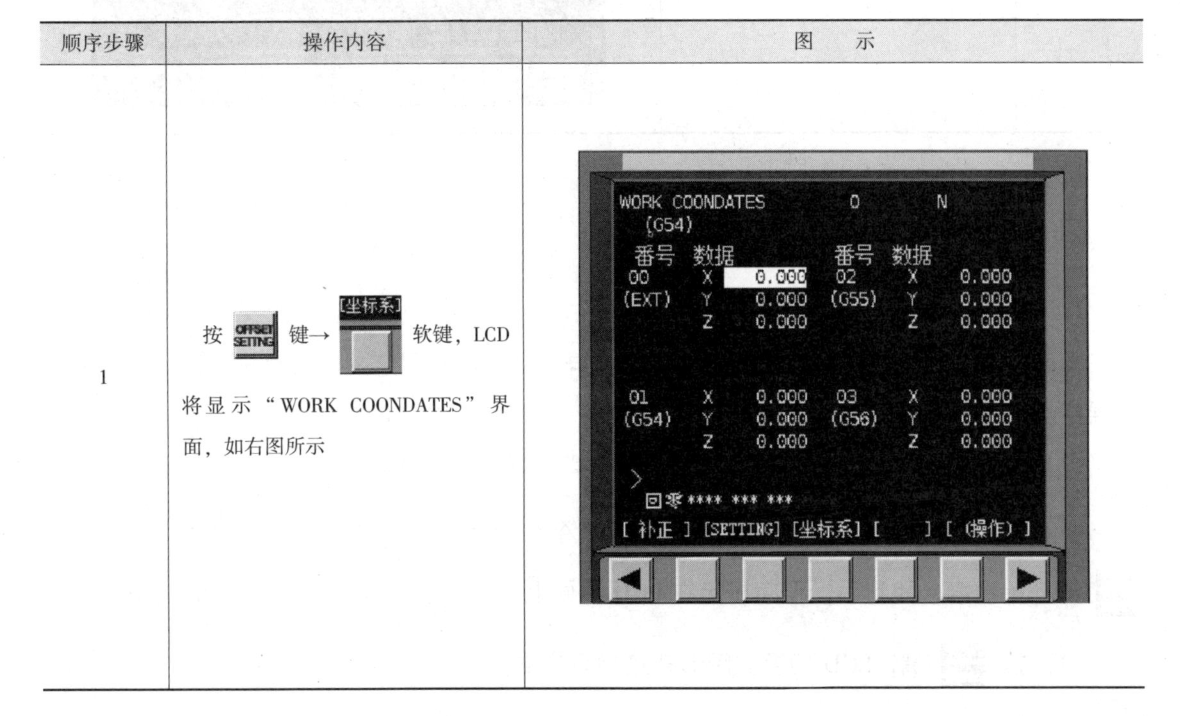

顺序步骤	操作内容	图　示
1	按 OFFSET SETTING 键→ [坐标系] 软键，LCD 将显示“WORK COONDATES”界面，如右图所示	

续表

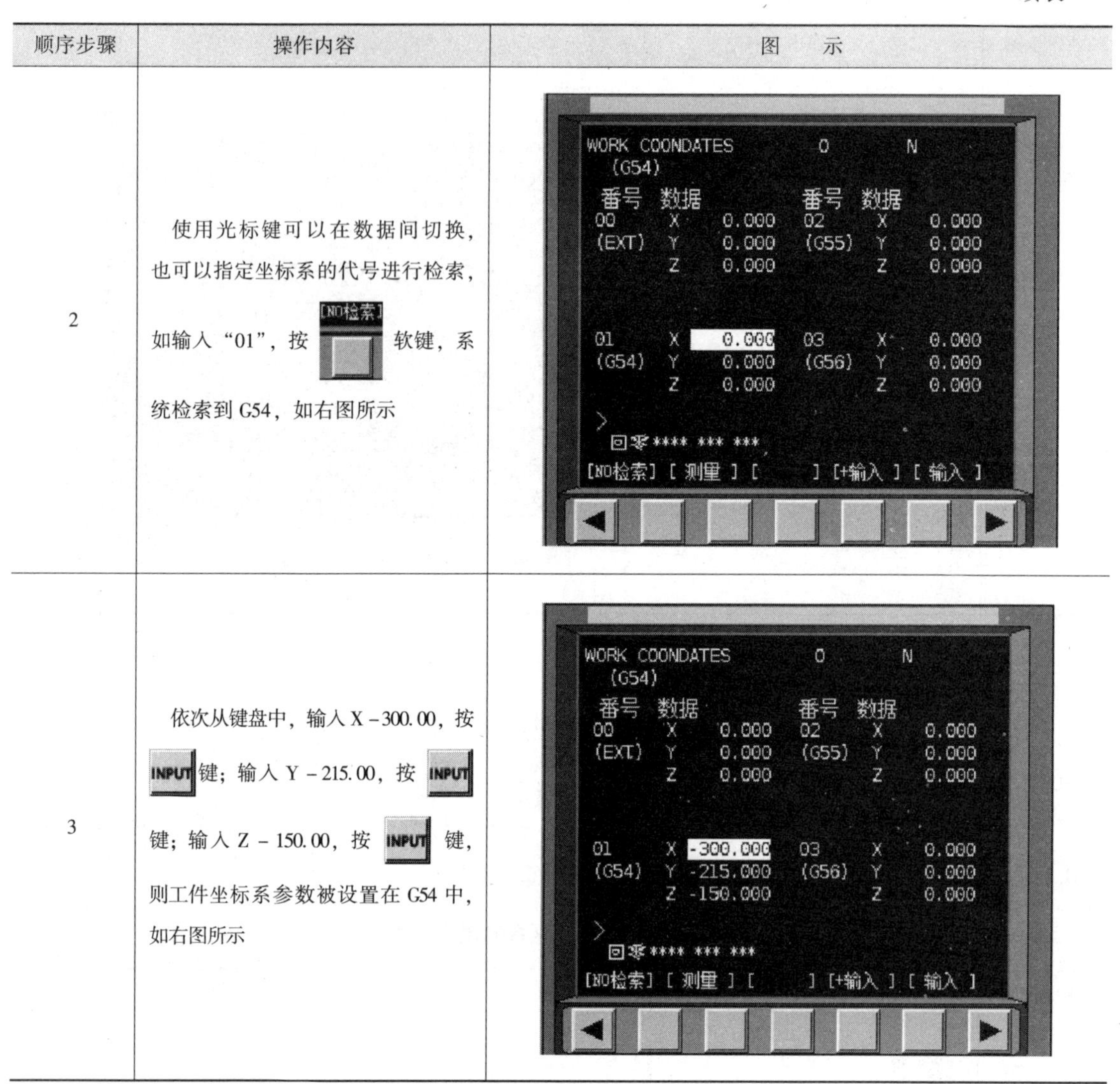

顺序步骤	操作内容	图　　示
2	使用光标键可以在数据间切换，也可以指定坐标系的代号进行检索，如输入“01”，按 [NO检索] 软键，系统检索到 G54，如右图所示	
3	依次从键盘中，输入 X－300.00，按 INPUT 键；输入 Y－215.00，按 INPUT 键；输入 Z－150.00，按 INPUT 键，则工件坐标系参数被设置在 G54 中，如右图所示	

九、程序校验与自动加工

1. 程序校验

程序校验是利用数控系统的图形功能，在屏幕上绘制出程序的刀具轨迹，以便操作者检查程序的正确性和合理性。其操作流程如下：

（1）旋转方式选择旋钮至自动方式，系统进入自动加工状态。

（2）按 PROG 键，在 MDI 键盘上输入“O××××”（××××为数控程序号），按 ↓ 键开始搜索，找到后，程序显示在 LCD 界面上。

（3）按 CUSTOM GRAPH 键，LCD 切换到图形轨迹检查界面。

（4）按 循环启动 键，即可进行程序校验，屏幕上同时绘制出刀具的运动轨迹。此时也可通过“视图”菜单中的动态旋转、动态放缩、动态平移等方式对三维运行轨迹进行全方位的动态观察。

2. 自动加工

（1）自动连续加工

1）旋转方式选择旋钮至自动方式，系统进入自动加工状态。

2）按 PROG 键，在 MDI 键盘上输入“O××××”（××××为数控程序号），按 ↓ 键开始搜索，找到后，程序显示在 LCD 界面上。

3）按 循环启动 键即可进行加工。

（2）加工的暂停与急停

数控程序在执行的过程中可以根据需要暂停、停止或急停。

1）暂停

在加工的过程中，按 进给保持 键，程序停止运行；再按 循环启动 键，程序从暂停位置开始执行。

2）急停

在加工的过程中，按下急停按钮，机床的所有动作将停止。再次加工时，机床需要进行回参考点操作。

（3）单段加工

1）旋转方式选择旋钮至自动方式，系统进入自动加工状态。

2）按 PROG 键，在 MDI 键盘上输入“O××××”（××××为数控程序号），按 ↓ 键开始搜索，找到后，程序显示在 LCD 界面上。

3）按 单段 键，系统进入单段加工状态。

4）按 循环启动 键，系统将一行一行地顺序执行加工程序。

第三节　数控铣床/加工中心的维护保养

数控机床种类很多，各类数控机床因其功能、结构及系统的不同，各具不同的特性，其维护与保养的内容和规则也各有特色，具体应参照机床使用说明书的要求，并根据实际使用情况，制定和建立定期、定级保养制度。数控机床日常维护保养的常见内容如下：

一、数控系统的维护

1. 严格遵守操作规程和日常维护制度

数控机床操作人员要严格遵守操作规程和日常维护制度，操作人员技术业务素质的优劣是影响故障发生频率的重要因素。当机床发生故障时，操作者要注意保护现场，并向维修人员如实说明出现故障前后的情况，以利于分析、诊断出产生故障的原因，从而及时排除。

2. 应尽量少开数控柜和强电柜的门

因加工车间的空气中一般都会有油雾、灰尘甚至金属粉末，一旦它们落在数控系统内的电路板或电子元器件上，容易引起元器件间绝缘电阻下降，甚至导致元器件及电路板损坏。有的用户为了降低数控系统的温度，打开数控柜的门来散热，这是一种极不可取的方法，其最终将导致数控系统加速损坏。因此，除进行必要的调整和维修，应尽量少开数控柜和强电柜门。

3. 定时清扫数控柜的散热通风系统

数控柜中的各个冷却风扇、风道过滤器每半年或每季度检查一次，若发现过滤网上灰尘积聚过多，应及时清理，以防止数控柜内温度过高（一般不允许超过 55 ℃），影响数控机床的正常工作。

4. 经常监视数控系统用的电网电压

数控装置通常允许电网电压在额定值的 85% ~110% 的范围内波动。如果超出此范围，就会造成系统不能正常工作，甚至会引起数控系统内部电子部件损坏。

5. 定期更换存储器电池

FANUC 0i 系统将机床参数保存在 CMOS RAM 存储器中，为了在数控系统不通电期间能保持存储的内容，系统内部设有可充电电池维持电路，在数控系统通电时，由 +5 V 电源经一个二极管向 CMOS RAM 供电，并对可充电电池进行充电。当数控系统切断电源时，则改为由电池供电来维持 CMOS RAM 内的信息，在一般情况下，即使电池尚未失效，也应每年更换一次电池，以便确保系统能正常工作。另外，更换电池时应注意在数控系统供电状态下进行，以防止保存在 CMOS RAM 中的内容丢失。

6. 数控系统长期不用时的维护

对于因某种原因造成数控系统长期闲置不用时，为了避免数控系统损坏，需注意以下两点。

（1）经常给数控系统通电

在机床锁住不动的情况下（即伺服电动机不转时），让数控系统空运行，利用电子元器件本身的发热来驱散数控系统内的潮气，保证电子元器件性能的稳定可靠。实践证明，在环境湿度较大的梅雨季节或空气湿度较大的地区，经常通电是降低机床故障率的一个有效措施。

（2）取出电刷

采用直流进给伺服驱动和直流主轴伺服驱动的数控机床，应将电刷从直流电动机中取出，以免由于化学腐蚀作用使换向器表面腐蚀，造成换向性能变差，甚至使整台电动机损坏。

二、数控机床的日常保养

数控机床能始终保持良好状态、长时间地稳定工作，是数控机床进行日常维护、保养的目的。对于如何延长元器件的使用寿命，延长机械部件的使用周期，防止发生意外的恶性事故，总的来说主要包括以下几个方面。

1. 保持良好的润滑状态

定期检查、清洗自动润滑系统，添加或更换润滑油（脂）、油液，使丝杠、导轨等各运动部位始终保持良好的润滑状态，以减缓机械零件的磨损速度。

2. 机械精度的检查与调整

进行机械精度的检查与调整可以减小各运动部件之间的形状和位置偏差，包括换刀系统、工作台交换系统、丝杠、反向间隙等的检查与调整。

3. 清扫卫生

如机床周围环境太脏、粉尘太多，会影响机床的正常运行；电路板太脏，可能产生短路现象；油水过滤器、过滤网等太脏，会造成压力不够、散热不好等。

数控机床日常保养要求见表2－15。

表2－15　　数控机床日常保养要求

序号	检查周期	检查部位	检查要求
1	每天	导轨润滑油箱	检查油标、油量，及时添加润滑油，润滑油泵能定时启动打油及停止
2	每天	X、Y、Z各轴导轨面	清除切屑及污物，检查润滑油是否充分、导轨面有无划伤及损坏
3	每天	压缩空气气源压力	检查气动控制系统压力，应在正常范围内
4	每天	气源自动分水器	及时清理分水器中滤出的水分，保证工作正常
5	每天	主轴润滑恒温油箱	工作正常，油量充足并调节温度范围
6	每天	机床液压系统	油箱、液压泵无异常噪声，压力指示正常，管路及各接头无泄漏，工作油面高度正常
7	每天	液压平衡系统	平衡压力指示正常，快速移动时平衡阀工作正常
8	每天	CNC的输入/输出单元	对关键部件进行清洁
9	每天	各种电气柜散热通风装置	各电气柜冷却风扇工作正常，风道过滤网无堵塞
10	每天	各种防护装置	导轨、机床防护罩等应无松动、无漏水
11	每半年	滚珠丝杠	清洗丝杠上旧的润滑脂，涂上新润滑脂

续表

序号	检查周期	检查部位	检查要求
12	每半年	液压油路	清洗溢流阀、减压阀、过滤器，清洗油箱底，更换或过滤液压油
13	每半年	主轴润滑恒温油箱	清洗过滤器，更换润滑油
14	每年	检查并更换直流伺服电动机电刷	检查换向器表面，吹净炭粉，去除毛刺，更换长度过短的电刷，并应跑合后才能使用
15	每年	润滑油泵、过滤器	清理润滑油池底，更换过滤器
16	不定期	检查各轴导轨上镶条、压滚轮松紧状态	按机床说明书调整
17	不定期	切削液箱	检查液面高度，切削液太脏时需要更换并清理切削液箱底部，经常清洗过滤器
18	不定期	排屑器	经常清理切屑，检查有无卡住现象等
19	不定期	清理滤油池	及时取走滤油池中废油，以免外溢
20	不定期	调整主轴驱动带松紧程度	按机床说明书调整

第三章　数控仿真加工

第一节　仿真软件的使用

数控加工仿真系统是基于计算机可视化技术，模拟实际的加工过程，在计算机上实现数控车、数控铣和加工中心等的仿真加工。在数控加工仿真系统中，机床操作面板和操作步骤与相应实际的数控机床完全相同，在这种虚拟工作环境中学习，掌握数控机床的加工及操作方法，既可达到实物操作训练的目的，又可大大减少昂贵的设备投入。目前，国内应用较多的数控加工仿真软件有上海宇龙软件工程有限公司的数控加工仿真系统、北京市斐克科技有限责任公司的 VNUC 仿真软件、南京宇航自动化技术研究所的宇航数控仿真软件、南京斯沃软件技术有限公司的斯沃数控仿真软件以及由美国 CGTech 公司开发的 VERICUT 仿真软件等。下面以上海宇龙软件工程有限公司的数控加工仿真系统为例，介绍数控铣床/加工中心的仿真加工操作。

一、仿真系统的开启和登录

1. 启动加密锁管理程序

从“开始”菜单中选择“所有程序”→“宇龙数控加工仿真软件 V5.0”→“加密锁管理程序”命令，系统启动了加密锁管理程序，此时在屏幕的右下角会显示一个加密锁图标“ ”。

2. 用户登录

从“开始”菜单中选择“所有程序”→“宇龙数控加工仿真软件 V5.0”→“宇龙数控加工仿真软件 V5.0”命令，或在桌面上双击数控加工仿真系统图标 

，系统弹出登录界面，如图 3-1 所示。

（1）快速登录

即练习模式，用户不需要输入用户名和密码，直接单击“快速登录”按钮，即可进入数控加工仿真系统，并在屏幕的右下角显示“自由练习”。

（2）指定用户名和密码登录

通过输入用户名和密码，系统提供了“系统设置”和“考试”两种登录模式。

1）系统设置模式

在登录界面中输入系统管理员的用户名和密码，单击“登录”按钮，即可进入数控加工仿真系统，并在屏幕的右下角显示“自由练习”。

图 3－1　登录界面

2）考试模式

输入由管理员提供的用户名和密码，单击“登录”按钮，即可进入数控加工仿真系统，并在屏幕的右下角显示“考试”。

3. 仿真界面

在登录界面中单击“快速登录”按钮，打开数控加工仿真系统界面，如图 3－2 所示。

（1）标题栏

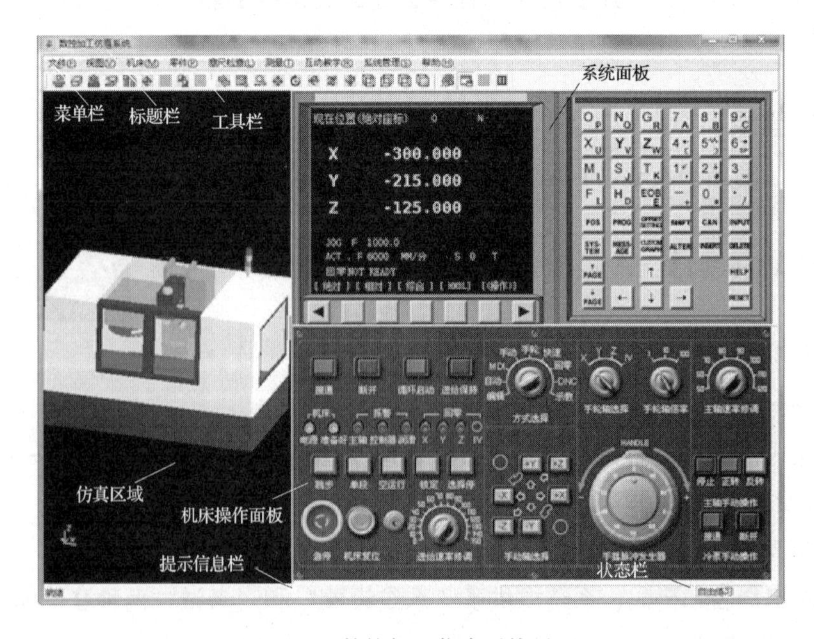

图 3－2　数控加工仿真系统界面

保存或打开项目后在标题栏中将显示当前项目的文件名。

（2）菜单栏

菜单栏包含了数控加工仿真软件的所有应用功能。

（3）工具栏

工具栏由菜单栏中的一些常用功能的快捷键组成，与菜单栏中的功能完全相同。

（4）仿真区域

该区域可以显示仿真机床或程序轨迹，并能动态旋转、缩放、移动图形文件。

（5）系统面板和机床操作面板

模拟真实的系统面板和机床操作面板，通过该面板可对仿真机床进行操作。

（6）提示信息栏

显示当前按钮功能的说明。

（7）状态栏

显示当前所引入的模块。

二、仿真软件的基本操作

1. 文件操作

单击“文件”菜单，系统弹出文件下拉菜单，在该菜单中包括新建项目、打开项目、保存项目、另存为项目、导入零件模型、导出零件模型、开始记录、结束记录、演示等功能。

（1）新建项目

新建一个项目，并使仿真系统初始化。

（2）打开项目

选择“打开项目”命令，用户可以打开一个后缀为“. MAC”的项目文件。

（3）保存项目

保存项目是对操作步骤进行保存。项目保存的内容包括所选机床、毛坯、加工成形后的零件、刀具、夹具、输入的程序、坐标系参数、刀具参数，但不包括操作过程。

（4）另存为项目

为当前项目指定一个新的保存路径。

（5）导入零件模型

在仿真加工过程中，除了可以直接使用系统提供的毛坯外，还可以对经过部分加工的毛坯进行再加工，这种毛坯系统称为零件模型。使用“文件”→“导入零件模型”命令，用户可以调用一个后缀为“. PRT”的毛坯文件。

（6）导出零件模型

该功能可以把经过部分加工的零件保存起来，作为下道工序的毛坯使用。

（7）开始记录

单击“开始记录”，系统弹出“另存为”对话框，输入后缀为“. OPR”的记录文件名，单击“保存”按钮，系统开始记录用户的所有操作。

(8) 结束记录

单击“结束记录”，系统将终止当前的记录。

(9) 演示

打开后缀为“. OPR”的操作记录文件进行回放。

提示

在自动回放过程中，按计算机键盘的“Shift”键，可重新控制鼠标进行暂停、快进、重播、退出等操作。

2. 视图操作

单击“视图”菜单，系统弹出视图下拉菜单，在该菜单中用户可对视图、控制面板的显示和视图选项进行设置。

(1) 视图变换操作

单击“视图”菜单，在下拉菜单中，用户可选用复位、动态平移、动态旋转、动态缩放、局部放大、绕 *X* 轴旋转、绕 *Y* 轴旋转、绕 *Z* 轴旋转、前视图、俯视图、左侧视图和右侧视图命令，或选择工具栏中的视图图标 、、、、、、、、、、、 对视图进行变换。

(2) 控制面板

单击“视图”→“控制面板切换”命令，或选择工具栏中的控制面板切换图标 ，系统将隐藏或显示控制面板。

(3) 视图选项

单击“视图”→“选项”命令，或选择工具栏中的选项图标 ，系统弹出“视图选项”对话框，如图 3－3 所示。

1) 仿真加速倍率

设置仿真的速度，其设置范围为 1～100，数值小则仿真速度慢，数值大则仿真速度快。

2) 开/关

设置声音和铁屑的状态。

3) 机床显示方式

系统提供了“实体”和“透明”两种机床显示方式。

4) 机床显示状态

系统提供了“显示”和“隐藏”两种机床显示状态。

5) 零件显示方式

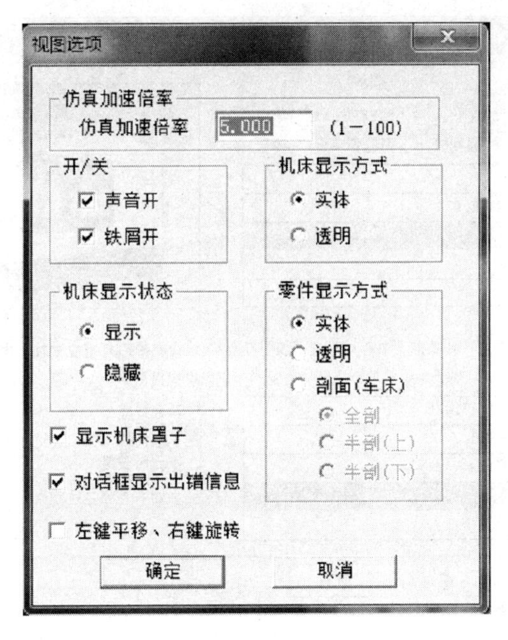

图 3－3　“视图选项”对话框

系统提供了“实体”“透明”和“剖面”三种零件显示方式，其中“剖面”用于车床零件的显示。

6）显示机床罩子

设置机床的防护罩是否显示。

7）对话框显示出错信息

设置出错信息的显示方式。选中此选项，出错信息将以对话框的方式显示；否则，出错信息将显示在屏幕的右下角。

8）左键平移、右键旋转

在仿真区域设置鼠标的使用方法。选中此选项，在仿真区域，按住鼠标左键移动鼠标可以平移图形，按住鼠标右键移动鼠标可以旋转图形。

3. 机床

单击“机床”菜单，系统弹出机床下拉菜单，在该菜单中用户可对机床、刀具、DNC传送等进行设置。

(1) 选择机床

单击“机床”→“选择机床”命令，或选择工具栏中的选择机床图标，系统弹出“选择机床”对话框，如图 3－4 所示。

通过选择不同的控制系统和机床类型，用户可以组合不同系统和不同类型的数控仿真机床。

(2) 选择刀具

单击“机床”→“选择刀具”命令，或选择工具栏中的选择刀具图标，系统弹出“选择铣刀”对话框，如图 3－5 所示。

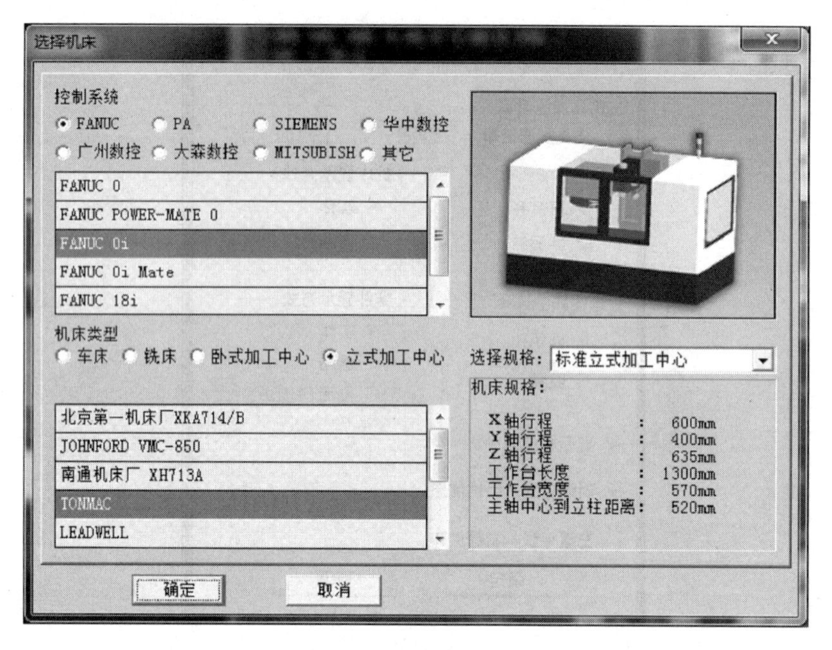

图 3-4 “选择机床”对话框

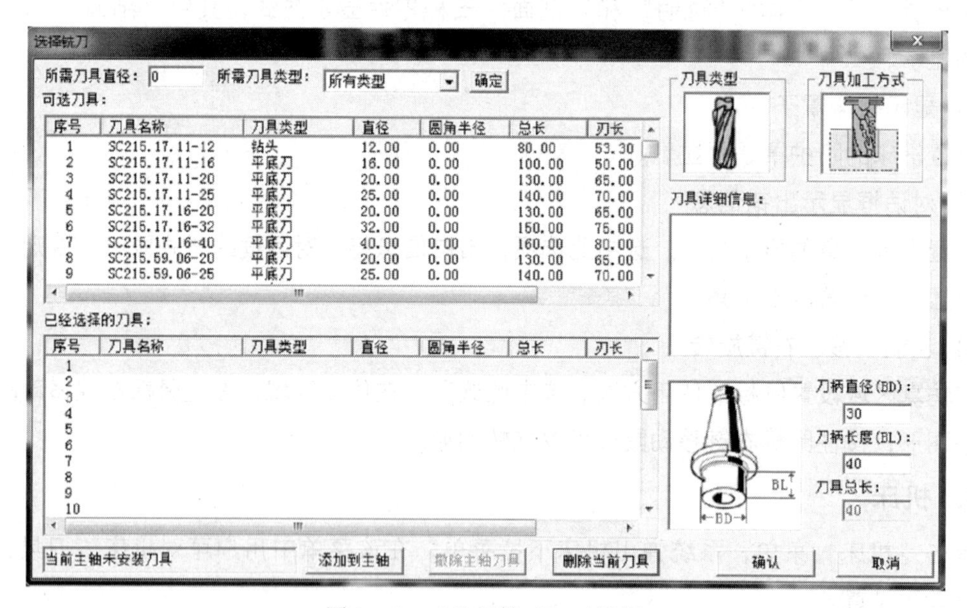

图 3-5 “选择铣刀”对话框

1）过滤刀具

输入“所需刀具直径”并设置“所需刀具类型”，单击“确定”按钮，系统将满足条件的刀具显示在“可选刀具”列表框中。

2）指定刀具号

“已经选择的刀具”列表框用于设置刀具库中的刀位号。其中列表框中的序号就是刀具库中的刀位号。

3）选择刀具

在“可选刀具”列表框中单击所需刀具，选中的刀具将显示在“已经选择的刀具”列表框中。

4）安装刀具

系统提供了“添加到主轴”和“确认”两种安装刀具的方式。单击“添加到主轴”按钮，系统将定义的刀具直接安装在主轴上；单击“确认”按钮，系统将定义的刀具放置在刀具库中，供执行程序时进行调用。

5）删除刀具

系统提供了“撤除主轴刀具”和“删除当前刀具”两种删除刀具的方法。选择“撤除主轴刀具”按钮，系统将把主轴上的刀具放回刀具库中；在“已经选择的刀具”列表框中选择要删除的刀具，单击“删除当前刀具”按钮，系统将删除所选刀具。

（3）基准工具

单击“机床”→“基准工具”命令，或选择工具栏中的基准工具图标，系统弹出“基准工具”对话框，如图 3－6 所示。

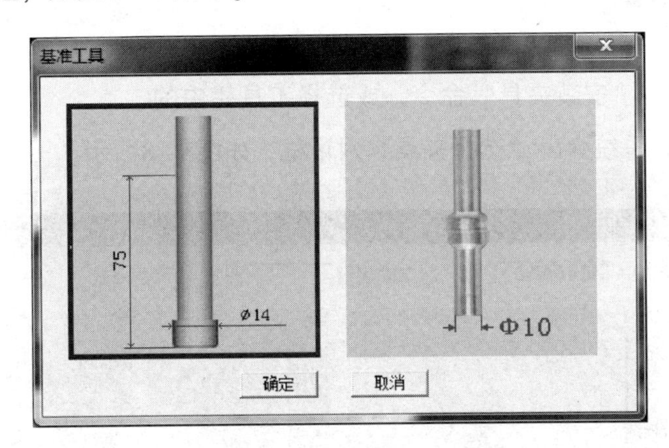

图 3－6 “基准工具”对话框

基准工具是工件 X 向和 Y 向的对刀工具。系统提供了刚性靠棒和寻边器两种基准工具，图 3－6 中左侧为刚性靠棒，其测量端的直径为 14 mm；右侧为寻边器，其测量端的直径为 10 mm。

（4）拆除工具

单击“机床”→“拆除工具”命令，系统将拆除安装在主轴上的基准工具。

（5）DNC 传送

单击“机床”→“DNC 传送”命令，或选择工具栏中的 DNC 传送图标，系统弹出“打开文件”对话框。数控系统进入接收状态，从“打开文件”对话框中选择要打开的程序，程序将被调入系统中。

（6）检查 NC 程序

单击“机床”→“检查 NC 程序”命令，系统将弹出检查程序的对话框，利用该对话框，用户可以对当前系统中的程序进行检查。

（7）开门/关门

单击“机床”→“开门”或“关门”命令，系统将打开或关闭机床的防护门。

4. 零件

单击“零件”菜单，系统弹出零件下拉菜单，在该菜单中用户可对毛坯、压板等进行设置。

（1）定义毛坯

单击“零件”→“定义毛坯”命令，或选择工具栏中的定义毛坯图标，系统弹出“定义毛坯”对话框，如图 3-7所示。

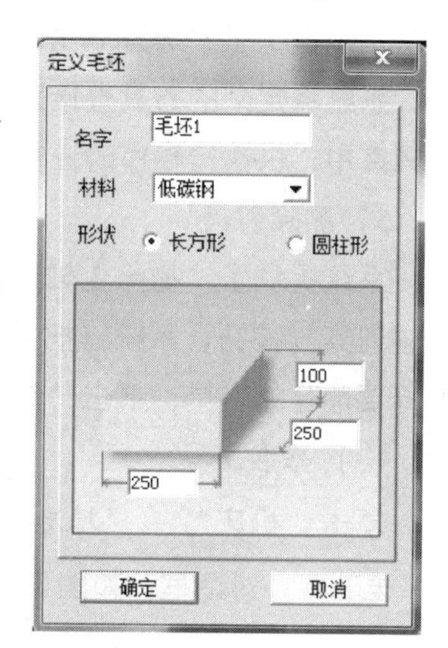

图 3-7 “定义毛坯”对话框

系统提供了“长方形”和“圆柱形”两种毛坯，“长方形”可对毛坯的长、宽和高进行设置；“圆柱形”可对毛坯的直径和高度进行设置。

（2）安装夹具

单击“零件”→“安装夹具”命令，或选择工具栏中的选择夹具图标，系统弹出“选择夹具”对话框，如图3-8所示。

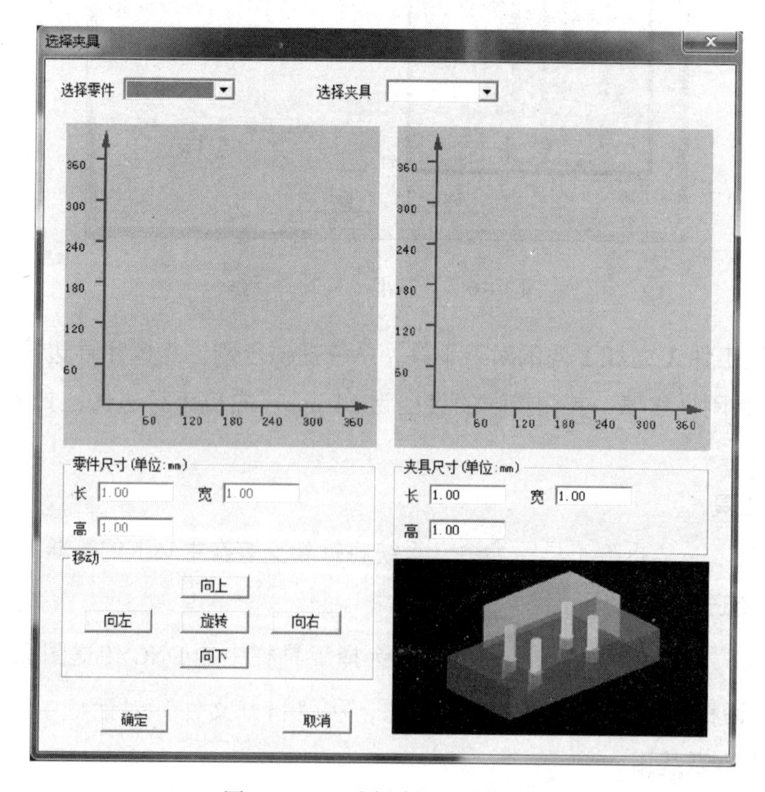

图 3-8 “选择夹具”对话框

1）选择零件

选择已经定义的毛坯。

2）选择夹具

系统提供了工艺板、平口钳和卡盘三种夹具。

3）零件尺寸

显示定义毛坯时的零件尺寸。

4）夹具尺寸

定义或显示夹具的尺寸。其中，工艺板长、宽的取值范围为 50～1 000 mm，高的取值范围为 10～100 mm；平口钳和卡盘的尺寸由系统根据毛坯尺寸自动定义，不能修改。

5）移动

单击“向上”“向下”“向左”“向右”或“旋转”按钮可以改变毛坯相对于夹具的位置。

单击“确定”按钮后，系统退出“选择夹具”对话框。

（3）放置零件

单击“零件”→“放置零件”命令，或选择工具栏中的放置零件图标，系统弹出“选择零件”对话框，如图 3－9 所示。

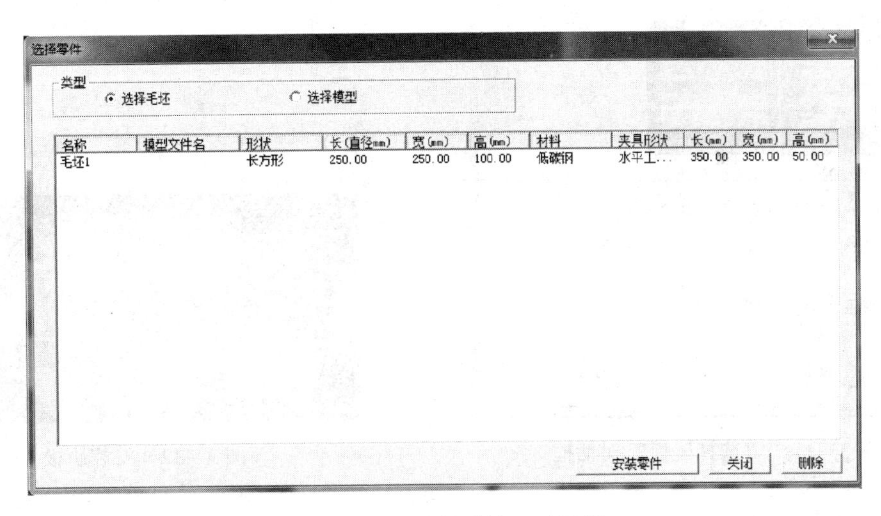

图 3－9　“选择零件”对话框

在列表中选择所需要的零件，单击“安装零件”按钮，系统自动将零件和夹具放置到机床的工作台上，同时在屏幕的下方会弹出移动对话框，如图 3－10 所示。通过方向键可以改变零件和夹具相对于机床的位置。单击“退出”按钮后零件和夹具被安装在工作台上。

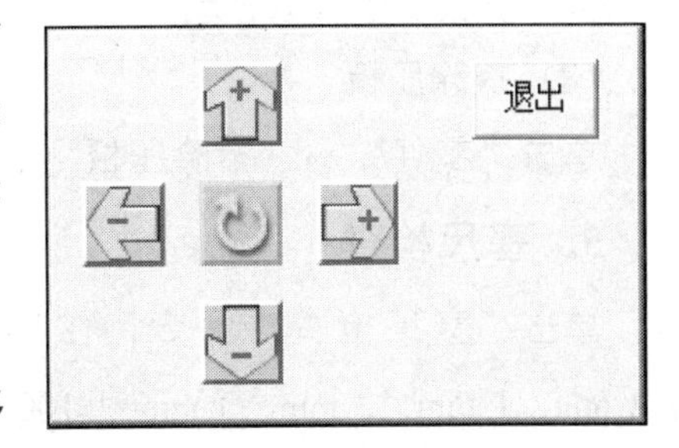

图 3－10　零件移动对话框

（4）移动零件

单击“零件”→“移动零件”命令，系统弹出移动对话框，执行“移动零件”命令与“放置零件”命令时弹出的移动对话框相同，如图 3－10所示。

（5）拆除零件

单击“零件”→“拆除零件”命令，系统将拆除当前机床上的零件。

（6）安装压板

单击“零件”→“安装压板”命令，系统弹出“选择压板”对话框，如图 3－11 所示。

1）请选择压板类型

定义装夹压板的方式。当前对话框中系统提供了四个压板和两个压板的装夹方式。

2）示意

显示零件、压板的颜色。

3）压板尺寸

定义压板的尺寸，压板长的取值范围为 30～100 mm，压板高、宽的取值范围为 10～50 mm。

在对话框中单击“确定”按钮，压板被安装在工作台上，如图 3－12 所示。

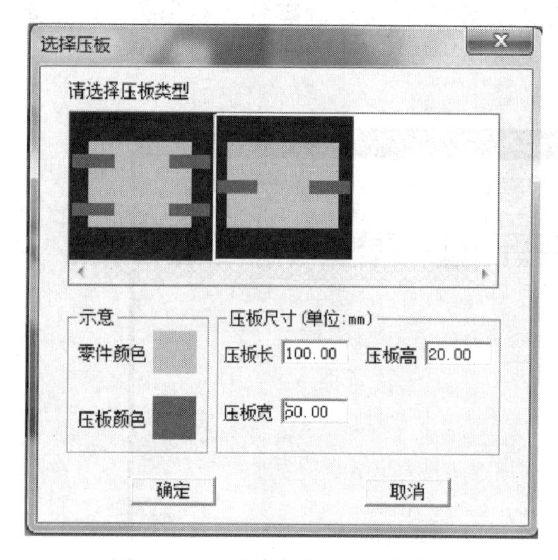

图 3－11 “选择压板”对话框

图 3－12 安装压板

（7）移动压板

单击“零件”→“移动压板”命令，从绘图区中选择要移动的压板，利用弹出的移动对话框可以实现压板的移动。

（8）拆除压板

单击“零件”→“拆除压板”命令，系统将拆除安装的压板。

5. 塞尺检查

单击“塞尺检查”命令，在下拉菜单中，系统提供的塞尺有 0.05 mm、0.1 mm、0.2 mm、1 mm、2 mm、3 mm 和 100 mm 的量块。在对刀过程中，塞尺用于检查基准工具与基准面接触的关系。

6. 测量

单击“测量”→“剖面图测量”命令，系统弹出“剖面图测量”对话框，如图 3 – 13 所示。

数控铣床/加工中心对加工零件的测量采用系统提供的“剖面图测量”方法，即通过移动三个基准平面（*XY*、*XZ*、*YZ* 平面），利用卡尺对该面的尺寸进行测量。系统提供的卡尺如图 3 – 14 所示。

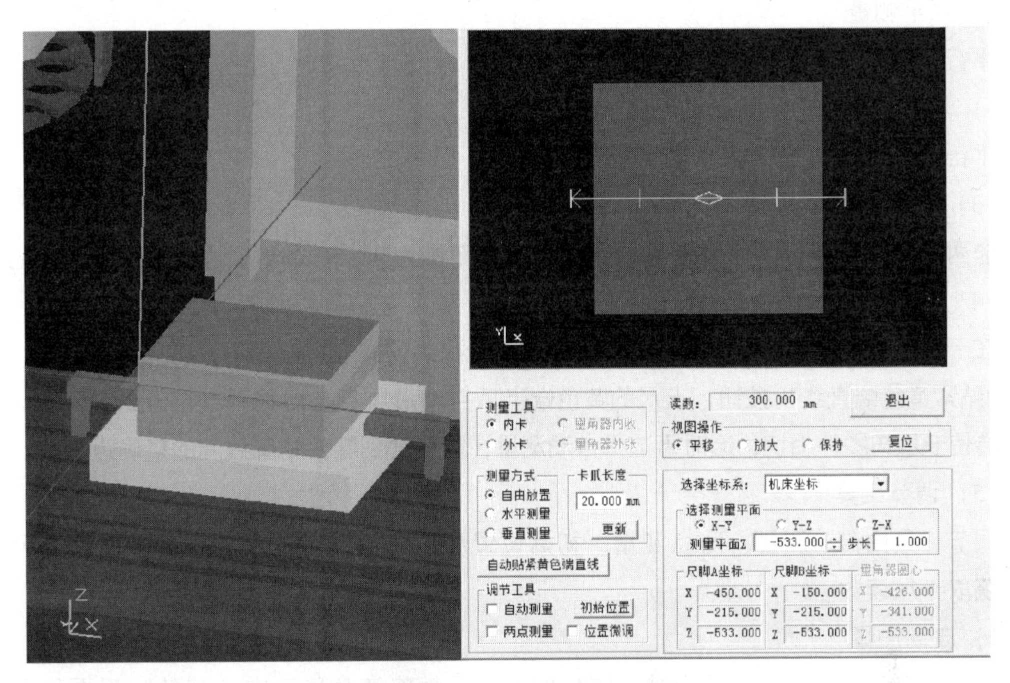

图 3 – 13 “剖面图测量”对话框

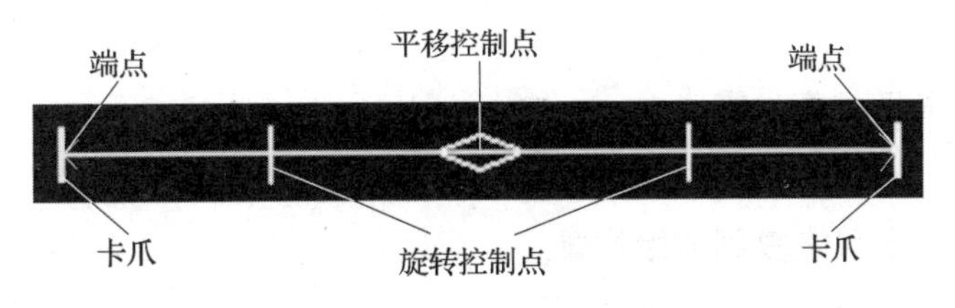

图 3 – 14 系统提供的卡尺

用户可以对卡尺位置进行调整，将光标移到某个端点箭头处，光标变为“”，此时可以移动该端点，在屏幕右下角的“尺脚 A 坐标”和“尺脚 B 坐标”将显示该卡爪的坐标。在“自由放置”测量方式下将光标移到旋转控制点附近，光标变为“”，这时可以绕中心旋转卡尺。将光标移到平移控制点附近，光标变为“”，拖动光标将移动卡尺当前的位置。

（1）测量工具

测量工具分为内卡和外卡，内卡用于测量孔、槽和工件的内轮廓，外卡用于测量台阶和工件的外轮廓。

（2）测量方式

测量方式分为自由放置、水平测量和垂直测量三种。

1）自由放置

用户可以随意拖动和旋转卡尺位置。

2）水平测量

平行于系统的 X 坐标轴对零件进行测量。

3）垂直测量

平行于系统的 Y 坐标轴对零件进行测量。

（3）卡爪长度

非两点测量时，可以修改卡爪的长度（取值范围为 3 ~ 50 mm），单击“更新”后生效。

（4）自动贴紧黄色端直线

在卡尺自由放置且非两点测量时，为了调节卡尺并使其与零件相切，防止测量误差，按下“自动贴紧黄色端直线”按钮，卡尺的黄色端卡爪自动沿尺身方向移动直至碰到零件，然后尺身旋转使卡爪与零件相切，这时再选择自动测量，就能得到零件轮廓线间的精确距离。

（5）调节工具

调节工具由自动测量、两点测量、初始位置和位置微调组成，主要用于调整卡尺的位置，获取卡尺读数。

1）自动测量

选中该选项，卡爪自动贴紧被测零件的表面，并将读数显示在“读数”后面的文本框中。此时平移或旋转卡尺，卡爪将始终保持与零件表面接触，读数自动更新。

2）两点测量

选中该选项，卡爪长度为零。

3）初始位置

按下此按钮可使卡尺恢复到初始位置。

4）位置微调

选中该选项可对卡尺进行细微的调整。

（6）读数

显示卡尺测量所得的读数。

（7）视图操作

视图操作由平移、放大、保持和复位组成。

1）平移

用鼠标在上方的预览框中移动，可以平移零件和卡尺。

2）放大

用鼠标在上方的预览框中拖动，可以放大视图。

3）保持

选择“保持”时，将不能对视图进行操作。

4）复位

将视图恢复到初始状态。

（8）选择坐标系

用于定义测量平面的坐标，系统提供了机床坐标系、G54 ~ G59 坐标系、当前工件原点和工件坐标。

（9）选择测量平面

系统提供了 X－Y、Y－Z、Z－X 三个平面。在测量时，首先选择测量平面，然后通过下面的文本框输入测量平面的具体位置或按旁边的上下按钮移动测量平面，移动的步长可以通过右边的输入框定义。此时，左侧的机床视图中绿色的测量平面随之移动，同时右边预览框中显示出在测量平面上零件的截面形状及卡尺的位置，如图 3－13 所示。

（10）尺脚 A 坐标、尺脚 B 坐标

显示卡爪 A 和卡爪 B 的坐标。

第二节 仿真加工实例

一、图样尺寸

如图 3－15 所示，要求采用数控仿真软件对图中的台阶以及五环进行仿真加工。已知毛坯尺寸为 100 mm × 80 mm × 25 mm。

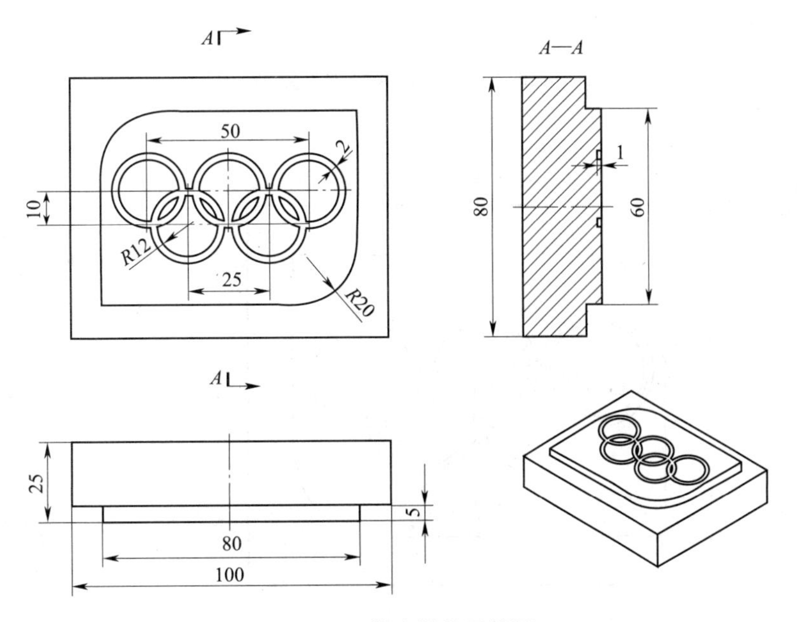

图 3－15 仿真操作零件图

二、工艺分析

1. 确定刀具路径

（1）设定编程原点

编程原点设定为工件上表面的中心。

（2）铣削 80 mm × 60 mm 台阶的刀具路径

该刀具路径如图 3 – 16 所示，刀具首先快速定位到 1 点，下刀至深度后，依次到达 2 点→3点→4 点→5 点→6 点→7 点→8 点，最后到达 1 点抬刀至安全高度。

（3）铣削五环的刀具路径

该刀具路径如图 3 – 17 所示，刀具分别以 1 点、2 点、3 点、4 点和 5 点为进刀点，采用圆弧指令加工出五个整圆。

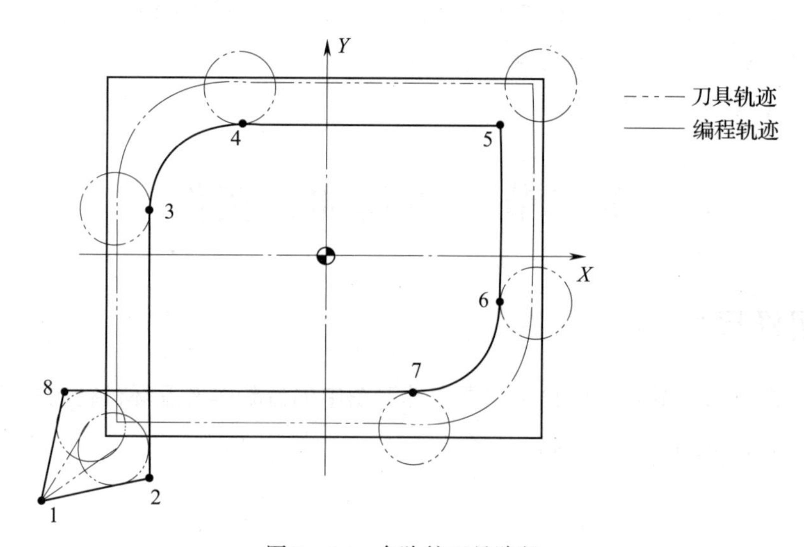

图 3 – 16　台阶的刀具路径

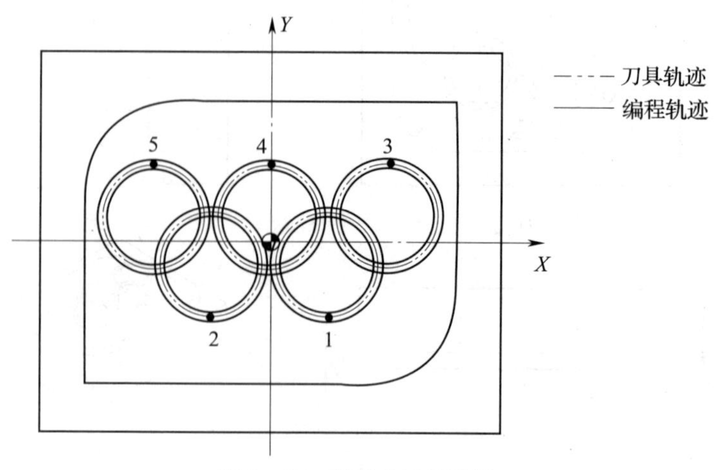

图 3 – 17　五环的刀具路径

2. 选择夹具

根据毛坯的尺寸（100 mm×80 mm×25 mm），在仿真加工中选择平口钳进行装夹。

3. 选择刀具

如图 3－15 所示，加工内容包含台阶（80 mm×60 mm×5 mm）加工和五环加工两部分，其刀具参数见表 3－1。

表 3－1　刀具参数

工步号	工步内容	刀具						
		刀具号	刀具类型	刀具材料	刀具直径/mm	主轴转速/(r·min^{-1})	进给速度/(mm·min^{-1})	背吃刀量/mm
1	台阶的加工	1	平底铣刀	高速钢	16	400	40	5
2	五环的加工	2	球头铣刀	高速钢	2	3 000	15、60	1

三、参考程序

在计算机上用记事本或写字板编辑一个名为“O0001. txt”的程序文件，并保存在 D 盘根目录下。

参考程序如下：

```
O0001;
N100 G21 G00 G17 G40 G49 G80 G90;
N102 G91 G28 Z0;
N104 T01 M06;
N106 G90 G54 X-65.00 Y-55.00;
N108 S400 M03;
N110 G43 H01 Z50.00 M08;
N112 Z10.00;
N114 G01 Z-5.00 F40;
N116 G41 G01 X-40.00 Y-50.00 D01;
N118 Y10.00;
N120 G02 X-20.00 Y30.00 R20.00;
N122 G01 X40.00;
N124 Y-10.00;
N126 G02 X20.00 Y-30.00 R20.00;
N128 G01 X-60.00;
N130 G40 G01 X-65.00 Y-55.00;
```

```
N132 G00 Z50.00 M09;
N134 M05;
N136 G91 G28 Z0;
N138 T02 M06;
N140 G90 G43 H02 Z50.00 M08;
N142 X12.50 Y-16.00;
N144 S3000 M03;
N146 Z10.00;
N148 G01 Z-1.00 F60;
N150 G02 J11.00;
N152 G00 Z5.00;
N154 X-12.50;
N156 G01 Z-1.00 F15;
N158 G02 J11.00 F60;
N160 G00 Z5.00;
N162 X25.00 Y16.00;
N164 G01 Z-1.00 F15;
N166 G02 J-11.00 F60;
N168 G00 Z5.00;
N170 X0;
N172 G01 Z-1.00 F15;
N174 G02 J-11.00 F60;
N176 G00 Z5.00;
N178 X-25.00;
N180 G01 Z-1.00 F15;
N182 G02 J-11.00 F60;
N184 G00 Z50.00 M09;
N186 G49 G91 G28 Z0;
N188 M30;
```

四、数控加工仿真系统操作过程

在数控加工仿真系统中加工零件一般要经过机床选择、机床上电、机床回零、导入数控程序、程序校验、安装工件、安装刀具、对刀、参数设置、仿真加工等步骤。

1. 机床选择

在仿真界面中，单击“机床”→“选择机床”命令，或选择工具栏中的选择机床图标，系统弹出“选择机床”对话框。设置“控制系统”为“FANUC”→“FANUC 0i”，“机床类型”为“立式加工中心”→“TONMAC”，如图3－18所示。单击“确定”按钮，进入仿真模块。

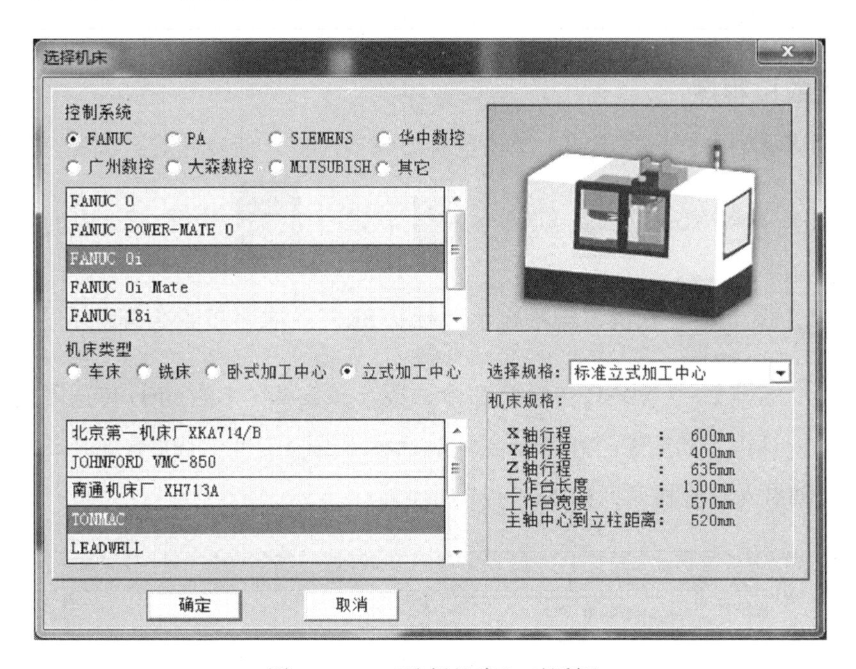

图3－18　“选择机床”对话框

2. 机床上电

按机床操作面板上的电源开关按钮，启动 CNC 电源，此时电源指示灯变亮，完成 CNC 系统的装载。

3. 机床回零

（1）检查急停按钮是否松开，如果急停按钮未松开，单击“ ”按钮松开急停按钮。

（2）移动光标到方式选择旋钮上单击鼠标右键或左键，使旋钮旋至回零方式。

（3）依次按 +Z、+X 和 +Y 移动键，机床各轴回参考点，回零完成后指示灯变亮，LCD 显示各坐标轴的数值为零，如图3－19所示。

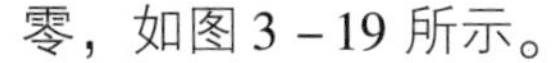

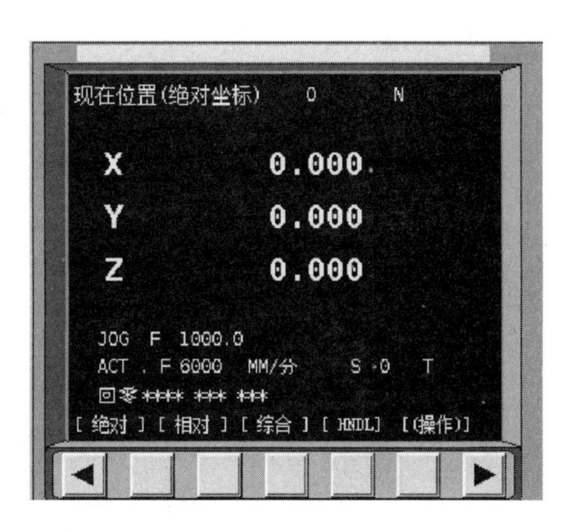

图3－19　回零后的 LCD 界面

提示

在仿真系统中，将光标移到旋钮上，单击鼠标右键可以使旋钮逆时针旋转，单击鼠标左键可以使旋钮顺时针旋转。

4. 导入数控程序

（1）移动光标到方式选择旋钮上单击鼠标右键或左键，使旋钮旋至编辑方式。

（2）依次按 PROG 键→ [(操作)] 软键→ ▶ 软键→ [READ] 软键，在 MDI 键盘上输入程序名“O0001”，按 [EXEC] 软键，屏幕显示“标头 SKP”，表示接收准备就绪。

（3）单击“机床”→“DNC 传送”命令，或选择工具栏中的 DNC 传送图标，系统弹出“打开”对话框，如图 3－20 所示。从对话框中选择文件“O0001. txt”，单击“打开”按钮，系统自动导入数控程序，如图 3－21 所示。

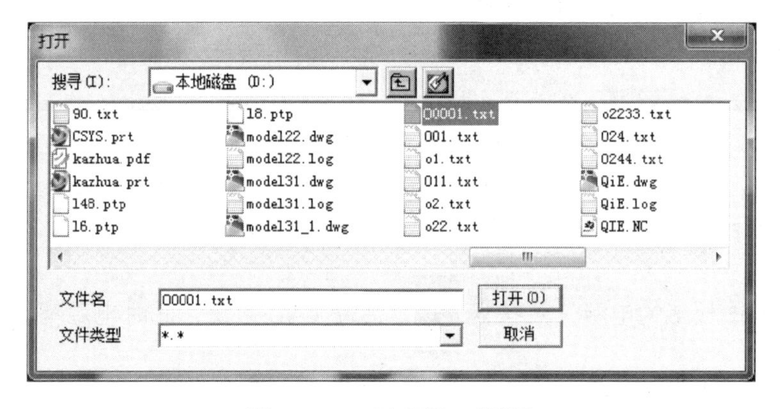

图 3－20 “打开”对话框

5. 程序校验

（1）移动光标到方式选择旋钮上单击鼠标右键或左键，使旋钮旋至自动方式。

（2）按 PROG 键，在 MDI 键盘上输入“O0001”，按 ↓ 键开始搜索，找到后程序显示在 LCD 界面上。

（3）按 CUSTOM GRAPH 键，LCD 切换到图形轨迹检查界面。

（4）按 循环启动 键，程序进行校验，屏幕上同时绘制出刀具的运动轨迹，如图 3－22 所示。

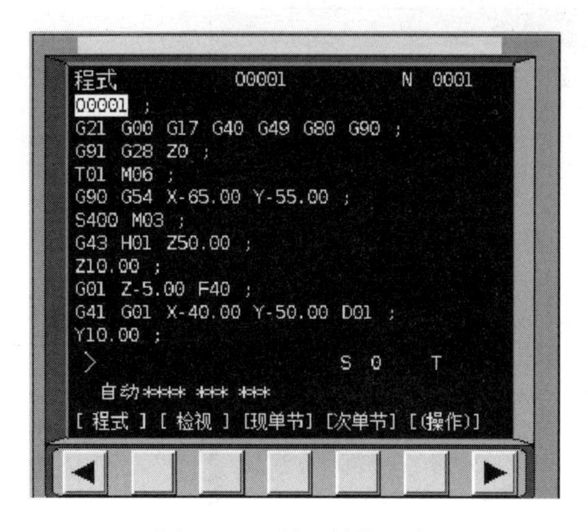

图 3－21　导入数控程序

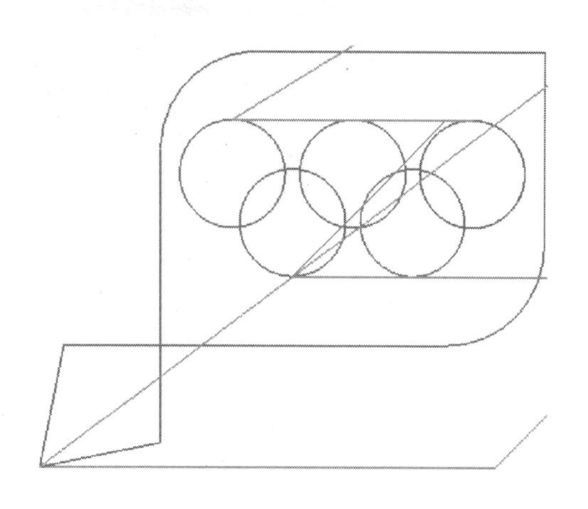

图 3－22　刀具的运动轨迹

6. 安装工件

(1) 定义毛坯

单击“零件”→“定义毛坯”命令，或选择工具栏中的定义毛坯图标，系统会弹出“定义毛坯”对话框。设置毛坯尺寸为长 100 mm、宽 80 mm、高 25 mm，名字、材料采用默认，如图 3－23 所示，并单击“确定”按钮退出。

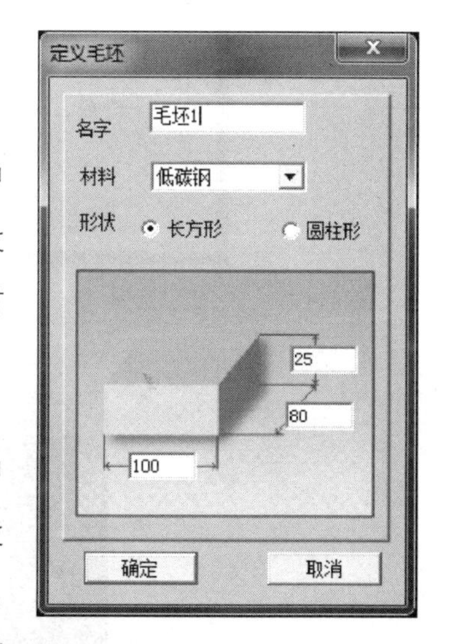

图 3－23　“定义毛坯”对话框

(2) 选择夹具

单击“零件”→“安装夹具”命令，或选择工具栏中的选择夹具图标，系统会弹出“选择夹具”对话框。设置“选择零件”为“毛坯 1”，“选择夹具”为“平口钳”，并单击“向上”移动按钮，使毛坯上表面露出平口钳 8～15 mm，如图 3－24 所示，单击“确定”按钮退出。

(3) 放置零件

单击“零件”→“放置零件”命令，或选择工具栏中的放置零件图标，系统会弹出“选择零件”对话框。选择“毛坯 1”，单击“安装零件”按钮，系统弹出移动对话框，单击“退出”按钮，工件和夹具被放置到机床上，如图 3－25 所示。

7. 安装刀具

(1) 安装直径为 16 mm 的平底刀

1) 单击“机床”→“选择刀具”命令，或选择工具栏中的选择刀具图标，系统会弹出“选择铣刀”对话框。设置“所需刀具直径”为“16”，“所需刀具类型”为“平底刀”，单击“确定”按钮，满足条件的刀具均显示在“可选刀具”列表框中，如图 3－26所示。

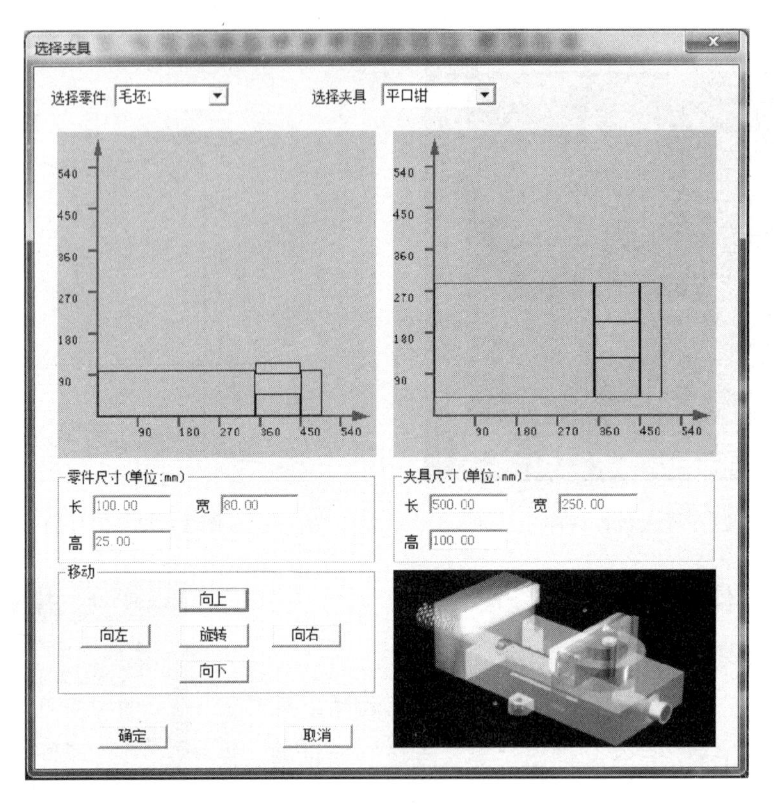

图 3－24 “选择夹具”对话框

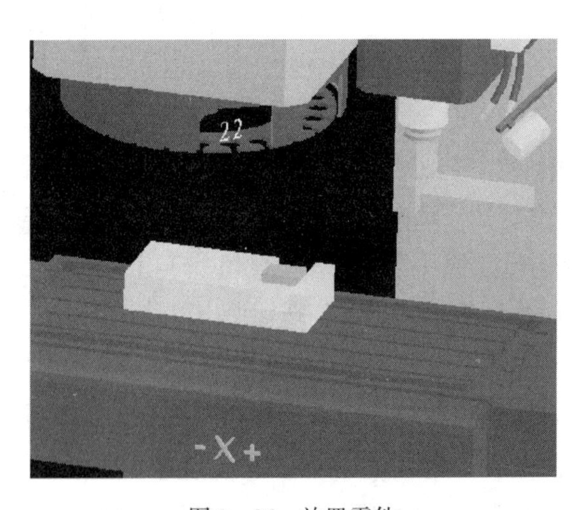

图 3－25 放置零件

2）选择“已经选择的刀具”列表框中序号“1”，再选择“可选刀具”列表框中刀具名称为“SC215. 17. 11－16”、直径 16 mm、总长 100 mm 的平底刀，此时刀具信息显示在“已经选择的刀具”列表框中的序号“1”位置上，如图 3－27 所示。

（2）安装直径为 2 mm 的球头刀

用同样的方法将刀具名称为“球刀－ϕ2”、直径 2 mm、总长 80 mm 的球头刀添加到 2 号刀位，如图 3－28 所示。

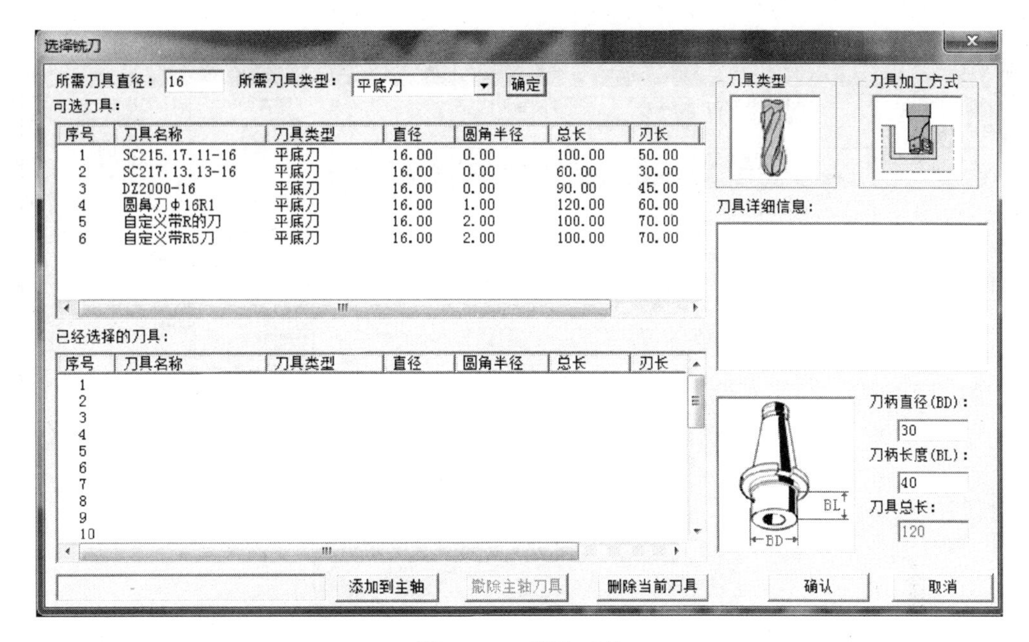

图 3－26 筛选刀具

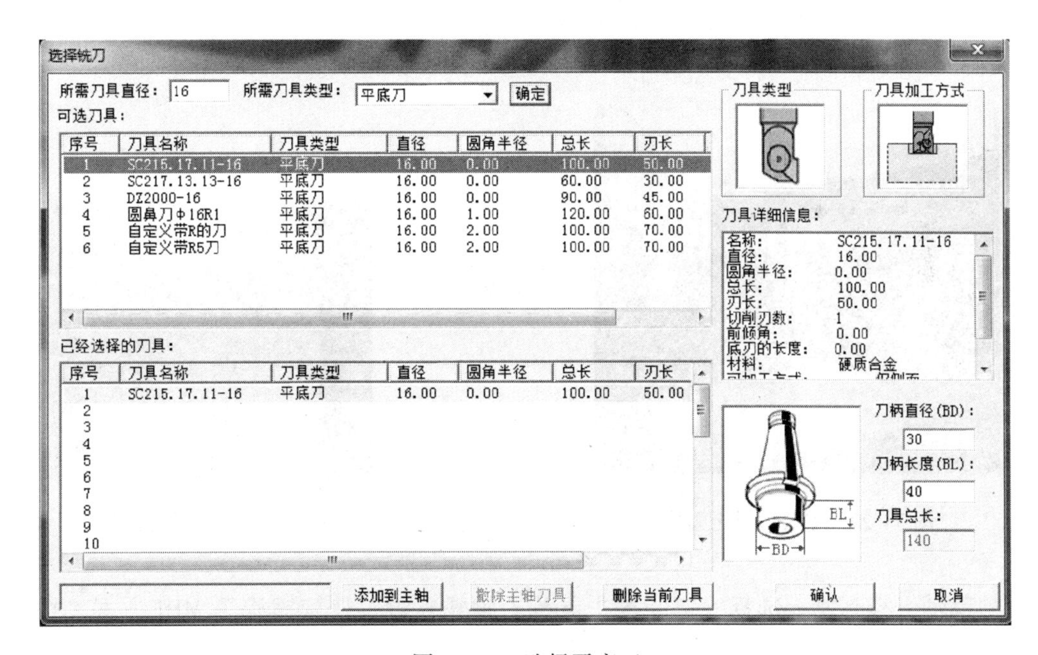

图 3－27 选择平底刀

单击“确认”按钮，刀具被安装在刀库中，如图 3－29 所示。

8. 对刀

（1）X、Y 轴对刀

1）单击“机床”→“基准工具”命令，或选择工具栏中的基准工具图标 ，系统弹出“基准工具”对话框，选择“寻边器”，单击“确定”按钮，寻边器被安装到主轴上，如图 3－30 所示。

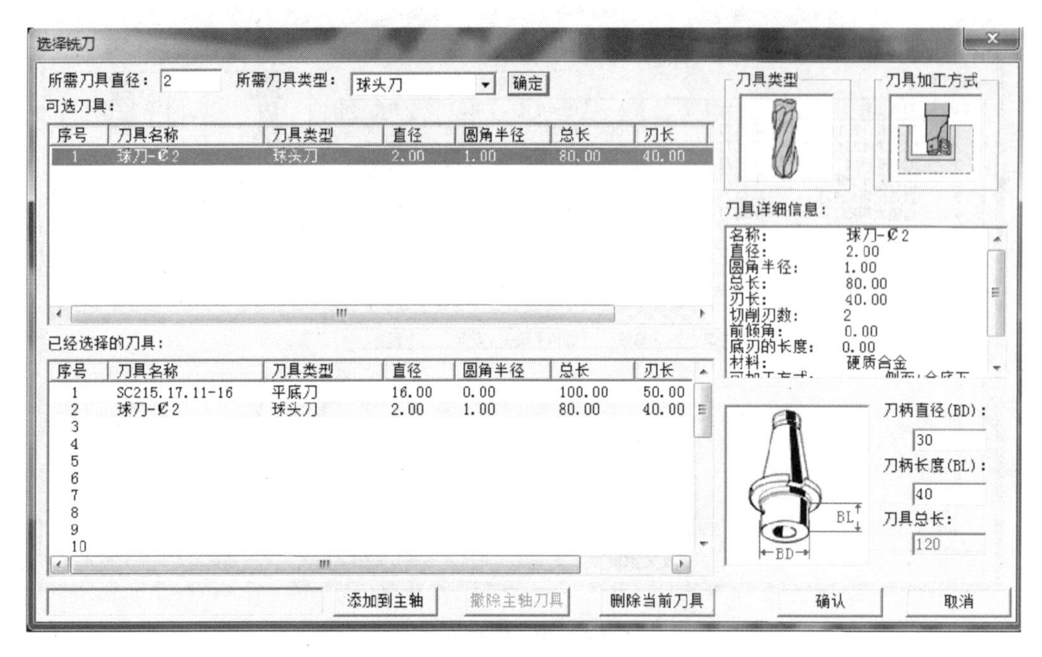

图 3－28　选择球头刀

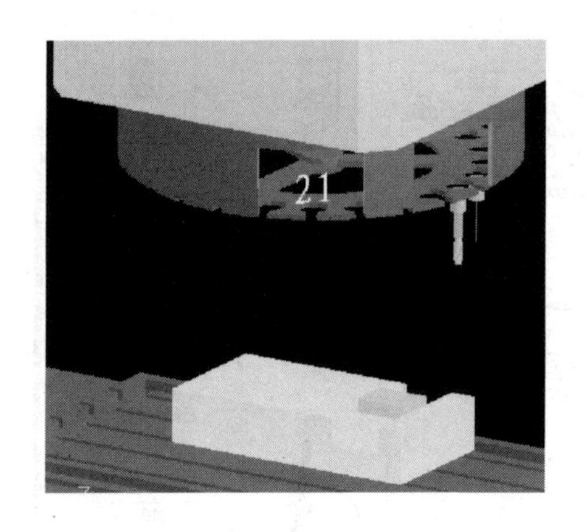

图 3－29　安装刀具至刀库

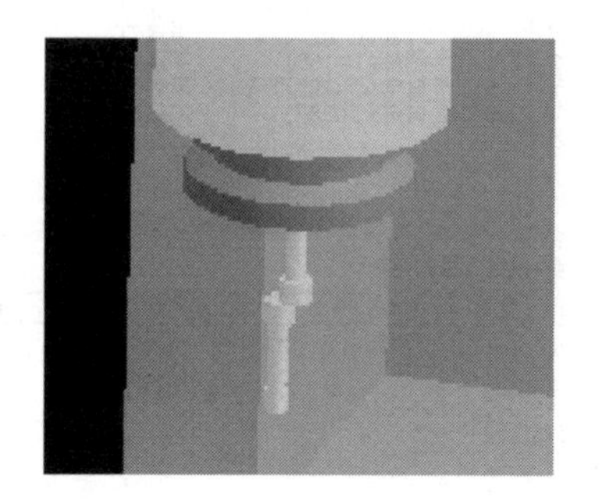

图 3－30　安装寻边器

2）移动光标到方式选择旋钮上单击鼠标右键或左键，使旋钮旋至 MDI 方式。按 PROG 键，LCD 将显示“程式（MDI）”界面，按 EOB E 键→ INSERT 键，在 MDI 键盘中输入“M03 S400”；按 INSERT 键，程序显示在 LCD 界面中，通过光标键使光标回到程序开头，如图 3－31所示。

3）按下机床操作面板上的循环启动按钮 循环启动，主轴开始顺时针旋转。

4）移动光标到方式选择旋钮上单击鼠标右键或左键，使旋钮旋至快速方式。按 *Z* 轴、*X* 轴和 *Y* 轴的移动按钮，调整基准工具到工件的右侧，如图 3－32 所示。

5）按复位按钮，移动光标到方式选择旋钮上单击鼠标右键或左键，使旋钮旋至手轮方式。旋转手轮轴选择旋钮至“X 轴”，手轮轴倍率旋钮至“100”。移动光标到手摇脉冲发生器旋钮上单击鼠标右键或左键，使基准工具逐渐靠近工件，直至基准工具的测量端与夹持端的轴线基本重合，如图 3－33 所示。

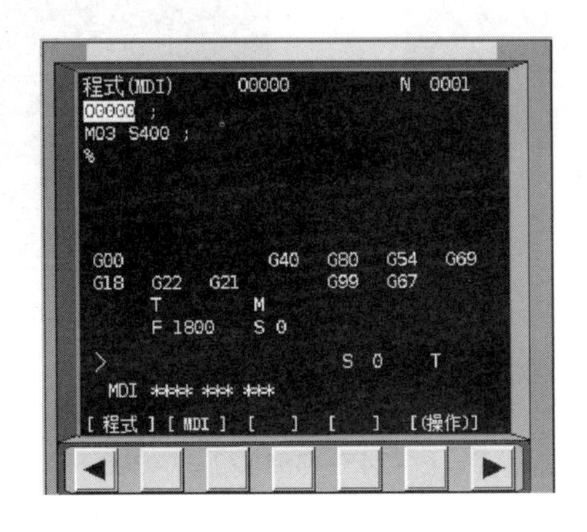

图 3－31 MDI 方式

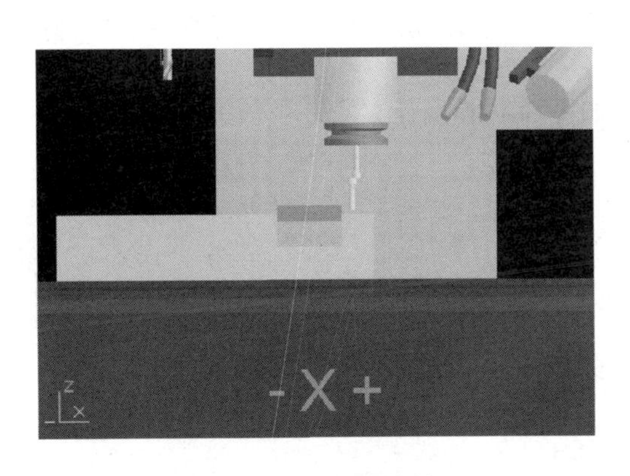

图 3－32 快速移动

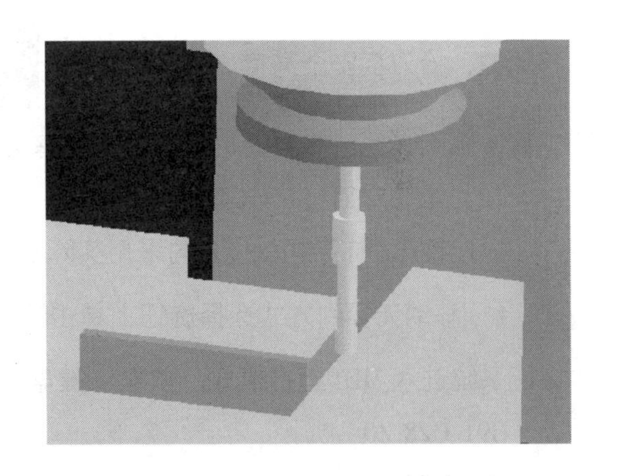

图 3－33 测量端与夹持端的轴线基本重合

6）旋转旋钮手轮轴倍率至“1”，移动光标到手摇脉冲发生器旋钮上单击鼠标左键，在手摇脉冲发生器旋钮上再单击鼠标左键一次，基准工具的测量端就会突然偏摆到一边，如图 3－34所示。

7）按综合软键[综合]，记下 LCD 界面中机械坐标的 X 坐标“－245.000”，如图 3－35 所示。

8）将基准工具移到工件的左侧，用同样的方法测出机械坐标中的 X 坐标为“－355.000”。因此，工件坐标系原点相对于机床原点 X 向的偏置值为：

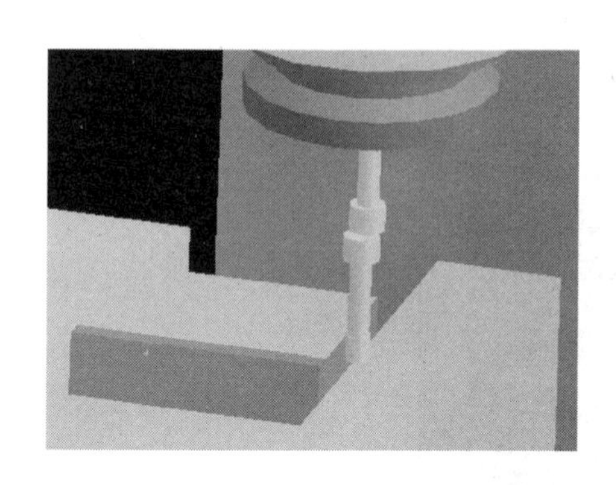

图 3－34　基准工具的测量端偏摆

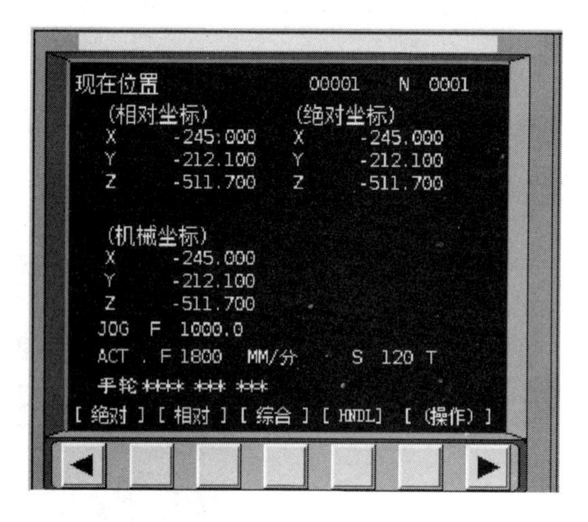

图 3－35　机械坐标

$$X = (-245 - 355)/2 = -300$$

9）用同样的方法计算出工件坐标系原点相对于机床原点 Y 向的偏置值为：

$$Y = (-170 - 260)/2 = -215$$

10）移动光标到方式选择旋钮上单击鼠标右键或左键，使旋钮旋至快速方式，按 +Z 轴移动键，抬刀至安全高度。按停止按钮 停止，使主轴停止转动。单击“机床”→“拆除工具”命令，系统将自动拆除主轴上的基准工具，如图 3－36 所示。

（2）Z 轴对刀（1 号刀）

数控铣床/加工中心的 Z 向采用实际加工的刀具进行对刀。

1）移动光标到方式选择旋钮上单击鼠标右键或左键，使旋钮旋至 MDI 方式，单击  键，系统进入 MDI 运行模式。依次从键盘中输入下列指令：

G91 G28 Z0；

T01 M06；

按下机床操作面板上的循环启动按钮 循环启动，1 号刀具被安装到主轴上，如图 3－37 所示。

2）移动光标到方式选择旋钮上单击鼠标右键或左键，使旋钮旋至快速方式，按 Z 轴、X 轴和 Y 轴的移动键，调整刀具至工件的上表面，如图 3－38 所示。

3）单击“塞尺检查”→“1 mm”命令，系统添加塞尺，如图 3－39 所示。

4）移动光标到方式选择旋钮上单击鼠标右键或左键，使旋钮旋至手轮方式。设置手轮轴选择为“Z”，设置手轮轴倍率为“100”。移动光标到手摇脉冲发生器旋钮上单击鼠标左键，直至将手轮轴倍率设置为“1”，在手摇脉冲发生器旋钮上再单击鼠标左键一次，出现提示信息“塞尺检查的结果：合适”（见图 3－40）。

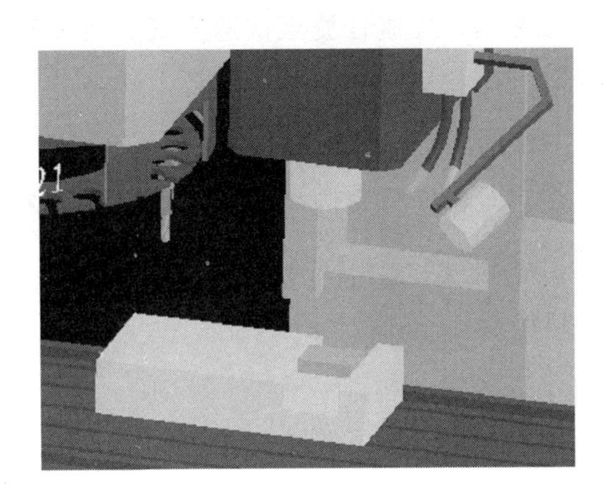

图 3－36　拆除基准工具

图 3－37　安装 1 号刀具

图 3－38　调整刀具至工件的上表面

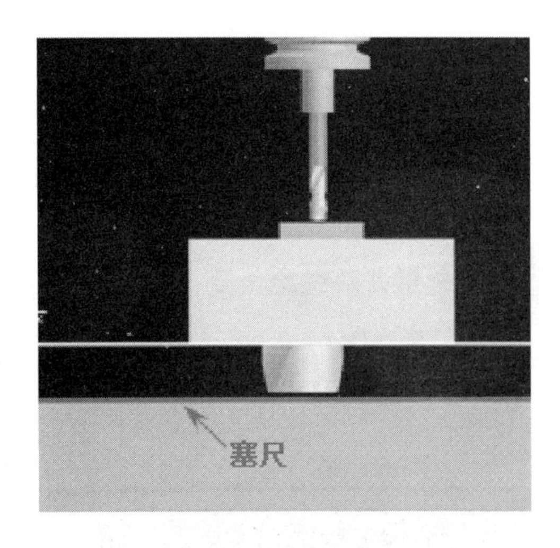

图 3－39　塞尺检查

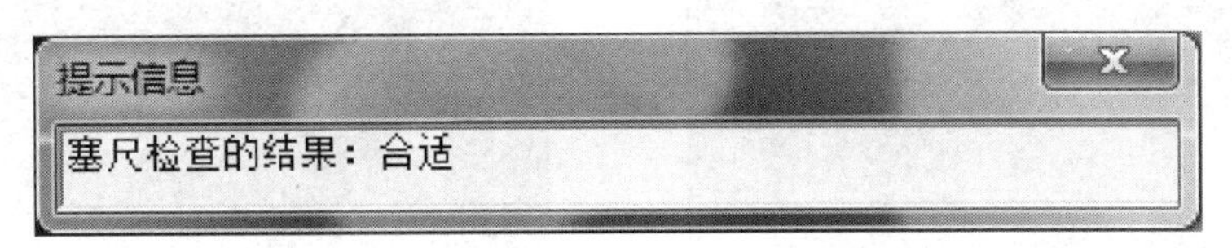

图 3－40　提示信息

5）依次按 PROG 键→软键 [综合]，记下 LCD 界面中机械坐标的 Z 坐标“－468.000”。工件坐标系原点相对于机床原点 Z 向的偏置值为：

$$Z = -468.000 - 1.000 = -469.000$$

（3）Z 轴对刀（2 号刀）

1）关闭提示信息。

2）移动光标到方式选择旋钮上单击鼠标右键或左键，使旋钮旋至快速方式。按 *Z* 轴移动键，调整刀具至安全高度。

3）单击“塞尺检查”→“收回塞尺”命令，系统收回塞尺。

4）将 2 号刀具安装在主轴上，用同样的方法测出工件坐标系原点相对于机床原点 *Z* 向的偏置值为：

$$Z = -489.000$$

9. 参数设置

（1）刀具补偿值的设置

按 OFFSET SETTING 键，LCD 将显示“工具补正”界面。设置 1 号刀具的“形状（H）”为“-469.000”，“形状（D）”为“8.000”。设置 2 号刀具的“形状（H）”为“-489.000”，“形状（D）”为“1.000”，如图 3-41 所示。

（2）刀具偏置的设置（G54）

依次按 OFFSET SETTING 键→软键 [坐标系]，LCD 将显示“WORK COONDATES”界面，输入“01”，按 [NO检索] 软键，系统检索到 G54。依次从键盘中输入 X-300.000，按 INPUT 键；输入 Y-215.000，按 INPUT 键，则坐标系参数被设置在 G54 中，如图 3-42 所示。

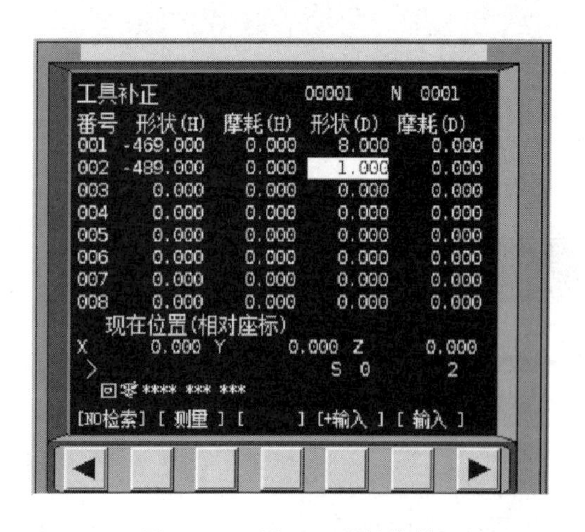

图 3-41 设置刀具补偿值

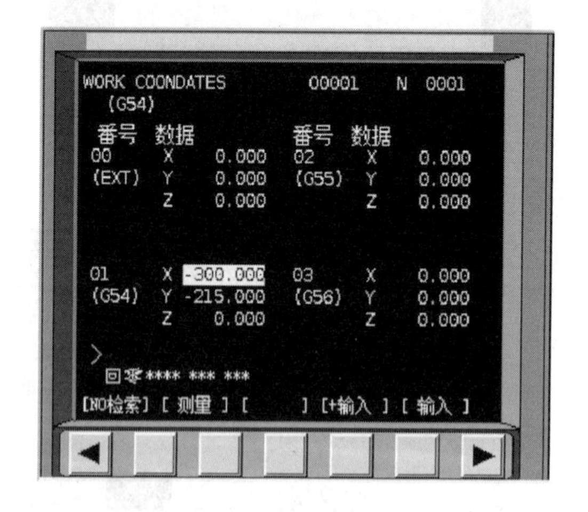

图 3-42 设置刀具偏置

10. 仿真加工

旋转方式选择旋钮至自动方式，按 PROG 键，在 MDI 键盘上输入“O0001”，按 ↓ 键开始搜索，找到后程序显示在 LCD 界面上。按 循环启动 键，开始仿真加工，结果如图 3-43 所示。

图 3-43 仿真加工结果

第四章　平 面 加 工

第一节　平面类零件加工

一、平面的特征

零件上的平面根据功能和结构特征可以分为滑动配合面、固定连接平面、高精度平面、非配合非连接的普通平面。这些平面按空间结构的位置又可以分为水平面、垂直面和斜面，如图 4－1 所示。

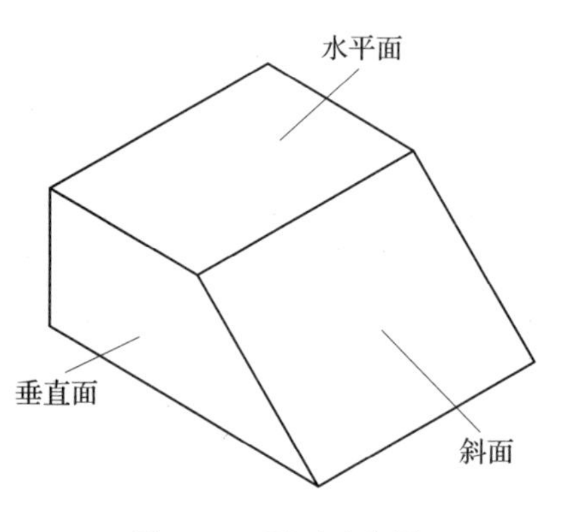

图 4－1　平面示意图

二、平面类零件的技术要求

平面类零件的技术要求包括平面度、平面的尺寸精度、平面的位置精度和表面粗糙度。数控铣床加工平面能达到的精度和表面粗糙度见表 4－1。

表 4－1　　数控铣床加工平面能达到的精度和表面粗糙度

加工方法	表面粗糙度 *Ra*/μm	公差等级	加工余量/mm	备注
粗铣	12.5～25	IT11～IT13	0.9～2.3	加工余量是指平面最大尺寸在 500 mm 以下的零件的平面余量
半精铣	3.2～12.5	IT8～IT11	0.25～0.3	
精铣	0.8～3.2	IT7～IT9	0.16	

三、平面加工刀具

数控铣床/加工中心上常用硬质合金可转位面铣刀来加工平面，如图 4－2 所示。这种铣刀是由刀体和刀片组成，刀片的切削刃磨钝后，只需将刀片转位或更换新的刀片即可继续使用，硬质合金可转位面铣刀具有加工质量稳定、切削效率高、刀具寿命长、刀片的调整和更换方便以及刀片重复定位精度高等特点，因此，在数控加工中得到了广泛的应用。

四、平面铣削的路线

对于较大的平面，刀具的直径相对较小，不能一次切除整个平面，因此，需要采用多次进给来完成平面的加工。在确定加工路线时，应根据加工平面的大小、刀具直径以及加工精度来设计铣削路线。

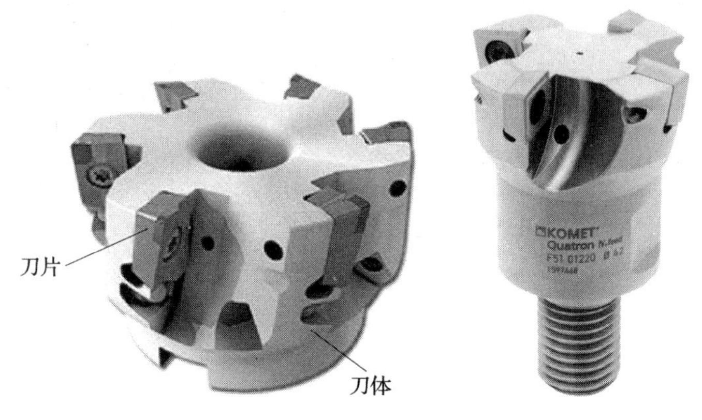

图 4－2　硬质合金可转位面铣刀

数控铣床上大平面的铣削一般可以采用单向铣削和双向铣削的方法。单向铣削是指每次的进给路线都是从零件一侧向另一侧加工，即刀具从每条刀具路径的起始位置到终止位置后抬刀，快速返回到下一个刀具路径的起始位置再次进给，如图 4－3 所示。双向铣削如图 4－4 所示，它比单向铣削的效率高，加工时刀具从每行的起始位置铣削到结束位置后，不抬刀，沿着另一个轴的方向移动一个距离，然后再反向铣削到另一侧。

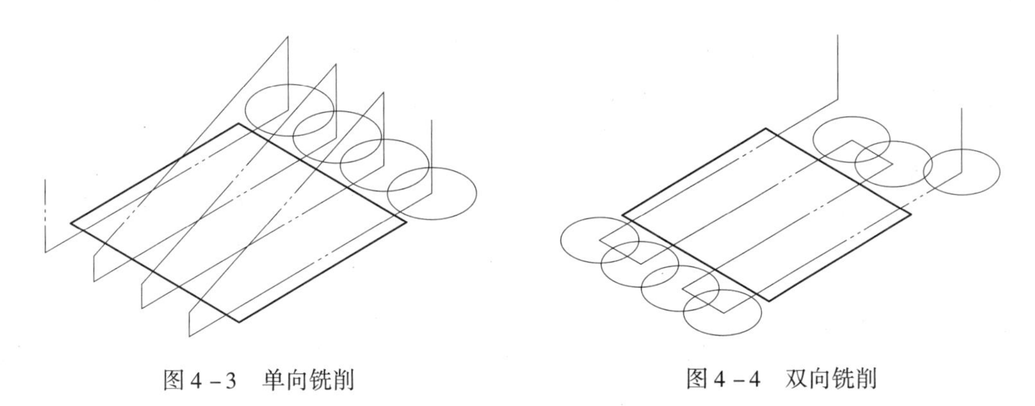

图 4－3　单向铣削　　　　图 4－4　双向铣削

在设计大平面铣削刀具路线时，要根据零件平面的长度和宽度来确定刀具起始点的位置以及相邻两条刀具路线的距离（又称步距）。

由于面铣刀一般不允许 Z 向切削，故起始点的位置应选在零件轮廓以外。一般来说，粗铣和精铣时起始点的位置 $S>D/2$（D 为刀具直径），如图 4－5 所示。为了保证刀具在下刀时不与零件发生切削，通常 S 的取值为刀具半径加上 3～5 mm。粗加工时终止位置 $E>0$ 即可，精加工时为了保证零件的表面质量，$E>D/2$，使刀具完全离开加工面。

两条刀具路径之间的间距 B，一般根据表面粗糙度的要求取（0.6～0.9）D，如刀具直径为 20 mm、路径间距取 0.8D 时，则两条路径的间距为 16 mm，这样就保证了两刀之间有 4 mm 的重叠量，防止平面上因刀具间距太大留有残料。

铣削过程中，刀具中心距零件外侧的间隙距离为 H。粗加工时，为了减小刀具路径长度，提高加工效率，$H\geq0$；精加工时，为了保证加工平面质量，$H>D/2$，使刀具移出加工面。

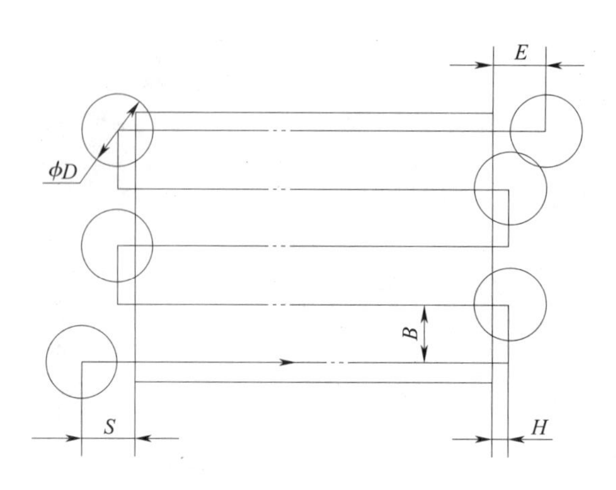

图 4－5　加工参数

五、平面类零件的装夹方法

数控铣床上平面的铣削，一般根据零件的大小选用夹具，零件尺寸较小选择机用平口钳，尺寸较大选择螺栓、压板进行装夹。在大批量生产中，为了提高生产效率，可以使用专用夹具来装夹。

六、基本编程指令

1. 快速定位指令（G00）

指令格式：G00 X __ Y __ Z __；

说明：

G00——快速定位指令；

X、Y、Z——快速定位终点的坐标。

G00 指令控制刀具以系统预先设定的移动速度，从当前位置快速移动到程序段指令的定位目标点。其速度由机床参数确定，操作时快速移动速度可由操作面板上的快速修调按钮修正。

G00 指令一般用于加工前的快速定位或加工后的快速退刀，不能进行切削加工。在执行 G00 指令时，由于机床各轴的移动速度不同，其轨迹不一定是一条直线。

如图 4－6 所示，使用 G00 编程，要求刀具从当前点（*A* 点）快速定位到 *B* 点。

程序段：G00 X100.0 Y70.0；

系统在执行“G00 X100.0 Y70.0；”程序段后，运动轨迹是 *AC*→*CB*，而不是 *AB*。所以操作者在使用 G00 编程时应格外小心，避免刀具与工件发生碰撞。一般是先把 *Z* 轴移动到安全高度，再在 *XY* 平面内执行 G00 指令。G00 指令为模态代码，可由同组的其他代码（G01、G02、G03）注销。

2. 直线插补指令（G01）

指令格式：G01 X __ Y __ Z __ F __；

说明：

G01——直线插补指令；

X、Y、Z——直线插补指令终点的坐标；

F——进给速度，mm/min。

G01 指令刀具以联动的方式，按指定的进给速度 F，从当前位置按线性路线移动到程序段指令的终点。

如图 4－7 所示，使用 G01 指令编程，要求从 *A* 点进给到 *B* 点（进给路线是从 *A*→*B* 的直线）。

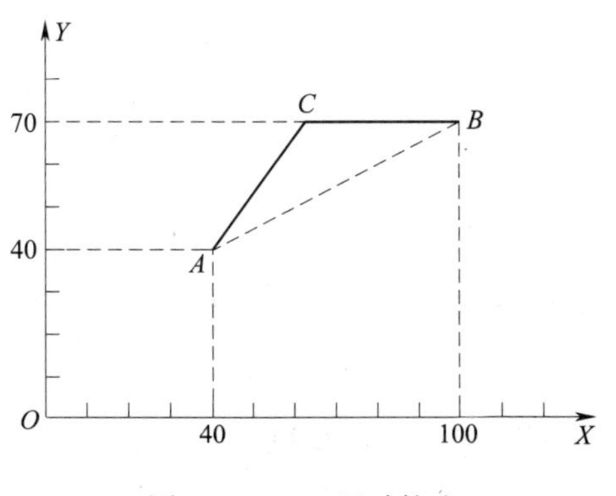

图 4－6 G00 运动轨迹

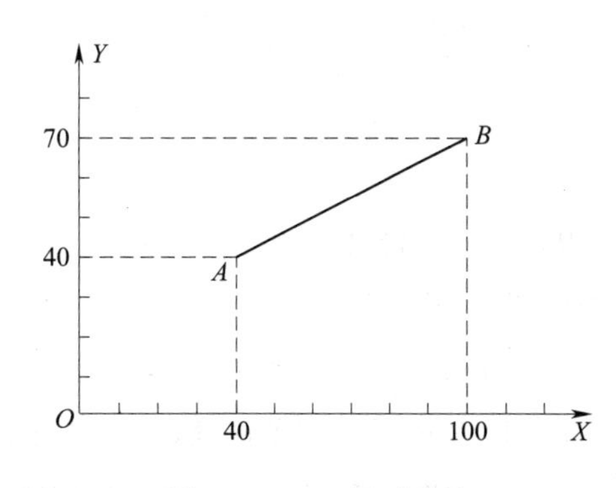

图 4－7 G01 运动轨迹

程序段：G01 X100.0 Y70.0 F100；

系统在执行"G01 X100.0 Y70.0 F100；"程序段后，刀具将从 *A* 点以工进速度（100 mm/min）移动到 *B* 点，其轨迹是一条从 *A* 到 *B* 的直线。G01 指令是模态代码，可以由同组的其他代码（G00、G02、G03 或固定循环指令）注销。

3. 尺寸单位选择指令（G20、G21）

指令格式：G20（G21）；

说明：

G20——英制输入方式；

G21——公制输入方式。

关于线性轴、旋转轴的 G20、G21 输入单位见表 4－2。

表 4－2 G20、G21 输入单位

尺寸单位指令	线性轴	旋转轴
英制（G20）	英寸（in）	度（°）
公制（G21）	毫米（mm）	度（°）

例如：

程序段：G20 G01 X100.0 F40；

表示刀具从当前位置沿 *X* 轴移动至 100 in 处。

程序段：G21 G01 X100.0 F40；

表示刀具从当前位置沿 *X* 轴移动至 100 mm 处。

提示

公制与英制的换算关系：

1 mm≈0.039 4 in

1 in≈25.4 mm

4. 绝对坐标（G90）

指令格式：G90；

说明：

G90——绝对坐标编程指令。

绝对坐标是所有坐标全部基于一个固定的坐标系原点的位置描述坐标。G90 是模态代码，可以由同组代码（G91）注销。

如图 4－8 所示，加工轨迹是一条直线，从 *A* 点到 *B* 点，采用 G90 方式编程。

程序段：G90 G01 X100.0 Y40.0 F100；

5. 增量坐标（G91）

指令格式：G91；

说明：

G91——增量坐标编程指令。

增量坐标又称为相对坐标，是指相对于前一坐标点的坐标。G91 是模态代码，可以由同组代码（G90）注销。

如图 4－8 所示，加工轨迹是一条直线，从 *A* 点到 *B* 点，采用 G91 方式编程。

程序段：G91 G01 X60.0 Y－20.0 F100；

6. 建立工件坐标系（G92）

指令格式：G92 X __ Y __ Z __；

说明：

G92——工件坐标系设定指令。

X、Y、Z——刀具当前位置相对于新设定的工件坐标系的坐标值。

G92 指令在编程时放在程序的第一行，程序在运行 G92 指令时并不产生任何动作，只是根据 G92 后面的坐标值在相应的位置建立一个工件坐标系。

如图 4-9 所示，采用 G92 建立工件坐标系。

程序段：G92 X60.0 Y40.0 Z40.0；

系统在执行“G92 X60.0 Y40.0 Z40.0；”程序段后，设定一个工件坐标系，其原点根据 X60.0 Y40.0 Z40.0 反向推出，如图 4-9 所示。

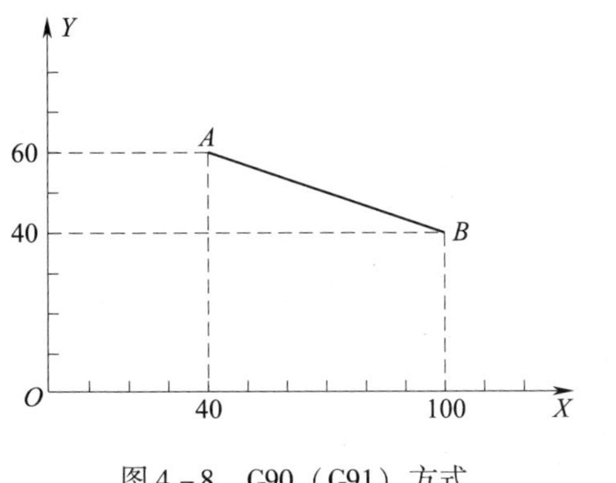

图 4-8　G90（G91）方式

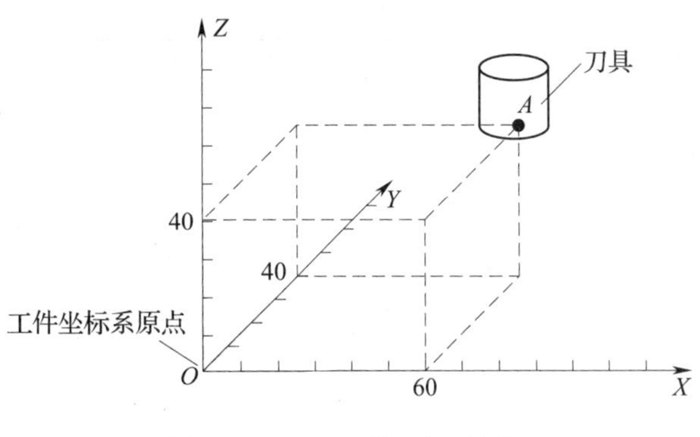

图 4-9　G92 工件坐标系原理

提示

1. 采用 G92 设定工件坐标系，不具有记忆功能。当机床关机后，设定的坐标系即消失。

2. 在执行该指令前，刀具的刀位点必须先通过手动方式准确移动到新坐标系的指定位置。

3. 系统在执行 G92 指令时，机床不产生任何动作，只是建立了一个工件加工坐标系。

4. G92 设定坐标系的方法通常用于单件加工。

七、平面类零件加工实例

如图 4-10 所示，基准 *A* 面及四个侧面是已加工表面，上表面的加工余量是 2 mm。现要在数控铣床上保证工件厚度（28 mm），并且满足如图标注的几何公差和表面质量要求。

1. 工艺分析

工件的上表面宽度为 150 mm，若选用的刀具直径小于 150 mm，需要采用单向铣削或双向铣削的方法对平面进行加工。粗加工时，以快速去除毛坯余量为原则，选用双向铣削的方法；精加工时，以保证工件表面质量为原则，选用单向铣削的方法。

（1）选择刀具

选用 ϕ50 mm 数控硬质合金可转位面铣刀，刀齿数为 3 齿。

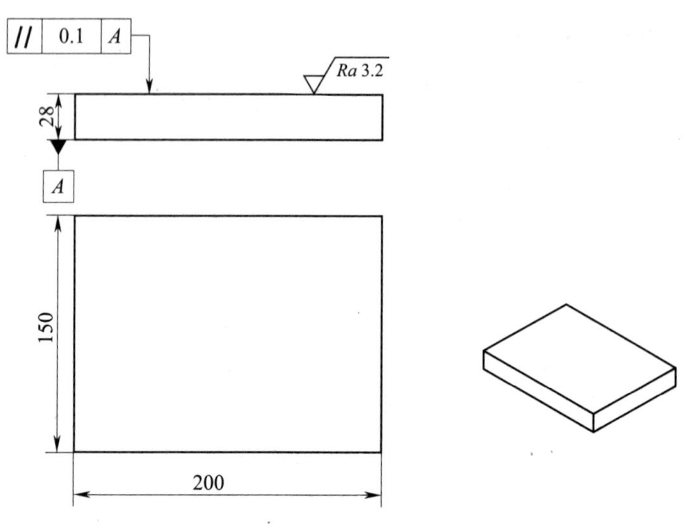

图4－10　平面零件的加工

1）背吃刀量（a_p）

工件上表面的加工余量为2 mm，有一定的表面粗糙度（Ra3.2 μm）要求，为保证工件上表面的质量，加工时分粗、精方式进行加工。

粗加工背吃刀量取 $a_p=1.75$ mm；

精加工背吃刀量取 $a_p=0.25$ mm。

2）主轴转速（n）

粗加工时切削速度 v_c 取120 m/min。

$$n=\frac{1\,000v_c}{\pi D}=\frac{1\,000\times120}{3.14\times50}\approx760\ (\mathrm{r/min})$$

精加工时切削速度 v_c 取150 m/min。

$$n=\frac{1\,000v_c}{\pi D}=\frac{1\,000\times150}{3.14\times50}\approx950\ (\mathrm{r/min})$$

3）进给速度（v_f）

粗加工时每齿进给量 f_z 取0.05 mm/z。

$$v_f=f_z zn=0.05\times3\times760\approx110\ (\mathrm{mm/min})$$

精加工时每齿进给量 f_z 取0.04 mm/z。

$$v_f=f_z zn=0.04\times3\times950\approx110\ (\mathrm{mm/min})$$

（2）确定刀具路径

1）粗加工刀具路径

粗加工刀具路径及编程原点如图4－11所示。刀具从1点下刀，到达2点后以37.5 mm（0.75D）的刀具间距，依次到达3点→4点→5点→6点→7点→8点→9点，到达10点后抬刀。各基点的坐标值见表4－3。

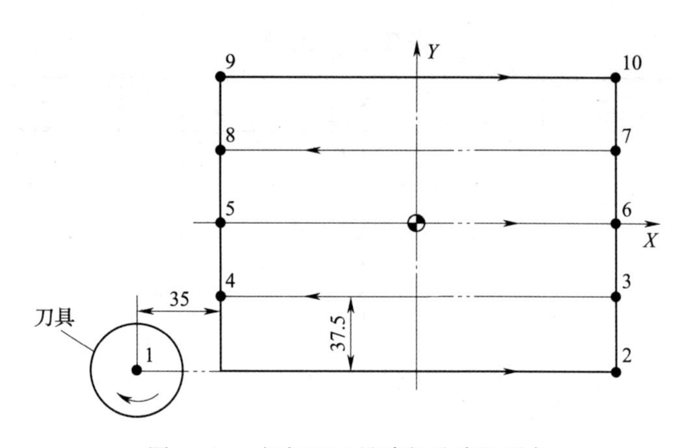

图 4－11 粗加工刀具路径及编程原点

表 4－3 **各基点的坐标值**

基点	X	Y
1	－135	－75
2	100	－75
3	100	－37.5
4	－100	－37.5
5	－100	0
6	100	0
7	100	37.5
8	－100	37.5
9	－100	75
10	100	75

2）精加工刀具路径

精加工刀具路径及编程原点如图 4－12 所示。刀具从 1 点下刀，到达 2 点后以 37.5 mm 的刀具间距，依次到达 3 点→4 点→5 点→6 点→7 点→8 点→9 点，到达 10 点后抬刀。各基点的坐标值见表 4－4。

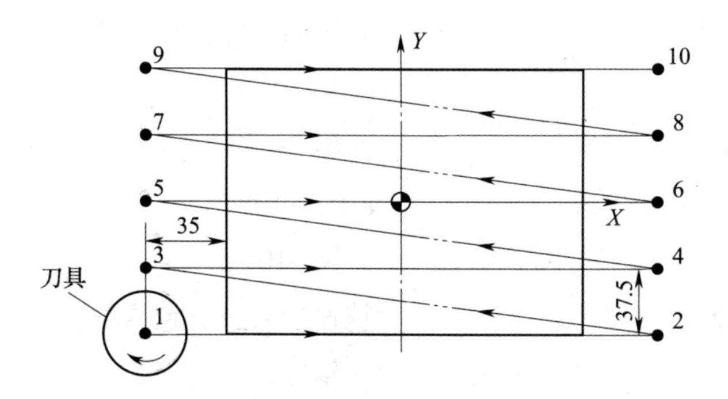

图 4－12 精加工刀具路径及编程原点

表 4 - 4　　各基点的坐标值

基点	X	Y
1	-135	-75
2	135	-75
3	135	-37.5
4	-135	-37.5
5	-135	0
6	135	0
7	135	37.5
8	-135	37.5
9	-135	75
10	135	75

2. 程序编制

(1) 粗加工参考程序

```
O0401;                              程序名
N10 G92 X0 Y0 Z20.0;                建立工件坐标系
N20 G00 G90 X-135.0 Y-75.0;         刀具移动到 1 点
N30 S760 M03;                       主轴正转，转速为 760 r/min
N40 Z10.0;                          下降到 Z10
N50 G01 Z-1.75 F110;                进给到深度
N60 X100.0;                         1 点→2 点
N70 Y-37.5;                         2 点→3 点
N80 X-100.0;                        3 点→4 点
N90 Y0;                             4 点→5 点
N100 X100.0;                        5 点→6 点
N110 Y37.5;                         6 点→7 点
N120 X-100.0;                       7 点→8 点
N130 Y75.0;                         8 点→9 点
N140 X100.0;                        9 点→10 点
N150 G00 Z20.0;                     快速抬刀至安全高度
N160 M05;                           主轴停止
N170 X0 Y0;                         移动到 X0、Y0
```

N180 M30;	程序结束

(2) 精加工参考程序

O0402;	程序名
N10 G92 X0 Y0 Z20.0;	建立工件坐标系
N20 G00 G90 X-135.0 Y-75.0;	刀具移动到1点
N30 S950 M03;	主轴正转，转速为950 r/min
N40 Z10.0;	下降到Z10
N50 G01 Z-2.0 F110;	进给到深度
N60 X135.0;	1点→2点
N70 G00 Z5.0;	快速抬刀至Z5
N80 X-135.0 Y-37.5;	快速移动到3点
N90 G01 Z-2 F110;	进给到深度
N100 X-135.0;	3点→4点
N110 G00 Z5.0;	快速抬刀至Z5
N120 X-135.0 Y0;	快速移动到5点
N130 G01 Z-2 F110;	进给到深度
N140 X135.0;	5点→6点
N150 G00 Z5.0;	快速抬刀至Z5
N160 X-135.0 Y37.5;	快速移动到7点
N170 G01 Z-2 F110;	进给到深度
N180 X-135.0;	7点→8点
N190 G00 Z5.0;	快速抬刀至Z5
N200 X-135.0 Y75.0;	快速移动到9点
N210 G01 Z-2 F110;	进给到深度
N220 X135.0;	9点→10点
N230 G00 Z20.0;	快速抬刀至安全高度
N240 X0 Y0;	主轴停止
N250 M05;	移动到X0、Y0
N260 M30;	程序结束

3. 加工操作步骤

(1) 机床准备

1) 开启机床电源，并松开急停开关。

2) 机床各轴回零。

3) 输入数控加工程序。

（2）安装工件

1）机用平口钳的安装

数控铣床安装机用平口钳一般分为两种方式，一种是平口钳的固定钳口与机床的 X 轴平行，一种是平口钳的固定钳口与机床的 X 轴垂直，如图4－13所示。

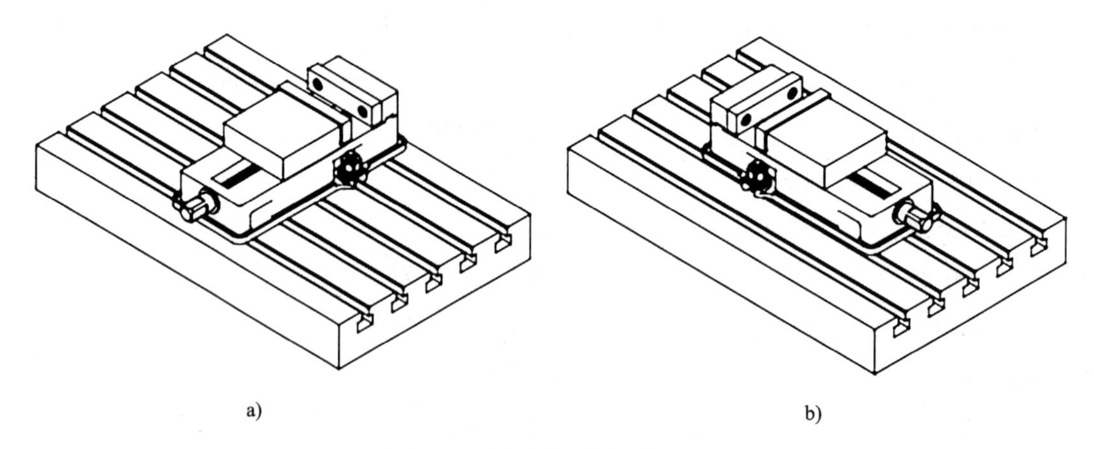

图4－13 机用平口钳的安装方式

a）固定钳口与 X 轴平行 b）固定钳口与 X 轴垂直

2）机用平口钳的校正

在校正平口钳之前，用螺栓、螺母将其与工作台连接到一起，锁紧螺母时力量不要太大，以用铜棒轻微敲击平口钳能产生微量移动为准。将磁力表座吸附在机床的主轴上，百分表安装在表座连接杆上，调整机床位置，使百分表测量触头垂直接触平口钳固定钳口平面，百分表指针压入量为2 mm左右，来回移动工作台，根据百分表的读数调整机用平口钳位置，直至百分表的读数在钳口全长范围内一致，并完全紧固机用平口钳，如图4－14所示。

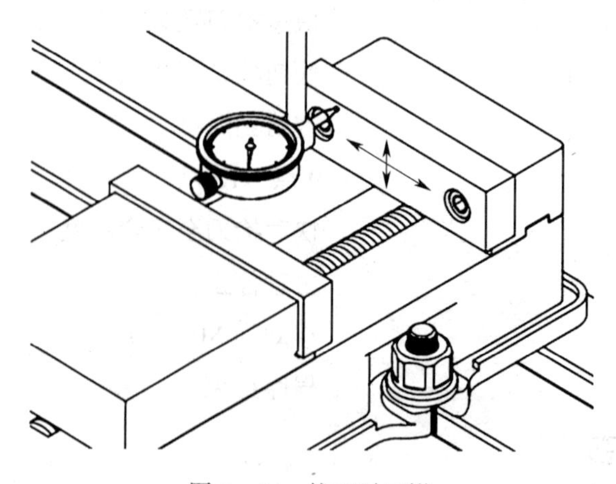

图4－14 校正平口钳

3）工件的安装

采用精密平口钳装夹工件，工件以固定钳口和平行垫块为定位面。工件夹紧后，用铜锤轻敲工件上表面，同时用手移动平行垫铁，直至垫铁不能松动。

提示

工件在平口钳上装夹时的注意事项：

1. 安装工件时，应将钳口平面、导轨及工件擦拭干净。

2. 应使工件安装在钳口的中间位置，确保钳口受力均匀。

3. 安装工件时，应将切削部位高出钳口上平面 3～5 mm，以避免刀具与平口钳发生干涉。

（3）对刀

本例采用 G92 方式建立工件坐标系，对刀时应使刀位点移动到 G92 指定的位置，即 X0、Y0、Z20 处，如图 4－15 所示。

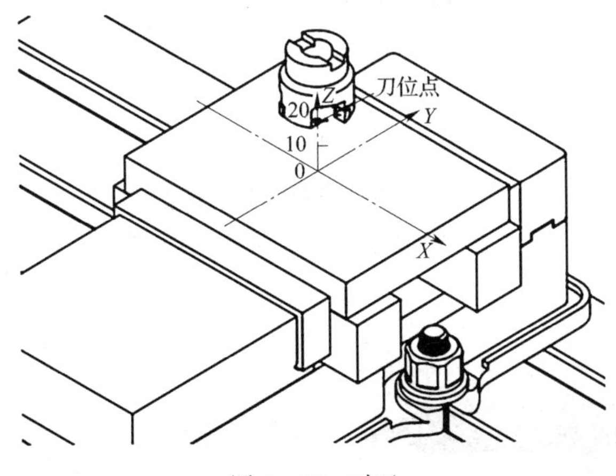

图 4－15　对刀

（4）加工

1）转入自动模式，对轨迹进行检查。

2）采用单段方式对工件进行试切加工，并在加工过程中密切观察加工状态，如有异常现象及时停机检查。

3）工件拆下后及时清洁机床工作台。

4. 测量

根据平面尺寸的精度，测量工具主要采用游标卡尺、千分尺等。

（1）游标卡尺

游标卡尺是一种测量工具，结构简单，使用范围大，应用广泛，可以直接测量出各种工件的内径、外径、宽度、厚度、深度和孔距等。常用的游标卡尺如图 4－16 所示。

（2）千分尺

千分尺是一种精密的测量工具，其测量精度高于游标卡尺。按用途和结构可以分为外径千分尺、内径千分尺、公法线千分尺、深度千分尺等，如图 4－17 所示。常用的外径千分尺的规格按测量范围可以分为 0～25 mm、25～50 mm、50～75 mm 和 75～100 mm 等。

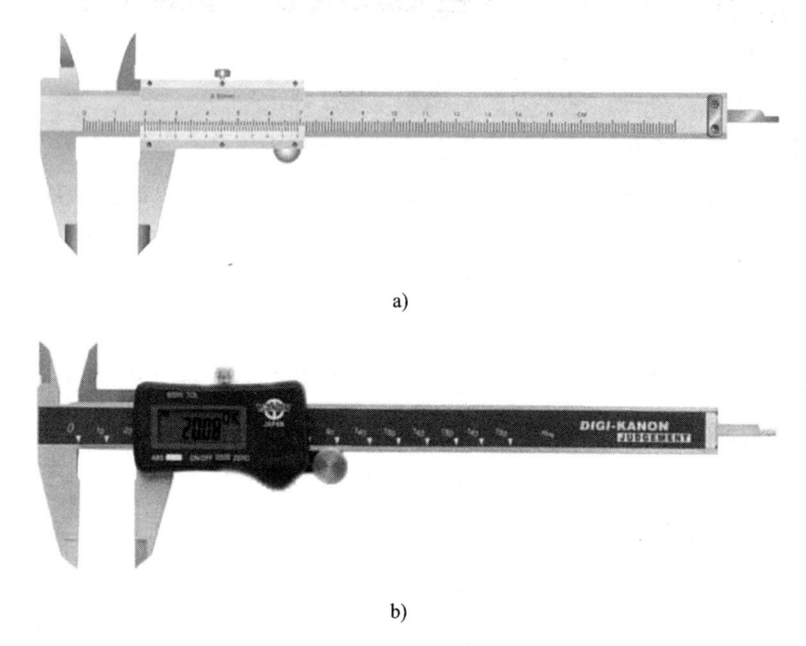

a)

b)

图 4－16　常用的游标卡尺

a）普通游标卡尺　b）数显游标卡尺

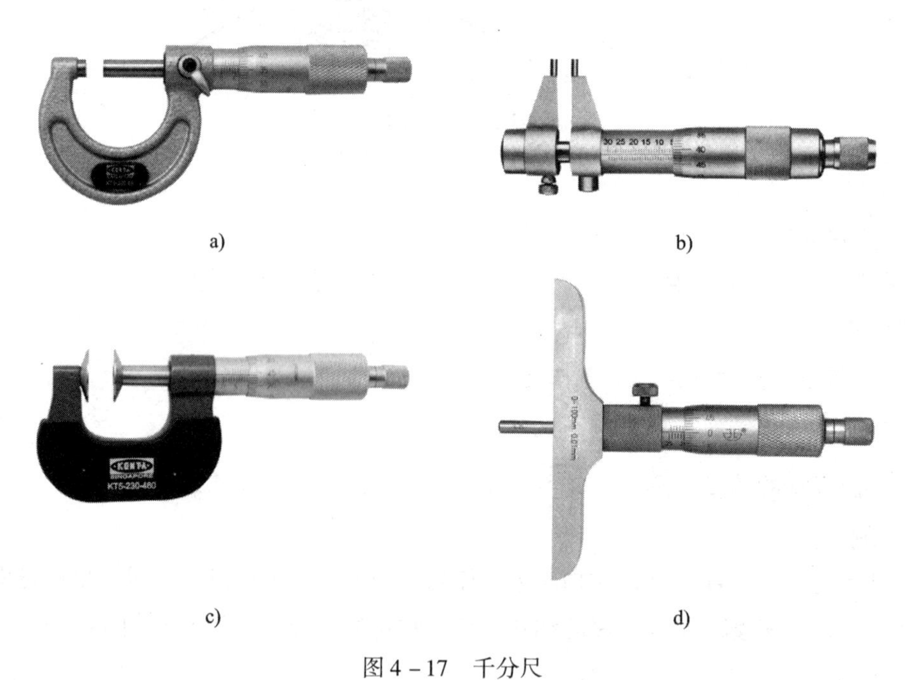

a)　　b)

c)　　d)

图 4－17　千分尺

a）外径千分尺　b）内径千分尺　c）公法线千分尺　d）深度千分尺

第二节　槽类零件加工

一、槽的特征

根据结构特点，槽可以分为通槽、半封闭槽和封闭槽三种，如图 4－18 所示。槽类零件两侧面均有较高的表面粗糙度要求，以及较高的宽度尺寸精度要求。

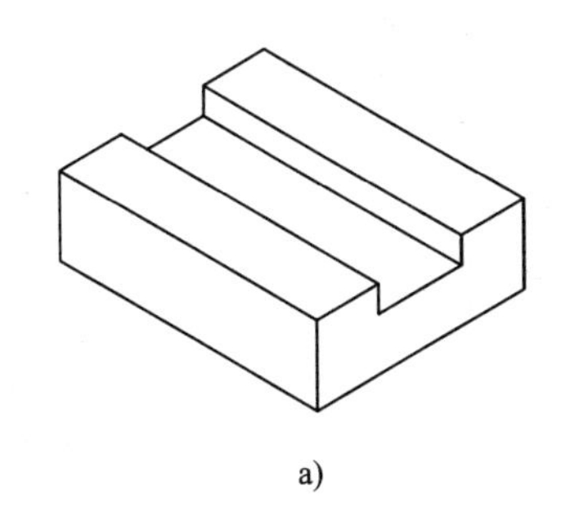
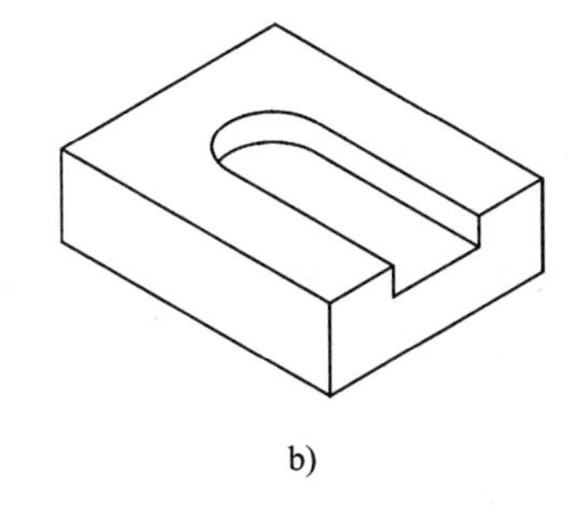
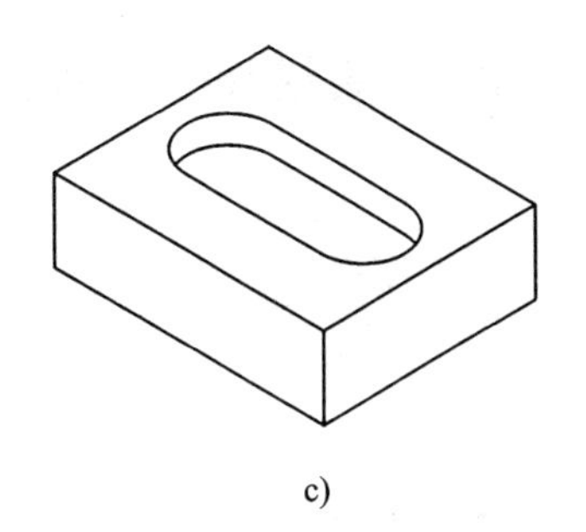

a)　　b)　　c)

图 4－18　槽类零件

a）通槽　b）半封闭槽　c）封闭槽

二、槽的技术要求

槽的技术要求包括槽的尺寸精度、槽的位置精度和表面粗糙度，如图 4－19 所示。槽的宽度尺寸精度要求较高（上偏差为 0. 015 mm，下偏差为 0 mm），槽两侧面的表面粗糙度值较小（*Ra*3. 2 μm），槽的位置也有较高的精度要求。

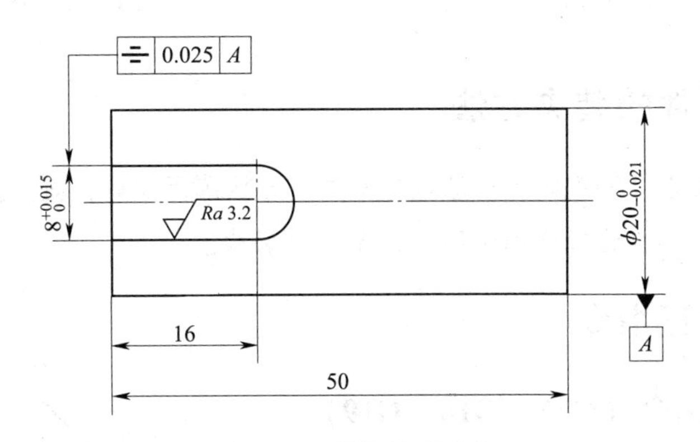

图 4－19　槽的技术要求

三、槽类零件的加工刀具

键槽铣刀一般用于槽类零件的加工，如图 4－20 所示。键槽铣刀按材料可以分为高速钢键槽铣刀和整体合金键槽铣刀两种。键槽铣刀一般有两个切削刃，圆柱面上和刀具端面都带有切削刃，端面切削刃延伸至刀具中心，可进行钻孔加工。

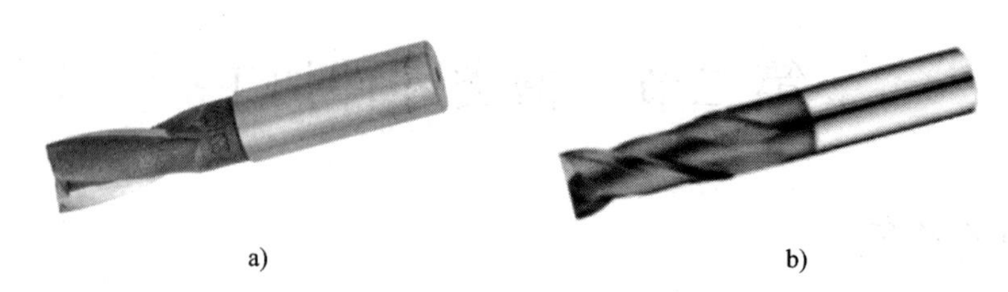

图 4－20　键槽铣刀

a）高速钢键槽铣刀　b）整体合金键槽铣刀

四、槽铣削的路线

数控铣床上槽类零件的铣削一般可以采用行切法和分层铣削法。

行切法轨迹如图 4－21 所示，加工时，选择直径小于槽宽的刀具，先沿轴向进给至槽深，去除大部分余量，然后沿着槽的轮廓加工。

分层铣削法如图 4－22 所示，以较小的层深（每次铣削的深度在 0.5 mm 左右）、较快的进给量往复进行铣削，直至预定的深度。

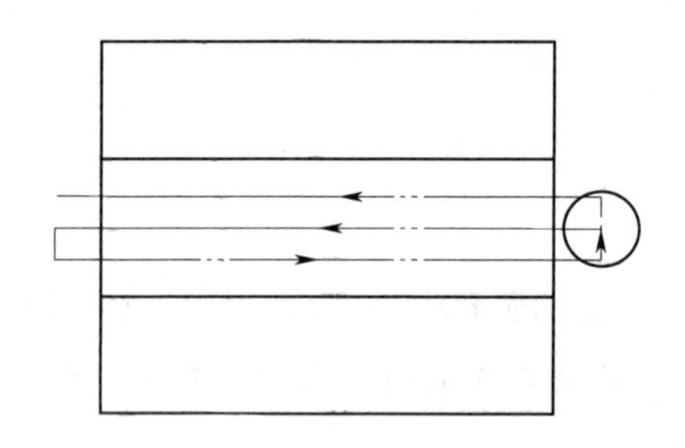

图 4－21　行切法轨迹

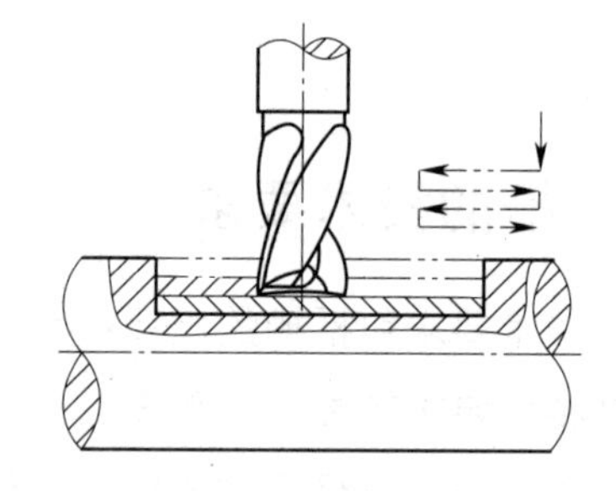

图 4－22　分层铣削法

五、槽类零件的装夹方法

数控铣床上槽类零件的铣削，一般根据零件的形状选用夹具，立方体零件选择机用平口钳或压板装夹，轴类零件选择机用平口钳或 V 形架装夹。

六、基本编程指令

1. 平面选择指令（G17、G18、G19）

平面选择指令 G17、G18、G19 分别用于指定程序段中刀具的插补平面和半径补偿平面。在笛卡儿坐标系中，三个相互垂直的轴 X、Y、Z 构成了三个平面，如图 4－23 所示。

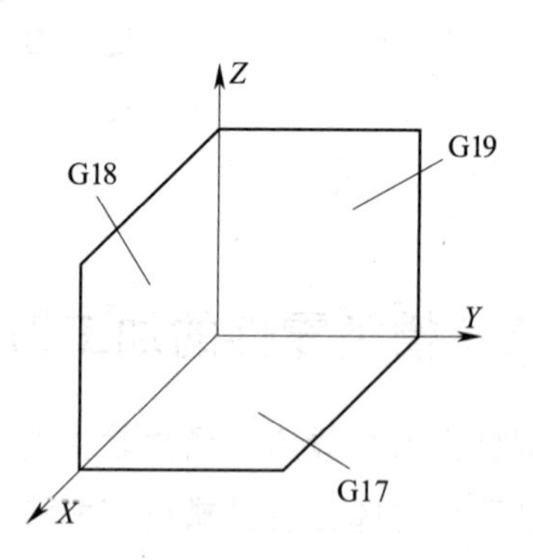

图 4－23　G17、G18、G19 平面

说明：

G17——X、Y 轴所形成的平面；

G18——X、Z 轴所形成的平面；

G19——Y、Z 轴所形成的平面。

2. 圆弧插补指令（G02、G03）

指令格式：

$$G17\begin{Bmatrix}G02\\G03\end{Bmatrix}X\_\ Y\_\ \begin{Bmatrix}I\_\ J\_\\R\_\end{Bmatrix}F\_;$$

$$G18\begin{Bmatrix}G02\\G03\end{Bmatrix}X\_\ Z\_\ \begin{Bmatrix}I\_\ K\_\\R\_\end{Bmatrix}F\_;$$

$$G19\begin{Bmatrix}G02\\G03\end{Bmatrix}Y\_\ Z\_\ \begin{Bmatrix}J\_\ K\_\\R\_\end{Bmatrix}F\_;$$

说明：

G02——顺时针圆弧插补指令；

G03——逆时针圆弧插补指令；

X、Y、Z——圆弧终点坐标，G90 编程时该坐标是圆弧终点在编程坐标系中的坐标，G91 编程时是圆弧终点相对于圆弧起点的位移量；

I、J、K——圆心相对于圆弧起点的位移量；

R——圆弧半径，圆心角小于或等于 180°，R 为正值，否则为负值；

F——进给速度。

在各加工平面内，判断顺、逆圆弧的方法是从圆弧所在平面外的第三根轴的正向朝负向观看，顺时针方向圆弧为 G02，逆时针方向圆弧为 G03，如图 4－24 所示。

（1）圆心编程

使用 I、J、K 指令编程时，圆心位置是相对于圆弧起点的位移量。

如图 4－25 所示，使用 I、J、K 方式编写从起点（A 点）到终点（B 点）的逆圆弧插补程序。

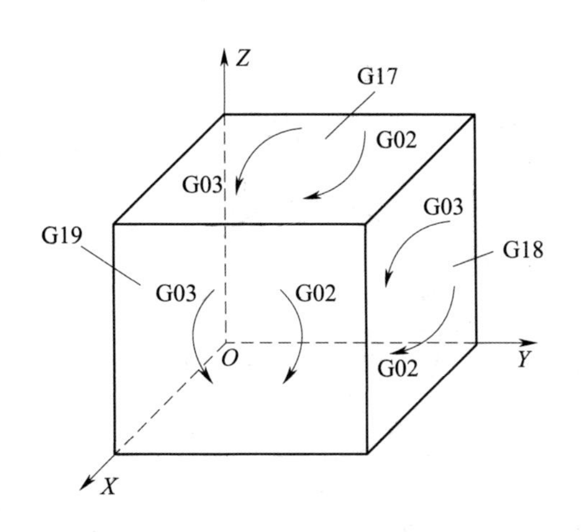

图 4－24 顺、逆圆弧的判断方法

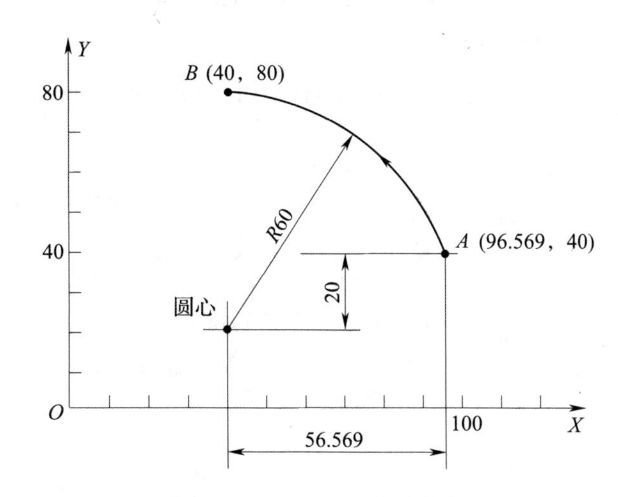

图 4－25 I、J、K 方式编程

1）G90 方式

程序段：G90 G03 X40.0 Y80.0 I－56.569 J－20；

2）G91 方式

程序段：G91 G03 X－56.569 Y40.0 I－56.569 J－20；

（2）半径编程

使用 R 指令编程时，圆心位置可能有两个，这两个位置由 R 后面的符号区分，圆弧所含的角度小于或等于 180°时，R 取正值；大于 180°时，R 取负值。

如图 4－26 所示，使用 R 指令编写圆弧插补指令，要求刀具从当前点（*A* 点）圆弧插补到 *B* 点。

1）G90 方式

圆弧 1

程序段：G90 G02 X90.0 Y80.486 R－40.0；

圆弧 2

程序段：G90 G02 X90.0 Y80.486 R40.0；

2）G91 方式

圆弧 1

程序段：G91 G02 X0 Y46.926 R－40.0；

圆弧 2

程序段：G91 G02 X0 Y46.926 R40.0；

（3）整圆的编程

FANUC 系统整圆的编程，一般采用 I、J、K 方式进行。

如图 4－27 所示，刀具当前点为“*A*”点，使用 I、J、K 方式编写顺时针整圆程序。

1）G90 方式

程序段：G90 G02 X40.0 Y0 I－40.0 J0；

2）G91 方式

程序段：G91 G02 X0 Y0 I－40.0 J0；

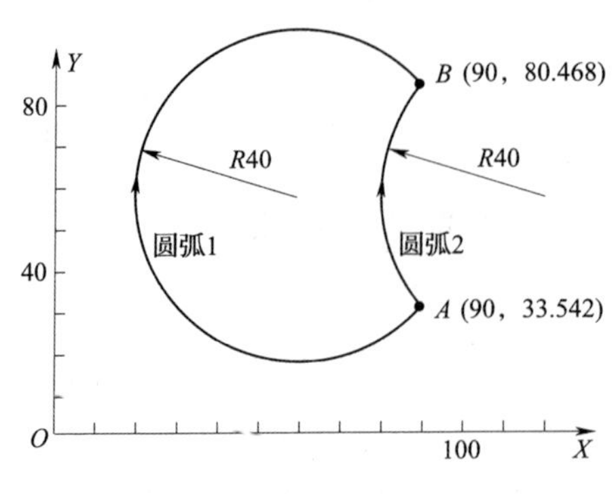

图 4－26　半径编程

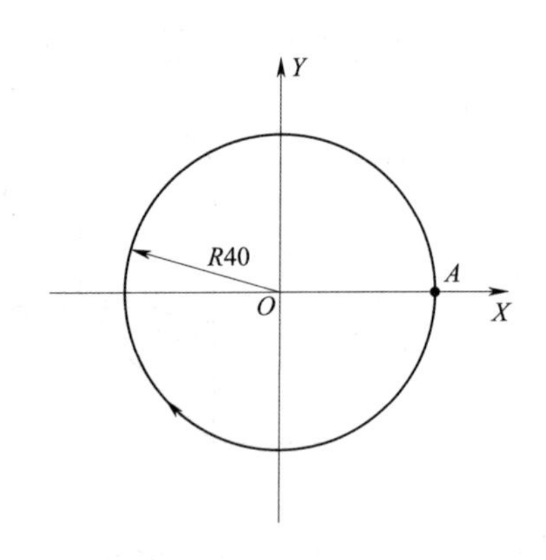

图 4－27　整圆程序的编写

3. 螺旋线插补指令（G02、G03）

螺旋线插补是由平面中的回转运动和与平面垂直的直线运动所组成的，如图 4－28 所示。

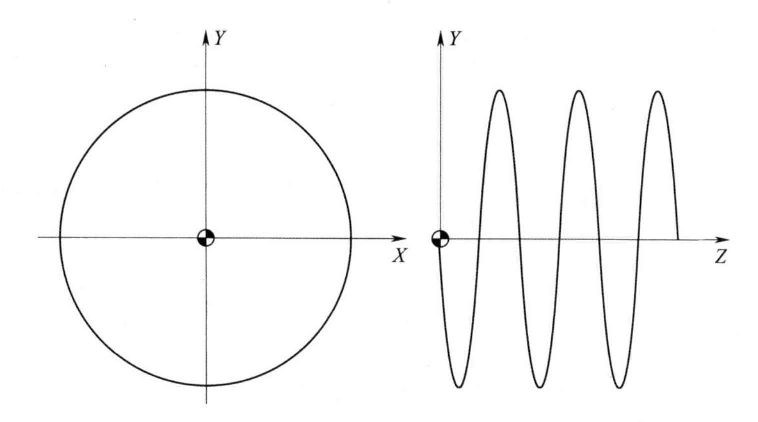

图 4－28　螺旋线

指令格式：

$$G17 \begin{Bmatrix} G02 \\ G03 \end{Bmatrix} X\_\ Y\_ \begin{Bmatrix} I\_\ J\_ \\ R\_ \end{Bmatrix} Z\_\ F\_;$$

$$G18 \begin{Bmatrix} G02 \\ G03 \end{Bmatrix} X\_\ Z\_ \begin{Bmatrix} I\_\ K\_ \\ R\_ \end{Bmatrix} Y\_\ F\_;$$

$$G19 \begin{Bmatrix} G02 \\ G03 \end{Bmatrix} Y\_\ Z\_ \begin{Bmatrix} J\_\ K\_ \\ R\_ \end{Bmatrix} X\_\ F\_;$$

说明：

G17 平面螺旋线插补指令，X、Y 是螺旋线投影到 G17 平面上的终点坐标值，Z 是与 G17 平面相垂直的轴的终点。

G18 平面螺旋线插补指令，X、Z 是螺旋线投影到 G18 平面上的终点坐标值，Y 是与 G18 平面相垂直的轴的终点。

G19 平面螺旋线插补指令，Y、Z 是螺旋线投影到 G19 平面上的终点坐标值，X 是与 G19 平面相垂直的轴的终点。

如图 4－29 所示，已知圆弧的起点为（0，－25，0），终点为（25，0，22），其螺旋线插补程序如下：

G17 G03 X25.0 Y0 R25.0 Z22.0 F50;

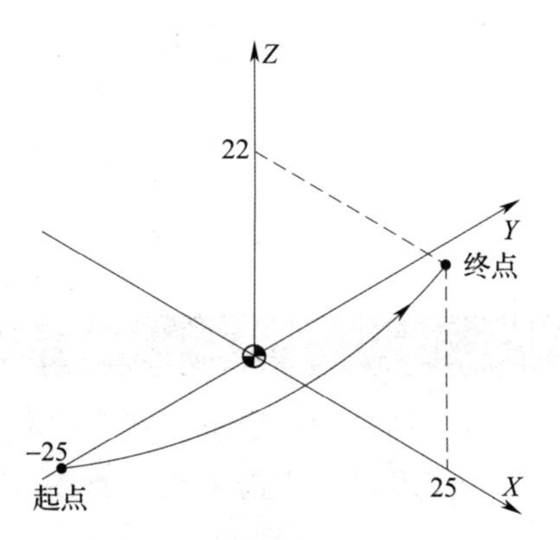

图 4－29　螺旋线插补指令

4. 倒角/倒圆角指令（C/R）

FANUC 0i 系统支持在直线与直线、直线与圆弧、圆弧与圆弧间插入倒角/倒圆角指令，以简化数控程序的编制。

指令格式：

,C __;

,R __;

说明：

C——倒角；

R——倒圆角；

倒角/倒圆角指令（C/R）在使用时必须编写在直线插补指令或圆弧插补指令程序段的末尾。

（1）倒角

C 后面的数值为假想交点到倒角开始点、终止点的距离。

如图 4－30 所示，用 C 倒角指令编写程序，使刀具从起点（*A* 点）经过假想交点（*B* 点）最后到达终点（*C* 点）。

程序段：G90 G01 X90. 0 Y30. 0 ,C30. 0 F100;

X115. 0 Y90. 0;

（2）倒圆角

R 后面的数值为倒圆角的半径值。

如图 4－31 所示，用 R 倒圆角指令编写程序，使刀具从起点（*A* 点）经过假想交点（*B* 点）最后到达终点（*C* 点）。

程序段：G90 G01 X90. 0 Y30. 0 ,R45. 0 F100;

X115. 0 Y90. 0;

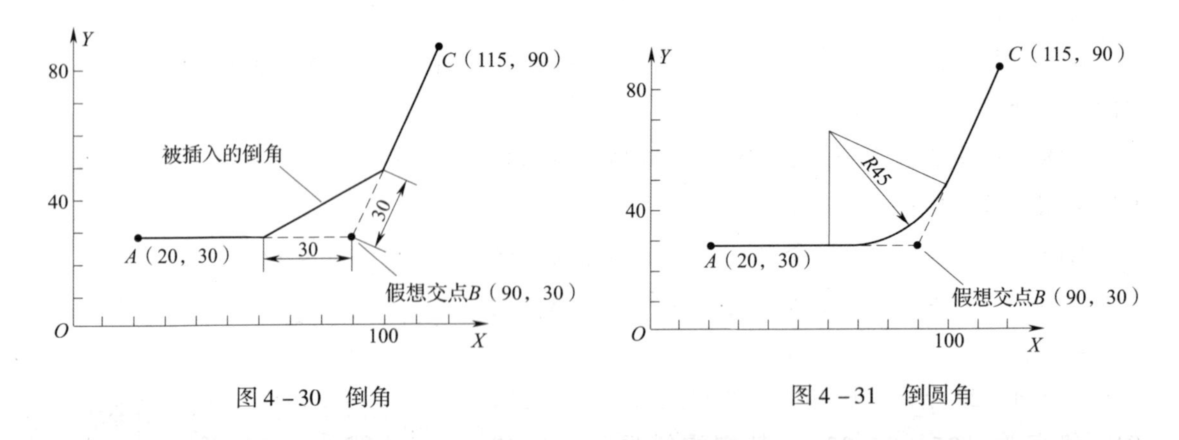

图 4－30　倒角

图 4－31　倒圆角

提示

1. 倒角和倒圆角必须在指定的平面内执行，平行轴不能执行这些功能。

2. 在同一平面内执行的移动指令才能插入倒角或倒圆角程序段。在平面切换之后的程序段中，不能指定倒角或倒圆角。

> 3. 如果插入的倒角或倒圆角的程序段引起刀具超过原插补移动的范围，系统会出现 P/S 报警 No. 055。

5. 建立工件坐标系（G54 ~ G59）

G54 是工件坐标系设置指令，它是建立编程坐标系与机床坐标系关系的纽带。使用时，首先将对刀确定的坐标值输入到机床偏置存储器中，然后由程序 G54 指令调用后生效。根据需要用户最多可以设定六个工件坐标系（G54 ~ G59）。

如图 4 – 32 所示，采用工件坐标系指令编程，使机床分别移动到 G54、G55 和 G56 工件坐标系的原点位置。

在坐标系参数界面中，依次设置 G54 的参数为（X – 150，Y – 100）、G55 的参数为（X – 300，Y – 180）、G56 的参数为（X – 500，Y – 180）。

参考程序见表 4 – 5。

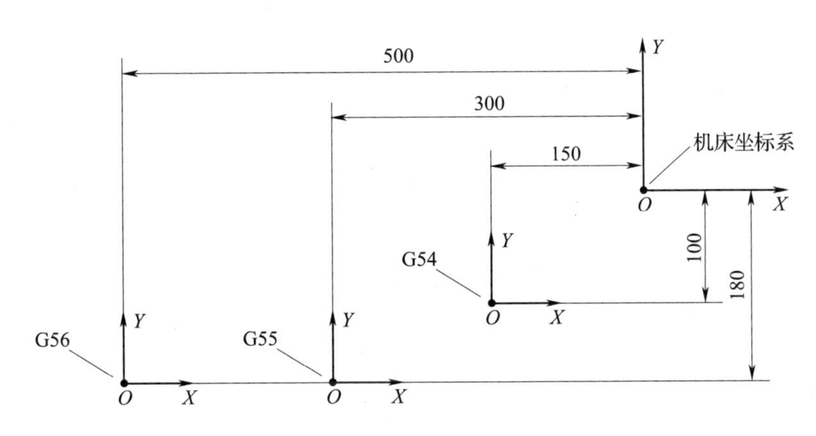

图 4 – 32　建立工件坐标系

表 4 – 5　　参考程序

程　序	注　释
O0001；	程序名
N10 G54 G00 X0 Y0；	移动到 G54
N20 G55 G00 X0 Y0；	移动到 G55
N30 G56 G00 X0 Y0；	移动到 G56
N60 M30；	程序结束

七、槽类零件加工实例

如图 4 – 33 所示，工件的外形尺寸为 100 mm × 80 mm × 25 mm，是已加工表面，试编写槽类零件的加工程序。

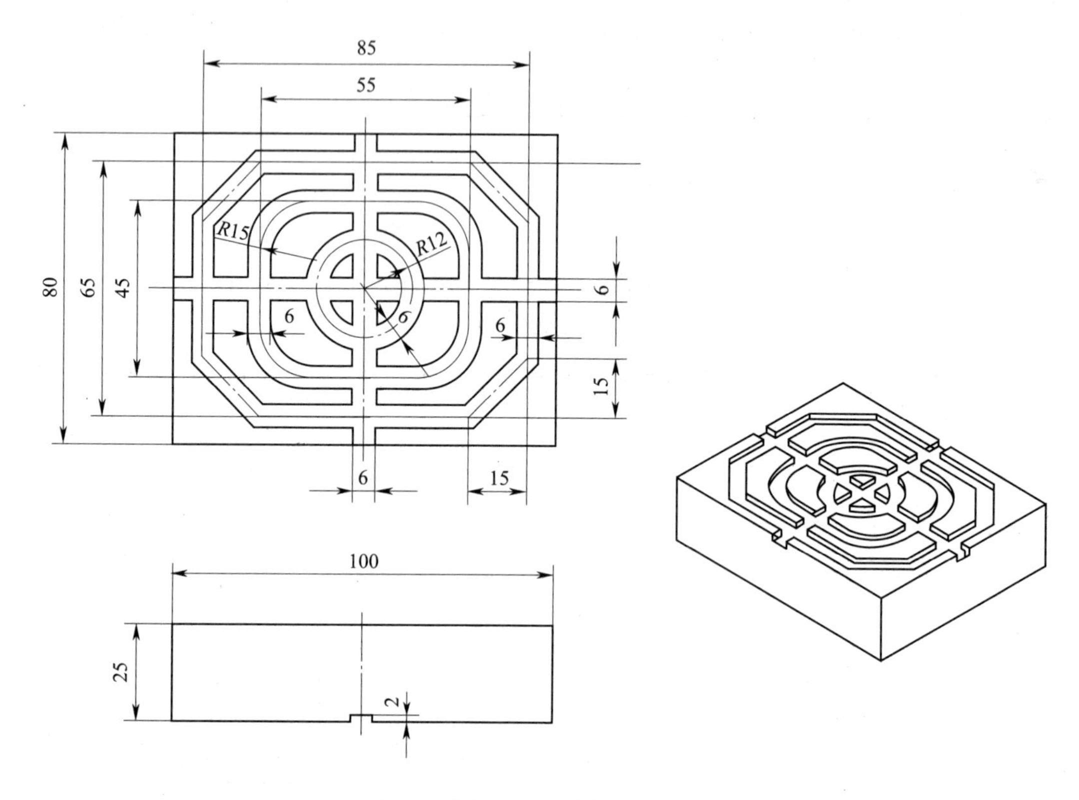

图 4－33　槽加工

1. 工艺分析

工件的加工内容是上表面宽度 6 mm、深度 2 mm 的一组槽。加工时，可由外向内加工或由内向外加工，本例采用由外向内加工，第一步加工十字形槽，第二步加工八边形槽，第三步加工四边形槽，第四步加工圆形槽。

（1）选择刀具

选用 ϕ6 mm 高速钢键槽铣刀，刀齿数为 2 齿。

1）背吃刀量（a_p）

槽的加工深度为 2 mm，底面和侧面没有表面粗糙度要求。加工时，Z 向一次加工到深度，便可保证加工精度。故选择加工背吃刀量为 $a_p=2$ mm。

2）主轴转速（n）

切削速度 v_c 取 20 m/min。

$$n=\frac{1\,000v_c}{\pi D}=\frac{1\,000\times 20}{3.14\times 6}\approx 1\,100\ (\text{r/min})$$

3）进给速度（v_f）

每齿进给量 f_z 取 0.03 mm/z。

$$v_f=f_z zn=0.03\times 2\times 1\,100\approx 60\ (\text{mm/min})$$

（2）确定刀具路径

1）十字形槽加工刀具路径

十字形槽加工刀具路径及编程原点如图 4－34 所示。刀具从 1 点下刀，到达 2 点后，抬刀至安全高度快速移动到 3 点，然后从 3 点下刀，到达 4 点后抬刀至安全高度。各基点的坐标值见表 4－6。

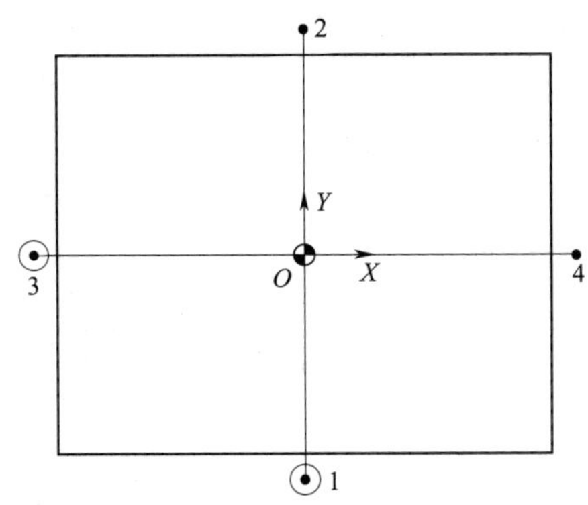

图 4－34　十字形槽加工刀具路径及编程原点

表 4－6　各基点的坐标值

基点	X	Y
1	0	－45
2	0	45
3	－55	0
4	55	0

2）八边形槽加工刀具路径

八边形槽加工刀具路径及编程原点如图 4－35 所示。方法 1 是采用 G01 方式编程，刀具从 1 点下刀，然后依次到达 2 点→3 点→4 点→5 点→6 点→7 点→8 点→9 点，到达 1 点后抬刀。方法 2 是采用 G01 和自动倒角方式编程，刀具从 1 点下刀，然后依次到达 *A* 点→*B* 点→*C* 点→*D* 点，到达 1 点后抬刀。各基点的坐标值见表 4－7。

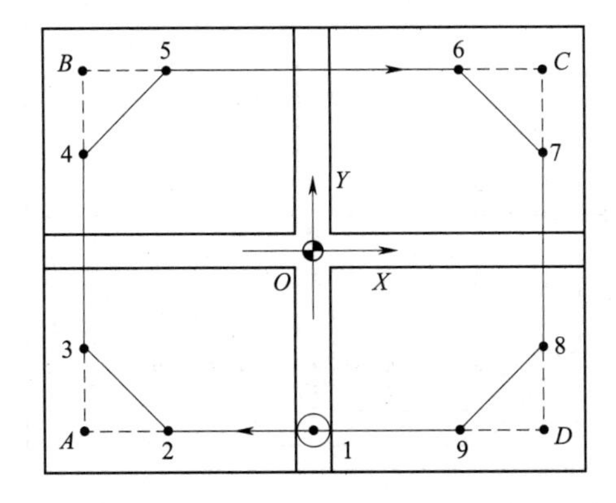

图 4－35　八边形槽加工刀具路径及编程原点

表 4－7　　各基点的坐标值

基点	X	Y
1	0	－32.5
2	－27.5	－32.5
3	－42.5	－17.5
4	－42.5	17.5
5	－27.5	32.5
6	27.5	32.5
7	42.5	17.5
8	42.5	－17.5
9	27.5	－32.5
A	－42.5	－32.5
B	－42.5	32.5
C	42.5	32.5
D	42.5	－32.5

3）四边形槽加工刀具路径

四边形槽加工刀具路径及编程原点如图 4－36 所示。方法 1 是采用 G01 和 G02 方式编程，刀具从 1 点下刀，然后依次到达 2 点→3 点→4 点→5 点→6 点→7 点→8 点→9 点，到达 1 点后抬刀。方法 2 是采用 G01 和自动倒圆角方式编程，刀具从 1 点下刀，然后依次到达 *A* 点→*B* 点→*C* 点→*D* 点，到达 1 点后抬刀。各基点的坐标值见表 4－8。

4）圆形槽加工刀具路径

圆形槽加工刀具路径及编程原点如图 4－37 所示。刀具从 1 点下刀，然后顺圆插补到 1 点抬刀。基点 1 的坐标值见表 4－9。

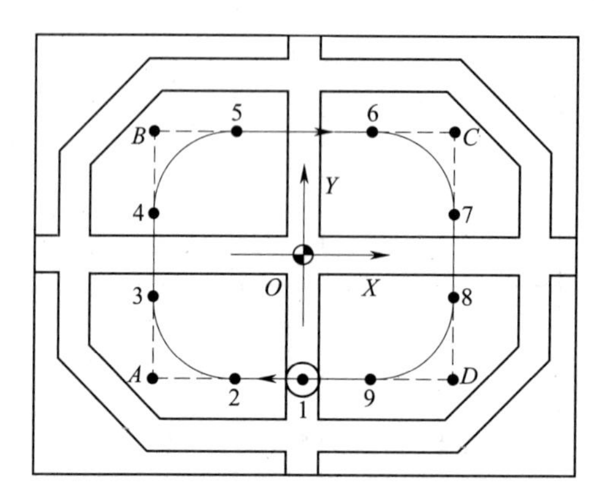

图 4－36　四边形槽加工刀具路径及编程原点

表 4－8　各基点的坐标值

基点	X	Y
1	0	－22.5
2	－12.5	－22.5
3	－27.5	－7.5
4	－27.5	7.5
5	－12.5	22.5
6	12.5	22.5
7	27.5	7.5
8	27.5	－7.5
9	12.5	－22.5
A	－27.5	－22.5
B	－27.5	22.5
C	27.5	22.5
D	27.5	－22.5

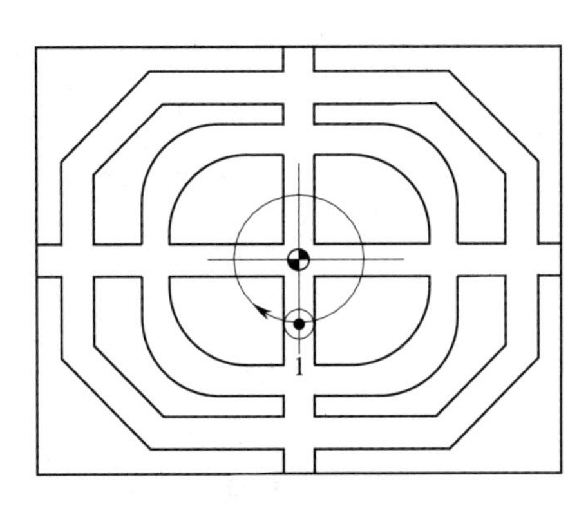

图 4－37　圆形槽加工刀具路径及编程原点

表 4－9　基点 1 的坐标值

基点	X	Y
1	0	－12.0

2. 程序编制

(1) 十字形槽参考程序

O0403;　　程序名

N10 G00 G17 G21 G40 G49 G80 G90;　　程序初始化

N20 G54 X0 Y－45.0;　　建立工件坐标系

N30 Z20.0 S1100 M03;	主轴正转，转速为 1 100 r/min
N40 Z5.0 M08;	下降到 Z5，切削液开
N50 G01 Z-2.0 F60;	下降到 Z-2
N60 Y45.0;	1 点→2 点
N70 G00 Z5.0;	抬刀至 Z5
N80 X-55.0 Y0;	快速移动到 3 点
N90 G01 Z-2.0 F60;	下降到 Z-2
N100 X55.0;	3 点→4 点
N110 G00 Z20.0;	快速抬刀至安全高度
N120 M09;	切削液关
N130 M30;	程序结束

（2）八边形槽参考程序

1）方法 1

O0404;	程序名
N10 G00 G17 G21 G40 G49 G80 G90;	程序初始化
N20 G54 X0 Y-32.5;	建立工件坐标系
N30 Z20.0 S1100 M03;	主轴正转，转速为 1 100 r/min
N40 Z5.0 M08;	下降到 Z5，切削液开
N50 G01 Z-2.0 F60;	下降到 Z-2
N60 X-27.5;	1 点→2 点
N70 X-42.5 Y-17.5;	2 点→3 点
N80 Y17.5;	3 点→4 点
N90 X-27.5 Y32.5;	4 点→5 点
N100 X27.5;	5 点→6 点
N110 X42.5 Y17.5;	6 点→7 点
N120 Y-17.5;	7 点→8 点
N130 X27.5 Y-32.5;	8 点→9 点
N140 X0;	9 点→1 点
N150 G00 Z20.0;	快速抬刀至安全高度
N160 M09;	切削液关
N170 M30;	程序结束

2）方法 2

O0405;	程序名
N10 G00 G17 G21 G40 G49 G80 G90;	程序初始化
N20 G54 X0 Y-32.5;	建立工件坐标系

N30 Z20.0 S1100 M03;	主轴正转，转速为 1 100 r/min
N40 Z5.0 M08;	下降到 Z5，切削液开
N50 G01 Z-2.0 F60;	下降到 Z-2
N60 X-42.5 ,C15.0;	1 点→2 点→3 点（A 点倒角）
N70 Y32.5 ,C15.0;	3 点→4 点→5 点（B 点倒角）
N80 X42.5 ,C15.0;	5 点→6 点→7 点（C 点倒角）
N90 Y-32.5 ,C15.0;	7 点→8 点→9 点（D 点倒角）
N100 X0;	9 点→1 点
N110 G00 Z20.0;	快速抬刀至安全高度
N120 M09;	切削液关
N130 M30;	程序结束

（3）四边形槽参考程序

1）方法 1

O0406;	程序名
N10 G00 G17 G21 G40 G49 G80 G90;	程序初始化
N20 G54 X0 Y-22.5;	建立工件坐标系
N30 Z20.0 S1100 M03;	主轴正转，转速为 1 100 r/min
N40 Z5.0 M08;	下降到 Z5，切削液开
N50 G01 Z-2.0 F60;	下降到 Z-2
N60 X-12.5;	1 点→2 点
N70 G02 X-27.5 Y-7.5 R15.0;	2 点→3 点
N80 G01 Y7.5;	3 点→4 点
N90 G02 X-12.5 Y22.5 R15.0;	4 点→5 点
N100 G01 X12.5;	5 点→6 点
N110 G02 X27.5 Y7.5 R15.0;	6 点→7 点
N120 G01 Y-7.5;	7 点→8 点
N130 G02 X12.5 Y-22.5 R15.0;	8 点→9 点
N140 G01 X0;	9 点→1 点
N150 G00 Z20.0;	快速抬刀至安全高度
N160 M09;	切削液关
N170 M30;	程序结束

2）方法 2

O0407;	程序名
N10 G00 G17 G21 G40 G49 G80 G90;	程序初始化
N20 G54 X0 Y-22.5;	建立工件坐标系

```
N30 Z20.0 S1100 M03;              主轴正转，转速为 1 100 r/min
N40 Z5.0 M08;                     下降到 Z5，切削液开
N50 G01 Z-2.0 F60;                下降到 Z-2
N60 X-27.5 ,R15.0;                1 点→2 点→3 点（A 点倒圆角）
N70 Y22.5 ,R15.0;                 3 点→4 点→5 点（B 点倒圆角）
N80 X27.5 ,R15.0;                 5 点→6 点→7 点（C 点倒圆角）
N90 Y-22.5 ,R15.0;                7 点→8 点→9 点（D 点倒圆角）
N100 X0;                          9 点→1 点
N110 G00 Z20.0;                   快速抬刀至安全高度
N120 M09;                         切削液关
N130 M30;                         程序结束
```

（4）圆形槽参考程序

```
O0408;                            程序名
N10 G00 G17 G21 G40 G49 G80 G90;  程序初始化
N20 G54 X0 Y-12.0;                建立工件坐标系
N30 Z20.0 S1100 M03;              主轴正转，转速为 1 100 r/min
N40 Z5.0 M08;                     下降到 Z5，切削液开
N50 G01 Z-2.0 F60;                下降到 Z-2
N60 G02 J12.0;                    圆弧插补指令
N70 G00 Z20.0;                    快速抬刀至安全高度
N80 M09;                          切削液关
N90 M30;                          程序结束
```

3. 加工操作步骤

（1）机床准备

1）开启机床电源，并松开急停开关。

2）机床各轴回零。

3）输入数控加工程序。

（2）安装工件

毛坯尺寸为 100 mm×80 mm×25 mm，尺寸较小，并且是已加工面，故选用精密机用平口钳装夹工件。

（3）对刀

本例采用 G54 方式建立工件坐标系，编程原点位于工件上表面的中心。对刀时，采用试切法，分别移动刀具至工件的左侧和右侧进行对刀，并记下此时机床坐标系中的 X 向坐标值 X_1和 X_2；然后移动刀具至工件的前侧和后侧进行对刀，并记下此时机床坐标系中的 Y

向坐标值 Y_1和 Y_2；最后移动到工件上表面进行对刀，并记下此时机床坐标系中的 Z 向坐标值。通过计算得出工件坐标系在机床坐标系中的位置$\left(\frac{X_1+X_2}{2}, \frac{Y_1+Y_2}{2}, Z\right)$。

（4）加工

1）转入加工模式，对轨迹进行检查。

2）采用单段方式对工件进行试切加工，并在加工过程中密切观察加工状态，如有异常现象及时停机检查。

3）工件拆下后及时清洁机床工作台。

4. 测量

零件没有严格的尺寸精度要求。测量时，选用 0 ~ 150 mm 的游标卡尺和游标深度卡尺进行测量。

第五章　轮 廓 加 工

第一节　内、外轮廓加工

一、轮廓类零件的特征

零件的轮廓表面一般由直线、圆弧或曲线组成，是一个连续的二维表面，该表面展开后可以形成一个平面。二维轮廓类零件的特征主要包括内轮廓、外轮廓、键槽、凹槽、沟槽、型腔等。

二、轮廓类零件的铣削刀具

内、外轮廓的加工刀具一般选用键槽铣刀、立铣刀或可转位立铣刀。

1. 立铣刀

立铣刀主要用于在数控铣床上加工台阶面和凹槽等，如图 5－1 所示。其主切削刃分布在铣刀的圆柱表面上，副切削刃分布在铣刀的端面上，因端面切削刃未过中心，铣削时一般不能沿铣刀径向做进给运动。立铣刀有粗齿和细齿之分，粗齿铣刀的刀齿为 3～6 个，一般用于粗加工；细齿铣刀的刀齿为 5～10 个，一般用于精加工。

2. 可转位立铣刀

可转位立铣刀由刀体和刀片组成，如图 5－2 所示。由于刀片寿命长，切削效率大大提高，是高速钢铣刀的 2～4 倍。另外，刀片的切削刃在磨钝后，无须刃磨刀片，只需更换新刀片，因此，在数控加工中得到了广泛的应用。

立铣刀的刀具形状与键槽铣刀大致相同，不同之处在于立铣刀的刀具底面中心没有切削刃，因此，立铣刀在加工型腔类零件时，不能直接沿着刀轴的轴向下刀，只能采用螺旋式或斜插式下刀，如图 5－3 所示。

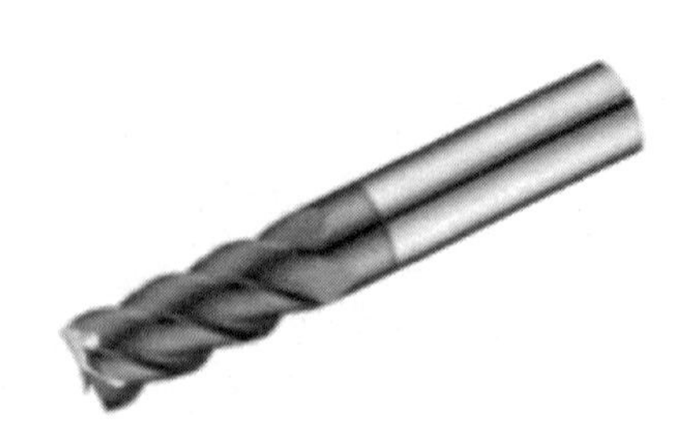

图 5－1　立铣刀

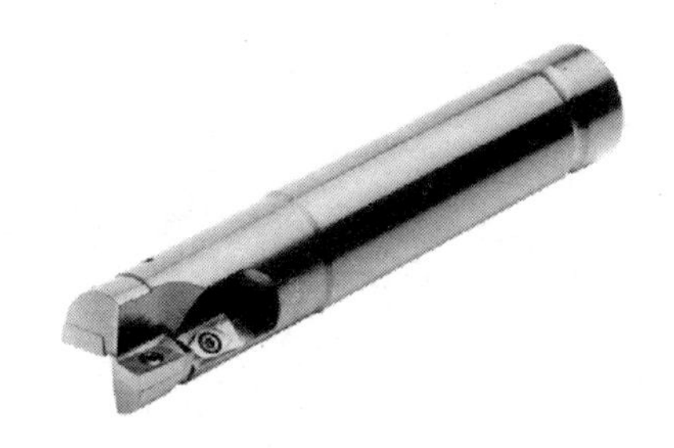

图 5－2　可转位立铣刀

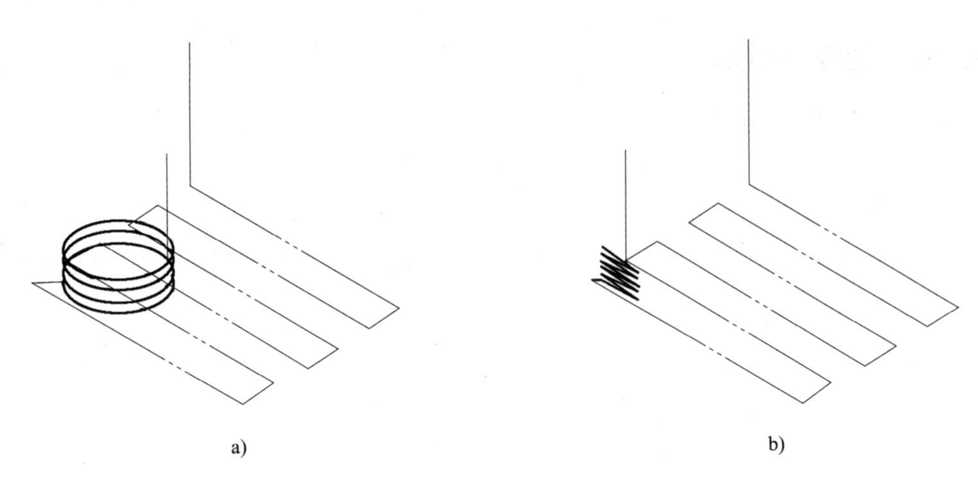

图5－3　下刀方式
a）螺旋式下刀　b）斜插式下刀

三、轮廓加工路线

铣削平面轮廓时，一般采用立铣刀的圆周刃进行切削。在切入和切出零件轮廓时，为了减少切入和切出痕迹，保证零件表面质量，应对切入和切出的路线进行合理设计。其主要确定原则是：

（1）加工路线的设计应保证零件的精度和表面粗糙度，如轮廓加工时，应首先选用顺铣加工。

（2）减少进、退刀时间和其他辅助时间，在保证加工质量的前提下尽量缩短加工路线。

（3）方便数值计算，尽量减少程序段数，减少编程工作量。

（4）进、退刀时，应根据零件轮廓的形状选择直线或圆弧的方式切入或切出，以保证零件表面的质量。如图5－4所示为零件外轮廓的切入和切出方式。

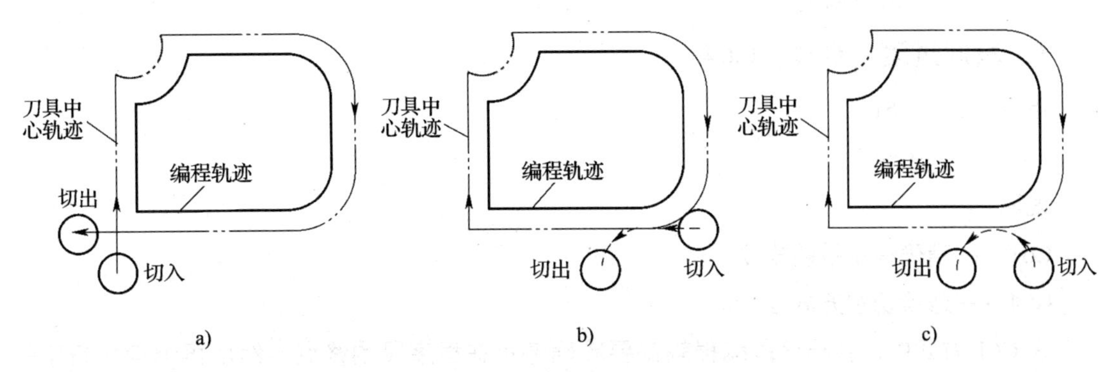

图5－4　零件外轮廓的切入和切出方式
a）直线切入、切出　b）直线切入、圆弧切出　c）圆弧切入、切出

四、基本编程指令

1. 暂停指令（G04）

指令格式一：G04 X __；

说明：

G04——暂停指令；

X——暂停时间，地址 X 后面用小数点进行编程，如 X2.0 表示暂停时间为 2 s，而 X2 表示暂停时间为 2 ms。

指令格式二：G04 P __；

说明：

G04——暂停指令；

P——暂停时间，单位为 ms，如 P2000 表示暂停时间为 2 s。

G04 指定暂停，按指定的时间延迟执行下个程序段。另外，在连续切削方式（G64 方式）中，为进行准确停止检查，也可以指定暂停。

注意：

（1）G04 为非模态指令，仅在其被指定的程序段中有效。

（2）当 P 或 X 都不指定时，执行准确停止。

（3）地址 P 后面的数据不允许带小数点。

（4）G04 可使刀具作短暂停留，以获得圆整而光滑的表面。

2. 准确停止（G09）

指令格式：G09；

说明：

G09——准确停止指令；

执行包含 G09 的程序段时，系统将使刀具准确停止在本程序段所指定的终点位置，该功能用于加工尖锐的棱角。

3. 段间过渡（G61、G64）

指令格式：G61；

G64；

说明：

G61——精确停止校验指令；

G64——连续切削方式指令。

在 G61 方式中，各程序段编程轴都要准确停止在程序段的终点，然后再继续执行下一个程序段。

在 G64 方式中，各程序段编程轴刚开始减速时（未到达编程终点）就开始执行下一程序段。但在有定位指令（G00）或有准确停止指令（G09）的程序段中，以及在不含运动指令的程序段中，进给速度仍减速到零才执行定位校验。

注意：

（1）G61 方式的编程轮廓与实际轮廓相符。

（2）G61 与 G09 的区别在于 G61 为模态指令，G09 为非模态指令。

（3）在 G64 方式中，编程轮廓与实际轮廓不同，其不同程度取决于 F 值的大小及两路径间的夹角，F 越大，其区别越大。

（4）G61、G64 为模态指令，可相互注销，G64 为缺省值。

例如，使用 G61 指令编程时，其程序和实际轨迹如图 5－5 所示。

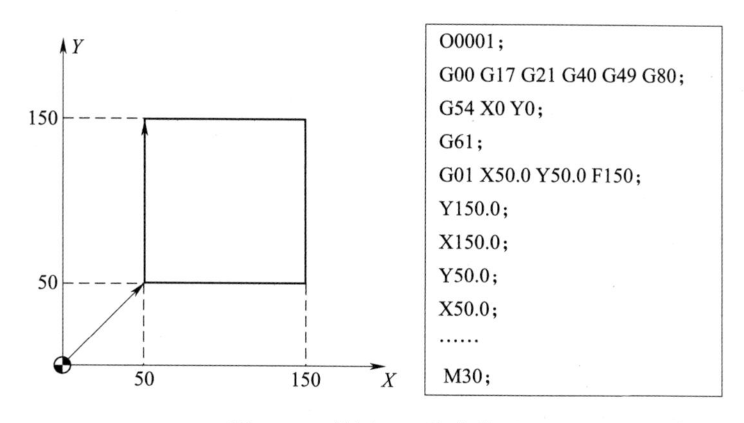

图 5－5　使用 G61 指令编程

例如，使用 G64 指令编程时，其程序和实际轨迹如图 5－6 所示。

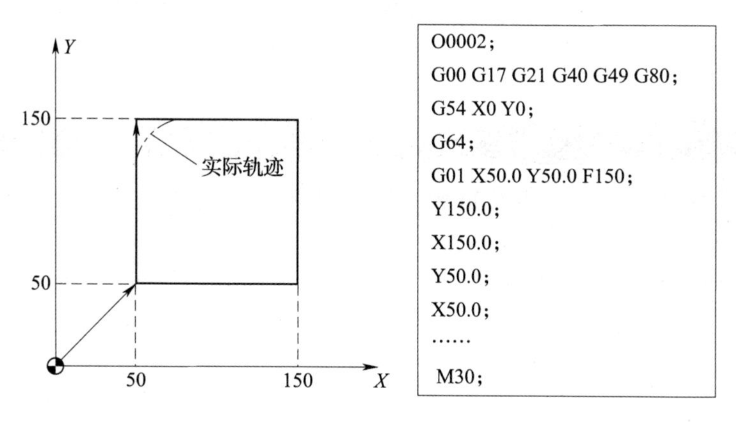

图 5－6　使用 G64 指令编程

4. 参考点控制指令（G28、G29）

（1）自动返回参考点指令（G28）

指令格式：G28 X __ Y __ Z __；

说明：

G28——自动返回参考点指令，是非模态指令；

X、Y、Z——返回参考点时经过的中间点，其坐标值可以用增量或绝对方式表示。

在 G28 方式中，刀具从当前位置经过中间点返回参考点。设定中间点的目的是防止刀具在返回参考点过程中与工件或夹具发生干涉。

例如：G90 G28 X100.0 Y100.0 Z80.0；

刀具快速定位到 G28 指定的中间点（100，100，80）处，再返回机床 *X*、*Y*、*Z* 轴的原点。

提示

1. G28 指令用于刀具自动更换或者消除机械误差，在执行该指令之前应取消刀具半径补偿和刀具长度补偿。

2. 系统执行 G28 指令时机床不仅产生移动，而且记忆了中间点的坐标值，以供 G29 指令使用。

3. 电源通电后，在没有手动返回参考点的状态下，指定 G28 时，从中间点自动返回参考点，与手动返回参考点相同。这时从中间点到参考点的方向就是机床参数“回参考点方向”设定的方向。

（2）自动从参考点返回指令（G29）

指令格式：G29 X __ Y __ Z __；

说明：

G29——自动从参考点返回指令，是非模态指令；

X、Y、Z——返回的定位终点，其坐标值可以用增量或绝对方式表示。

在 G29 方式中，刀具从参考点出发，经过 G28 指令指定的中间点到达 G29 指令后 *X*、*Y*、*Z* 坐标值所指定的位置。

提示

G29 返回时经过的中间点坐标值与前面 G28 所指定的中间点坐标值是相同的。因此，这条指令只能出现在 G28 指令的后面。

如图 5－7 所示，执行 G28 指令时，刀具从起始点 *A* 经过中间点 *B* 到达参考点 *R*；执行 G29 指令时，刀具从参考点 *R* 经过 G28 指定的中间点 *B* 到达 G29 定义的终点 *C*。其程序如下：

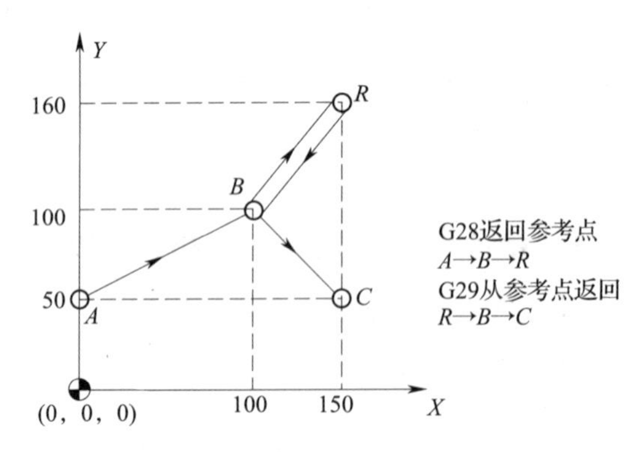

图 5－7　G28 与 G29 指令动作

1）G90 方式

程序段：G90 G28 X100.0 Y100.0 Z0；

G29 X150.0 Y50.0 Z0；

2）G91 方式

程序段：G91 G28 X100.0 Y50.0 Z0；

G29 X50.0 Y－50.0 Z0；

5. 刀具半径补偿指令（G41、G42、G40）

数控铣床进行轮廓铣削加工时，由于刀具半径的存在，刀具中心轨迹和工件轮廓不能重合。如果系统不具备刀具半径补偿功能，则需要将刀具中心沿着轮廓轨迹的法线方向偏移一个半径值，计算相当复杂，尤其是当刀具磨损或刀具直径发生改变时，必须重新计算刀具中心轨迹，修改数控程序，这样既烦琐，又不易保证加工精度。当系统具备刀具半径补偿功能时，编程人员只需按照轮廓基点坐标进行编程，由数控系统根据设置的补偿值自动计算出刀具中心轨迹，使刀具偏离工件一个半径值。

（1）指令格式

$$\begin{Bmatrix} G17 \\ G18 \\ G19 \end{Bmatrix} \begin{Bmatrix} G40 \\ G41 \\ G42 \end{Bmatrix} \begin{Bmatrix} G00 \\ G01 \end{Bmatrix} X\_\ Y\_\ Z\_\ D\_;$$

说明：

G17——刀具半径补偿平面为 *XY* 平面；

G18——刀具半径补偿平面为 *XZ* 平面；

G19——刀具半径补偿平面为 *YZ* 平面；

G40——刀具半径补偿取消；

G41——刀具半径左补偿；

G42——刀具半径右补偿；

X、Y、Z——刀补建立或取消的终点坐标；

D——D 值用于指令偏置存储器的偏置号。

刀具半径补偿分为刀具半径左补偿（G41）和刀具半径右补偿（G42）。其判断方法是沿着刀具前进方向观察，刀具位于工件的左侧称为刀具半径左补偿，反之称为刀具半径右补偿，如图 5－8 所示。

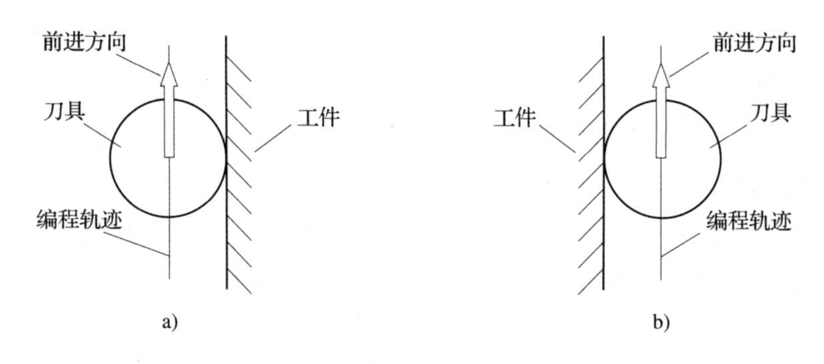

图 5－8 刀具半径补偿

a）刀具半径左补偿 b）刀具半径右补偿

如图 5－9 所示，刀具半径补偿的过程分为三步，即刀补的建立、刀补的进行和刀补的取消。

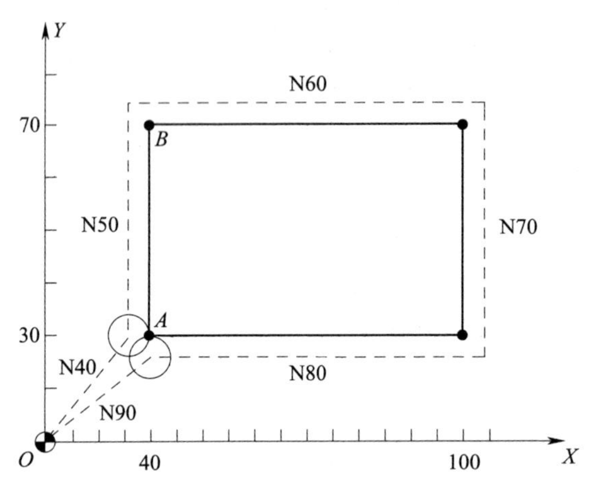

图 5－9　刀具半径补偿过程

具体程序如下：

O0001；	程序名
……	
N30 G00 X0 Y0；	
N40 G41 G01 X40.0 Y30.0 D01 F40；	建立刀具半径左补偿
N50 Y70.0；	刀补的进行
N60 X110.0；	刀补的进行
N70 Y30.0；	刀补的进行
N80 X40.0；	刀补的进行
N90 G40 G01 X0 Y0；	刀补的取消
……	
N130 M30；	程序结束

1）刀补的建立

指刀具从起点接近终点时，刀具中心轨迹从与编程轨迹重合过渡到与编程轨迹偏移一个偏置量的过程。该过程的实现只能在 G01 或 G00 移动指令模式下进行。

如图 5－9 所示，刀具补偿的建立是通过程序段 N40 来实现。系统在执行到 N40 程序段时，首先预读 G41 语句下面两个程序段（N50、N60）的内容，并通过连接最近两个移动语句的终点（图中的 *AB* 连线），来判断刀具补偿的偏置方向，偏置量的大小由偏置号（如 D01）地址中的数值确定。经过补偿后，刀具中心相对于 *A* 点偏移了一个偏置量。

2）刀补的进行

G41 或 G42 程序段后，程序进入补偿模式，此时刀具中心轨迹与编程轨迹始终相距一个偏置量，直至刀补取消。

3）刀补的取消

刀具中心轨迹从偏置过渡到与编程轨迹重合的过程称为刀补的取消，如图5－9所示的*AO*段，刀补的取消用G40指令。

（2）刀具半径补偿的应用

1）实现零件粗、精加工

刀具半径补偿功能除可以简化编程外，还可以通过修改刀具半径补偿值的方法，用同一程序实现轮廓的粗、精加工。粗加工时，设置刀具半径补偿值＝刀具半径＋精加工余量；精加工时，设置刀具半径补偿值＝刀具半径＋修正值。

2）实现薄壁零件内、外轮廓的加工

若设置刀具半径补偿值为负值，则可以改变刀具原有的偏置方向，利用这一特点，当加工相等宽度由直线和圆弧或者含有曲线的薄壁轮廓工件时，只需对一个轮廓进行编程，加工好第一个轮廓后，修改刀具半径补偿值，使刀具半径补偿值＝－（刀具半径＋轮廓宽度），即可实现对第二个轮廓的加工。同样，在模具加工中，利用同一程序也可以加工同一公称尺寸的内、外两个型面，且可通过修改刀具半径补偿值保证配合精度。

3）实现轮廓倒圆角/倒角的加工

FANUC 0i系统设置刀具半径补偿的方式分为两种：一种是将刀补值直接输入到数控装置，在整个加工过程中刀具半径补偿值始终保持不变；另一种是在程序中使用G10指令，按某种变化规律多次设置刀具半径补偿值，并配合不同的轮廓加工深度，以实现工件任意轮廓倒圆角和倒角加工。

提示

1. 刀补的建立与取消必须在G00或G01指令后进行，考虑安全一般使用G01指令来建立和取消刀补。
2. 刀补的建立与取消应放在工件以外。
3. 刀具半径补偿建立后必须使用G40指令取消。
4. 在刀补的进行中，不能出现连续两个非移动类指令或非补偿平面的移动指令。
5. G41和G42指令为模态代码，可以相互注销。

6. 刀具长度补偿指令（G43、G44、G49）

刀具长度补偿与刀具半径补偿的原理一样，如在*XY*平面内，半径补偿是在平面内使刀具沿着工件轮廓的法线方向偏移一个半径值，长度补偿则是沿着*Z*轴向上或向下偏移一个距离。

指令格式：

$$\begin{Bmatrix} G17 \\ G18 \\ G19 \end{Bmatrix} \begin{Bmatrix} G43 \\ G44 \\ G49 \end{Bmatrix} \begin{Bmatrix} G00 \\ G01 \end{Bmatrix} X\_\ Y\_\ Z\_\ H\_$$

说明：

G17——刀具长度补偿轴为 Z 轴；

G18——刀具长度补偿轴为 Y 轴；

G19——刀具长度补偿轴为 X 轴；

G43——刀具长度正补偿 +；

G44——刀具长度负补偿 -；

G49——取消刀具长度补偿；

X、Y、Z——刀具长度补偿建立或取消的终点坐标值；

H——用于指定偏置存储器的偏置号。

G43、G44 是模态指令，G43 指令为刀具长度补偿 +，Z 轴到达的实际位置 = 指令值 + 补偿值；G44 指令为刀具长度补偿 -，Z 轴到达的实际位置 = 指令值 - 补偿值。H 的取值范围为 00 ~ 200。H00 表示刀具长度补偿取消，也可以使用指令 G49 取消刀具长度补偿。系统在执行到 H00 或 G49 指令时，立即取消刀具长度补偿，并使 Z 轴运动到不加补偿值的指令位置。

如图 5 - 10a 所示，当 Z 向对刀时，刀具从当前的位置 1 点（机床原点）下降到 2 点，此时移动距离为图中的 H，也就是在数控系统的 LCD 显示器上显示的 Z 向机床坐标值，此值就是刀具长度补偿值。

例如，通过 Z 向对刀测得 1 号刀的补偿值为 -200.0，并将此值保存在 1 号偏置存储器中，执行“G43 G00 Z10.0 H01；”程序段时，则刀具在机床上的实际移动距离 = 指令值 + 补偿值 = 10.00 + (-200.00) = -190.00，即机床的实际移动量为沿着 Z 轴的负方向移

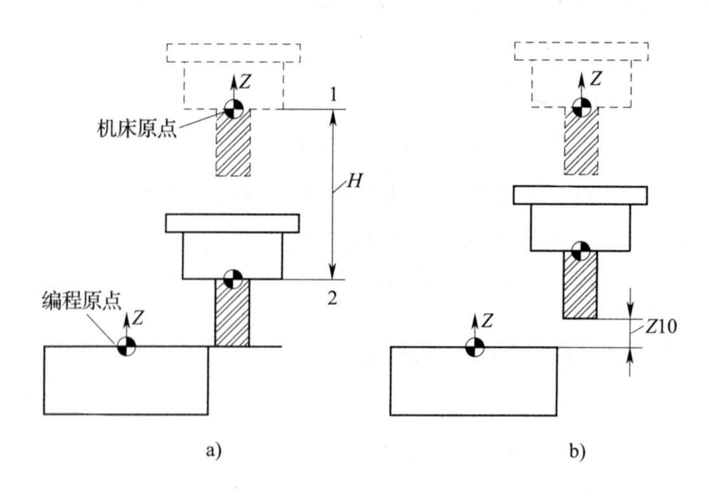

图 5 - 10　长度补偿原理

a）对刀原理　b）G43、G44 编程

动190 mm，如图 5－10b 所示。当设置 1 号偏置存储器中的值为 200. 0 时，执行“G44 G00 Z10. 0 H01；”程序段时，则刀具在机床上的实际移动距离＝指令值－补偿值 ＝10. 00－200. 00＝－190. 00，即机床的实际移动量为沿着 Z 轴的负方向移动 190 mm，如图 5－10b 所示。

如图 5－11 所示，编程坐标系原点位于工件左孔上表面的中心处，机床坐标系位于图的右上角。通过对刀测得编程坐标系在机床坐标系的中位置为 X－120. 00，Y－80. 00，Z－50. 00。

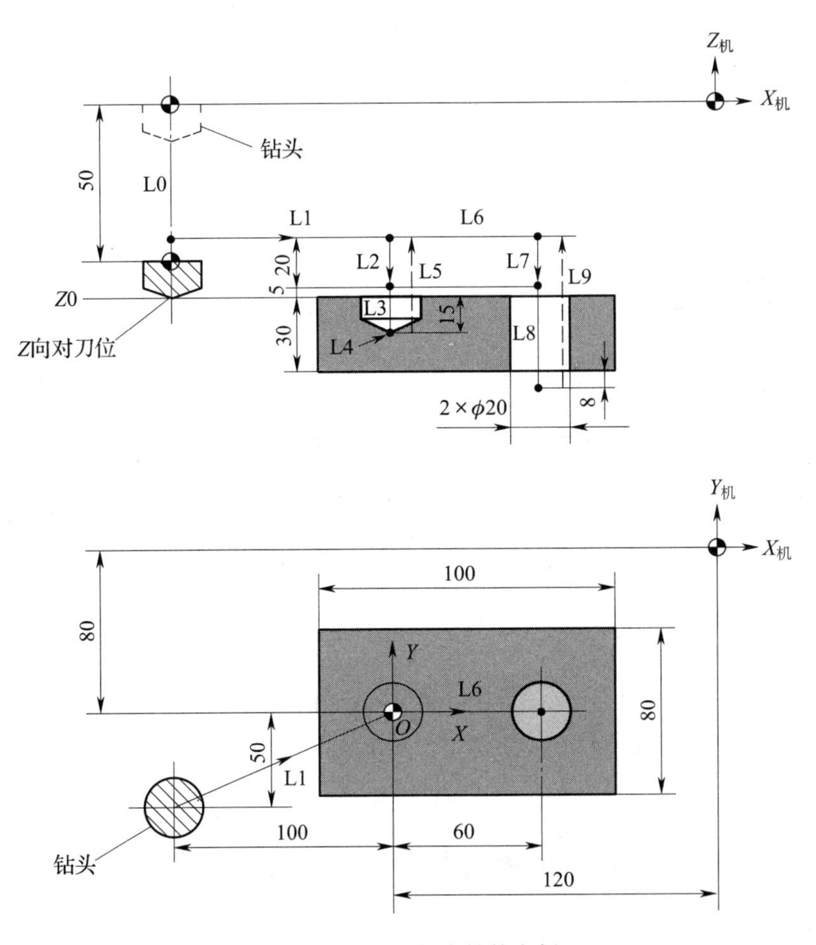

图 5－11　刀具长度补偿实例

试采用刀具长度补偿指令编写加工程序。

操作步骤：

（1）设置 G54 参数：X－120. 00，Y－80. 00，Z0. 00；

（2）设置刀具长度补偿：01 长度存储器值为－50. 00；

（3）参考程序：

O0001；　　　　　　　　　　　　　　程序名

N10 G00 G17 G21 G40 G49 G80 G90 G54；程序初始化

N20 G91 G28 Z0;	自动返回参考点
N30 G90 X-100.00 Y-50.00;	快速移动到编程坐标系 X 为 -100 mm、Y 为 -50 mm 的位置
N40 G43 Z25.00 H01;	建立刀具长度补偿 L0
N50 M03 S350;	主轴正转每分钟 350 转
N60 M08;	切削液开
N70 X0 Y0;	移动到一个孔的正上方 L1
N80 Z5.00;	移动到进给下刀位置 L2
N90 G01 Z-15.00 F30;	钻孔 L3
N100 G04 X2.00;	暂停 L4
N110 G00 Z25.00;	快速提刀 L5
N120 X60.00;	快速移动 L6
N130 Z5.00;	快速下刀 L7
N140 G01 Z-38.00 F30;	钻孔 L8
N150 G00 Z25.00;	快速提刀 L9
N160 G49 Z0;	取消刀具长度补偿，并移动到机床 Z 向原点
N170 M09;	切削液关
N180 M05;	主轴关
N190 M30;	程序结束

五、轮廓加工实例

如图 5-12 所示，工件的外形尺寸为 100 mm×80 mm×25 mm，是已加工表面，试编写零件的内、外轮廓加工程序。

1. 工艺分析

工件的加工部位有外轮廓、内轮廓和圆孔三部分。加工时，由外向内加工。

（1）选择刀具

选用 ϕ16 平底铣刀，刀齿数为 2 齿。

1）背吃刀量（a_p）

内、外轮廓的加工深度均为 5 mm，底面没有表面粗糙度要求。加工时，Z 向选择背吃刀量为 5 mm，一次加工到深度。

2）主轴转速（n）

切削速度 v_c 取 20 m/min。

$$n=\frac{1\,000v_c}{\pi D}=\frac{1\,000\times 20}{3.14\times 16}\approx 400\ (\text{r/min})$$

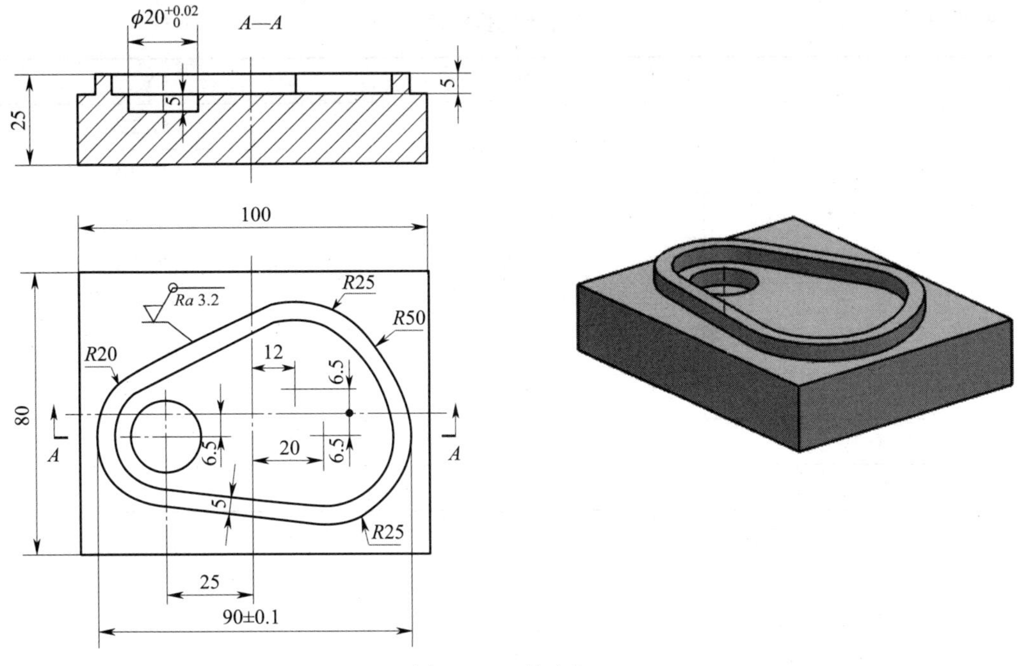

图 5－12 轮廓加工

3）进给速度（v_f）

每齿进给量 f_z 取 0.05 mm/z。

$$v_f = f_z z n = 0.05 \times 2 \times 400 = 40 \ (\text{mm/min})$$

（2）确定刀具路径

1）外轮廓刀具路径

外轮廓刀具路径及编程原点如图 5－13 所示。刀具从 1 点下刀，由 1 点到 2 点建立刀具半径左补偿，以 $R15$ 圆弧切入到 3 点，然后依次到达 4 点→5 点→6 点→7 点→8 点，到达 3 点后以 $R15$ 圆弧切出到 9 点，最后由 9 点到 1 点取消刀具半径左补偿。各基点的坐标值见表 5－1。

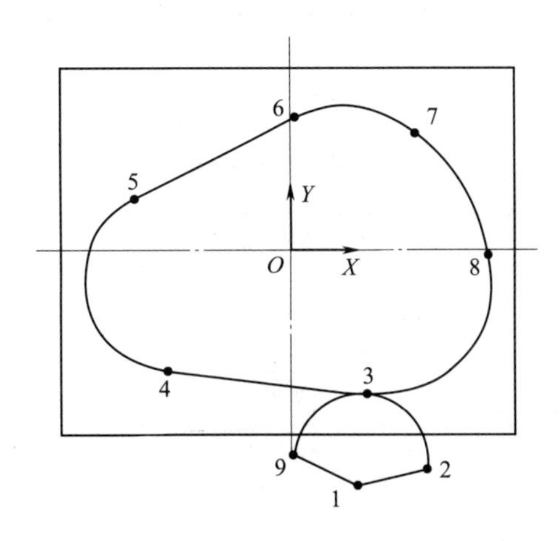

图 5－13 外轮廓刀具路径及编程原点

表 5 -1　　各基点的坐标值

基点	X	Y
1	15	-51. 221
2	30. 463	-47. 919
3	17. 222	-31. 345
4	-27. 222	-26. 376
5	-33. 981	11. 37
6	0. 773	28. 837
7	28. 275	25. 477
8	44. 275	-0. 523
9	0. 648	-44. 586

2）内轮廓刀具路径

内轮廓刀具路径及编程原点如图 5 - 14 所示。刀具从 1 点以 *R*5 螺旋下刀至深度，由 1 点到 2 点建立刀具半径左补偿，以 *R*15 圆弧切入到 3 点，然后依次到达 4 点→5 点→6 点→7 点→8 点，到达 3 点后以 *R*15 圆弧切出到 9 点，最后由 9 点到 1 点取消刀具半径左补偿。各基点的坐标值见表 5 -2。

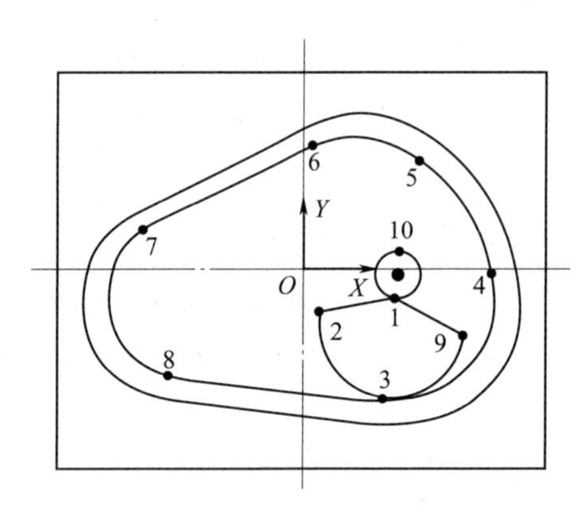

图 5 - 14　内轮廓刀具路径及编程原点

表 5 -2　　各基点的坐标值

基点	X	Y
1	20	-6. 5
2	4. 537	-9. 802
3	17. 778	-26. 376
4	39. 42	-1. 718
5	25. 02	21. 682
6	3. 019	24. 37

续表

基点	X	Y
7	-31. 736	6. 902
8	-26. 667	-21. 407
9	34. 352	-13. 136
10	21. 111	3. 438

3）圆孔刀具路径

圆孔刀具路径及编程原点如图 5-15 所示。刀具从 1 点下刀至深度，由 1 点到 2 点建立刀具半径左补偿，以 *R*9 圆弧切入到 3 点，然后以 *R*10 为半径加工整圆到 3 点，以 *R*9 圆弧切出到 4 点，最后由 4 点到 1 点取消刀具半径左补偿。各基点的坐标值见表 5-3。

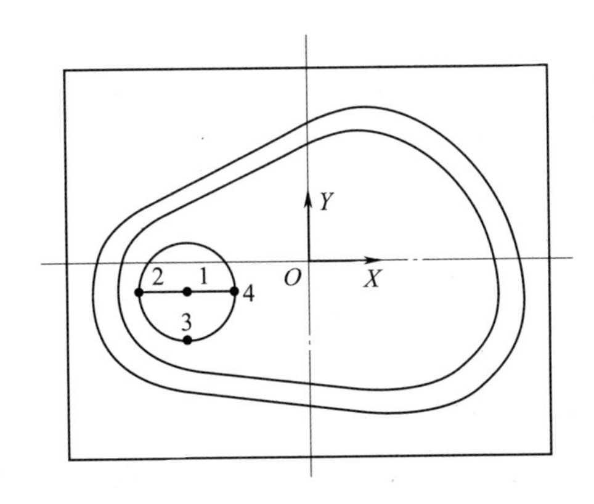

图 5-15　圆孔刀具路径及编程原点

表 5-3　　**各基点的坐标值**

基点	X	Y
1	-25	-6. 5
2	-34	-7. 5
3	-25	-16. 5
4	-16	-7. 5

2. 程序编制

（1）外轮廓参考程序

程序	说明
O0501;	程序名
N10 G00 G17 G21 G40 G49 G90 G54;	程序初始化
N20 G43 Z20. 0 H01;	建立刀具长度补偿
N30 X15. 0 Y-51. 221 M08;	快速到 1 点，切削液开
N40 S400 M03;	主轴正转，转速为 400 r/min
N50 Z5. 0;	快速下降到 Z5

```
N60 G01 Z-5.0 F40;                          下降到 Z-5
N70 G41 X30.463 Y-47.919 D01;               建立刀具半径左补偿
N80 G03 X17.222 Y-31.345 R15.0;             圆弧切入
N90 G01 X-27.222 Y-26.376;                  3 点→4 点
N100 G02 X-33.981 Y11.37 R20.0;             4 点→5 点
N110 G01 X0.773 Y28.837;                    5 点→6 点
N120 G02 X28.275 Y25.477 R25.0;             6 点→7 点
N130 X44.275 Y-0.523 R50.0;                 7 点→8 点
N140 X17.222 Y-31.345 R25.0;                8 点→3 点
N150 G03 X0.648 Y-44.586 R15.0;             圆弧切出
N160 G40 G01 X15.0 Y-51.221;                取消刀具半径补偿
N170 G00 Z5.0;                              抬刀至 Z5
N180 G49 G91 G28 Z0;                        取消刀具长度补偿，回参考点
N190 M09;                                   切削液关
N200 M30;                                   程序结束
```

（2）内轮廓参考程序

```
O0502;                                      程序名
N10 G00 G17 G21 G40 G49 G90 G54;            程序初始化
N20 G43 Z20.0 H01;                          建立刀具长度补偿
N30 X20.0 Y-6.5 M08;                        快速到 1 点，切削液开
N40 S400 M03;                               主轴正转，转速为 400 r/min
N50 Z5.0;                                   快速下降到 Z5
N60 G01 Z0 F40;                             下降到 Z0
N70 G02 X21.111 Y3.438 R-5.0 Z-2.5;         螺旋下刀到 Z-2.5
N80 X20.0 Y-6.5 R-5.0 Z-5.0;                螺旋下刀到 Z-5.0
N90 G04 X2.0;                               暂停 2 s
N100 G41 G01 X4.537 Y-9.802 D01;            建立刀具半径左补偿
N110 G03 X17.778 Y-26.376 R15.0;            圆弧切入
N120 X39.42 Y-1.718 R20.0;                  3 点→4 点
N130 X25.02 Y21.682 R45.0;                  4 点→5 点
N140 X3.019 Y24.37 R20.0;                   5 点→6 点
N150 G01 X-31.736 Y6.902;                   6 点→7 点
N160 G03 X-26.667 Y-21.407 R15.0;           7 点→8 点
N170 G01 X17.778 Y-26.376;                  8 点→3 点
N180 G03 X34.352 Y-13.136 R15.0;            圆弧切出
```

```
N190 G40 G01 X20.0 Y-6.5;          取消刀具半径补偿
N200 G00 Z5.0;                     抬刀至 Z5
N210 G49 G91 G28 Z0;               取消刀具长度补偿，回参考点
N220 M09;                          切削液关
N230 M30;                          程序结束
```

（3）圆孔参考程序

```
O0503;                             程序名
N10 G00 G17 G21 G40 G49 G90 G54;   程序初始化
N20 G43 Z20.0 H01;                 建立刀具长度补偿
N30 X-25.0 Y-6.5 M08;              快速到 1 点，切削液开
N40 S400 M03;                      主轴正转，转速为 400 r/min
N50 Z5.0;                          快速下降到 Z5
N60 G01 Z-10.0 F40;                下降到 Z-10
N70 G41 G01 X-34.0 Y-7.5 D01;      建立刀具半径左补偿
N80 G03 X-25.0 Y-16.5 R9.0;        圆弧切入
N90 J10.0;                         圆孔加工
N100 X-16.0 Y-7.5 R9.0;            圆弧切出
N110 G40 G01 X-25.0 Y-6.5;         取消刀具半径补偿
N120 G00 Z5.0;                     抬刀至 Z5
N130 G49 G91 G28 Z0;               取消刀具长度补偿，回参考点
N140 M09;                          切削液关
N150 M30;                          程序结束
```

3. 加工操作步骤

（1）机床准备

1）开启机床电源，并松开急停开关。

2）机床各轴回零。

3）输入数控加工程序。

（2）安装工件

毛坯尺寸为 100 mm×80 mm×25 mm，尺寸较小，并且是已加工面，故选用精密平口钳装夹工件。

（3）对刀

通过试切法将工件坐标系相对于机床坐标系的 *X*、*Y* 坐标值输入到 G54 相应的参数中；将工件坐标系相对于机床坐标系的 *Z* 坐标值存储在 1 号刀具长度补偿偏置存储器中。

（4）输入半径补偿值

外轮廓有一定的尺寸精度和表面粗糙度要求，加工时用改变刀补的方法实现工件的粗、精加工。粗加工时，设置刀补为 8.1 mm；精加工时，根据测量结果设置刀具半径补偿值。

（5）加工

1）转入加工模式，对轨迹进行检查。

2）采用单段方式对工件进行试切加工，并在加工过程中密切观察加工状态，如有异常现象及时停机检查。

3）工件拆下后及时清洁机床工作台。

4. 测量

零件没有严格的尺寸精度要求。测量时，选用 0 ~ 150 mm 的游标卡尺和游标深度尺进行测量。

第二节　轮廓加工与子程序

一、子程序的概念

编程时，当一个零件上有相同的或经常重复的加工内容时，为了简化编程，将这些加工内容编成一个单独的程序，再通过调用这些程序进行多次或不同位置的重复加工。在系统中被调用的程序称为子程序，调用子程序的程序称为主程序。

二、子程序的格式

指令格式：

```
O□□□□;                    子程序号
   ⋮
M99;                       程序结束
```

说明：

子程序的程序名与普通数控程序完全相同，由英文字母“O”和其后的四位数字组成，数字前的“0”可以省略不写。子程序的结束指令与主程序不同，用 M99 指令来表示，子程序在执行到 M99 指令时，将自动返回主程序继续执行下面的程序段。

三、子程序的调用

指令格式：

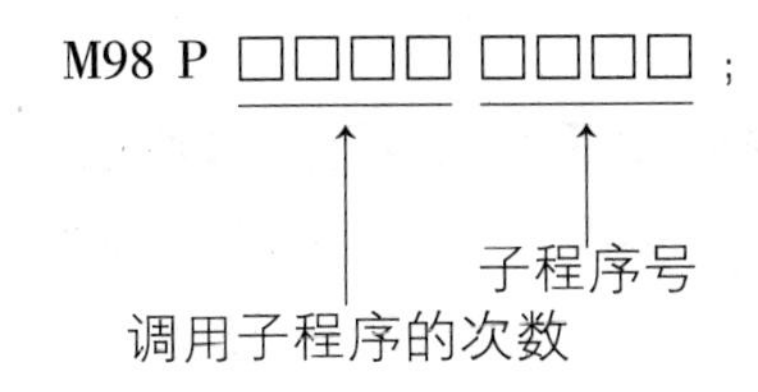

说明：

地址 P 后面由八位数字所组成，前四位表示调用子程序的次数，后四位表示子程序号。在编写程序时，表示调用次数的前四位数字前面的 0 可以省略不写，但表示子程序号的后四位数字的 0 不可省略。例如，M98 P00020020 可以简写成 M98 P20020，表示调用子程序 0020 两次。

调用指令可以重复地调用子程序，最多 999 次。如只调用一次，此项可以省略不写。

主程序可以调用子程序，同时子程序也可调用另一个子程序，即子程序的嵌套，如图 5－16 所示。在 FANUC 0i 系统中，子程序最多可嵌套 4 级。

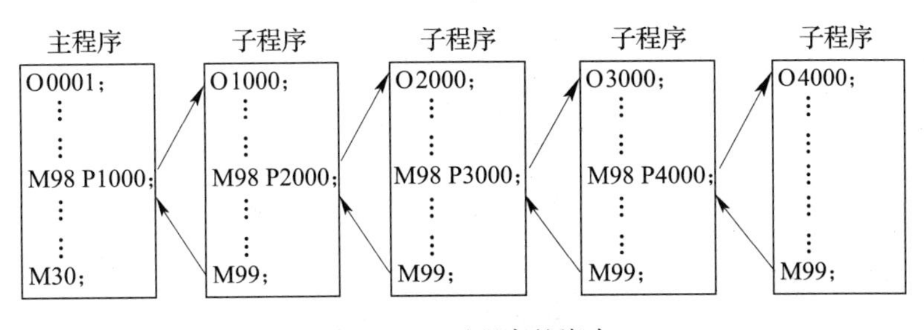

图 5－16　子程序的嵌套

四、子程序的特殊使用方法

1. 子程序使用 P 指令返回

当子程序结束时，如果用 P 指定一个顺序号，则子程序执行完后，将返回由 P 指定顺序号的程序段，如图 5－17 所示。

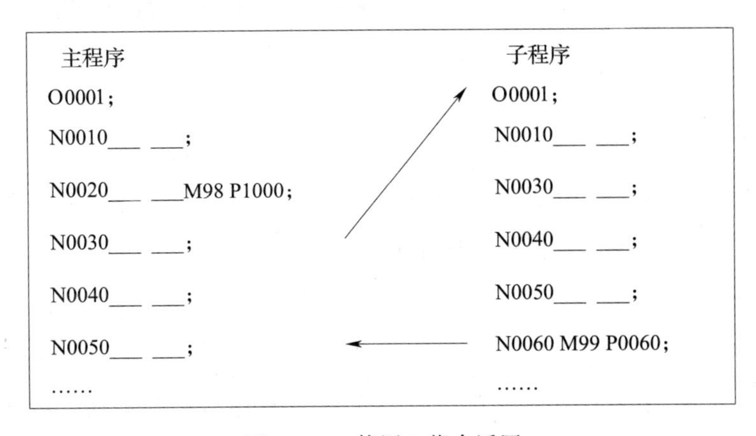

图 5－17　使用 P 指令返回

2. 自动返回到程序头

如果在主程序中插入 M99 指令，系统在执行到 M99 指令时将自动返回到程序的开头位置继续执行程序，从而实现无限次循环。为了能够停止或执行下面的程序段，通常在 M99 程序段前加上一个“/”，并按下数控系统面板的“跳步”按钮，程序在执行到带有“/”符号的程序段时，将跳过这个程序段，而执行下一个程序段。

如果在主程序中插入/M99 Pn，数控系统面板的“跳步”按钮未按下，主程序执行到该程序段时，则不返回程序开头，而是返回顺序号为 n 的程序段。如图 5－18 所示，系统在执行到 M99 P0020 时，将返回顺序号为 0020 的程序段。

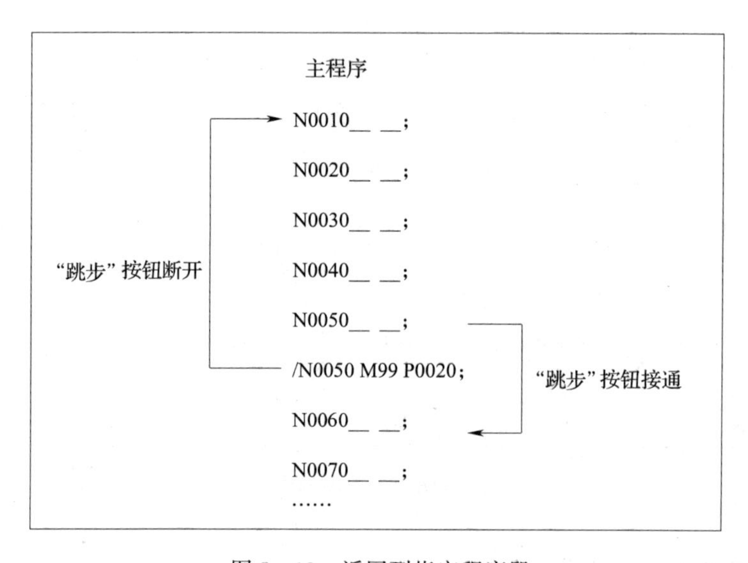

图 5－18　返回到指定程序段

3. 强制改变子程序的循环次数

如果将子程序结束指令 M99 改写为 M99 L××××的格式，将强制改变主程序规定调用子程序的次数。如主程序中调用子程序的指令为 M98 P0010L5，表示主程序调用子程序 0010 为 5 次，子程序的结束指令为 M99 L1，则该子程序的重复执行次数变为 1 次。

五、编程实例

如图 5－19 所示的零件，上、下表面以及外形为已加工表面，加工部位是三个外形轮廓相同、高度为 5 mm 的台阶，试使用子程序编程。

1. 工艺分析

（1）选择刀具

如图 5－19 所示，在两个台阶之间存在一个宽度为 15 mm 的直槽，故选择刀具时，刀具的直径必须小于 15 mm，本例选择刀齿数为 2、直径为 12 mm 的平底铣刀。

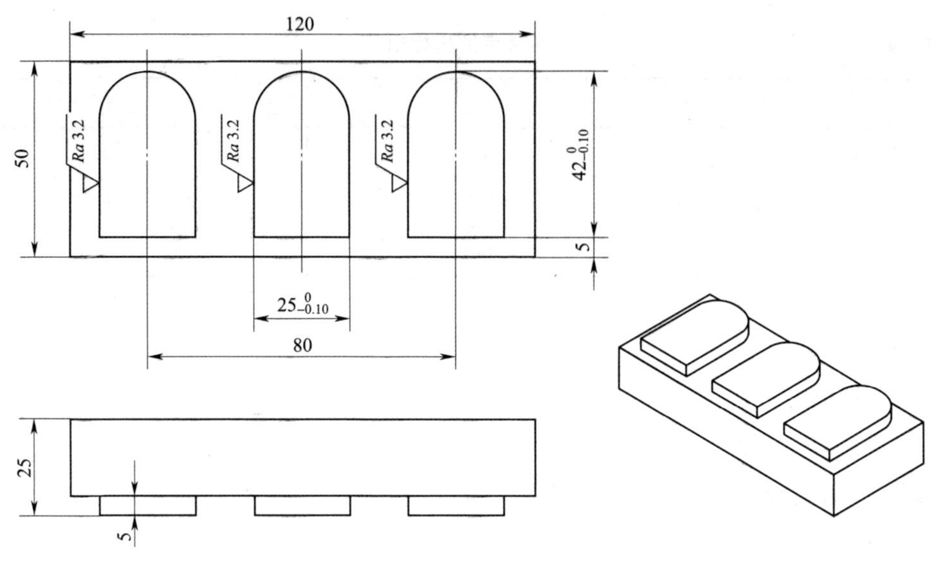

图 5-19　子程序应用

1）背吃刀量（a_p）

台阶外形轮廓的加工深度为 5 mm，底面没有表面粗糙度要求。加工时，Z 向选择背吃刀量为 5 mm，一次加工到深度。

2）主轴转速（n）

切削速度 v_c 取 20 m/min。

$$n=\frac{1\ 000v_c}{\pi D}=\frac{1\ 000\times 20}{3.14\times 12}\approx 530\ (\text{r/min})$$

3）进给速度（v_f）

每齿进给量 f_z 取 0.04 mm/z。

$$v_f=f_z zn=0.04\times 2\times 530\approx 40\ (\text{mm/min})$$

（2）确定刀具路径

台阶刀具路径及编程原点如图 5-20 所示。编程时，采用子程序实现三个台阶的加工，在主程序中采用 G90 方式编程，只定位刀具的起始点（1 点、1′点和 1″点）；在子程序中采用 G91 方式编写轮廓的加工程序。各基点的坐标值见表 5-4。

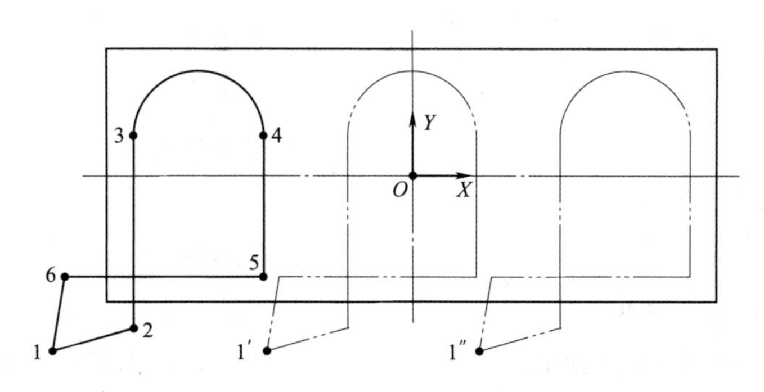

图 5-20　台阶刀具路径及编程原点

表 5－4　　各基点的坐标值

基点	X	Y
1（G90 方式相对于编程原点）	－68	－33
2（G91 方式相对于 1 点）	15.5	3
3（G91 方式相对于 2 点）	0	39.5
4（G91 方式相对于 3 点）	25	0
5（G91 方式相对于 4 点）	0	－29.5
6（G91 方式相对于 5 点）	－37.5	0
1（G91 方式相对于 6 点）	－3	－13
1′（G90 方式相对于编程原点）	－28	－33
1″（G90 方式相对于编程原点）	12	－33

2. 程序编制

（1）主程序（参考程序）

```
O0504;                                程序名
N10 G00 G17 G21 G40 G49 G90 G54;      程序初始化
N20 G43 Z20.0 H01;                    建立刀具长度补偿
N30 X－68.0 Y－33.0 M08;              快速到 1 点，切削液开
N40 S530 M03;                         主轴正转，转速为 530 r/min
N50 Z5.0;                             快速下降到 Z5
N60 M98 P1504;                        调用子程序 1504
N70 G00 X－28.0 Y－33.0;              快速到 1′点
N80 M98 P1504;                        调用子程序 1504
N90 G00 X12.0 Y－33.0;                快速到 1″点
N100 M98 P1504;                       调用子程序 1504
N110 G00 Z5.0;                        抬刀至 Z5
N120 G49 G91 G28 Z0;                  取消刀具长度补偿，回参考点
N130 M09;                             切削液关
N140 M30;                             程序结束
```

（2）子程序（参考程序）

```
O1504;                                程序名
N10 G90 G01 Z－5.0 F40;               下降到 Z－5
N20 G91 G41 X15.5 Y3.0 D01;           建立刀具半径左补偿
N30 G01 Y39.5;                        2 点→3 点
```

```
N40 G02 X25.0 I12.5;        3 点→4 点
N50 G01 Y-29.5;             4 点→5 点
N60 X-37.5;                 5 点→6 点
N70 G40 X-3.0 Y-13.0;       6 点→1 点
N80 G90 G00 Z5.0;           抬刀至 Z5
N90 M99;                    子程序结束
```

3. 加工操作步骤

（1）机床准备

1）开启机床电源，并松开急停开关。

2）机床各轴回零。

3）输入数控加工程序。

4）设置刀补。粗加工时，设置刀补为 6.1 mm；精加工时，根据测量结果设置刀具半径补偿值。

（2）安装工件

选用精密平口钳装夹工件。

（3）对刀

通过试切法将工件坐标系相对于机床坐标系的 *X*、*Y* 坐标值输入到 G54 相应的参数中；将工件坐标系相对于机床坐标系的 *Z* 坐标值存储在 1 号刀具长度补偿偏置存储器中。

（4）加工

1）转入加工模式，对轨迹进行检查。

2）采用单段方式对工件进行试切加工，并在加工过程中密切观察加工状态，如有异常现象及时停机检查。

3）工件拆下后及时清洁机床工作台。

4. 测量

零件没有严格的尺寸精度要求。测量时，选用 0～150 mm 的游标卡尺和游标深度尺进行测量。

第三节　轮廓加工与坐标变换指令

一、极坐标指令

一般二维轮廓的基点坐标可以从图中或经过简单计算得到，编程时采用 G00、G01、G02 和 G03 指令。当工件的轮廓尺寸是以半径和角度来标注时，如图 5-21 所示，要用数学方法计算出各基点的坐标值，计算量很大，且容易出错。FANUC 0i 系统提供了一种坐标点指定方式，即极坐标指令，可直接以半径和角度的方式指定编程。

1. 指令格式

G16；

G15；

说明：

G16——极坐标指令；

G15——极坐标指令取消。

极坐标指令以极坐标半径和极坐标角度来确定点的坐标，如图 5-22 所示。

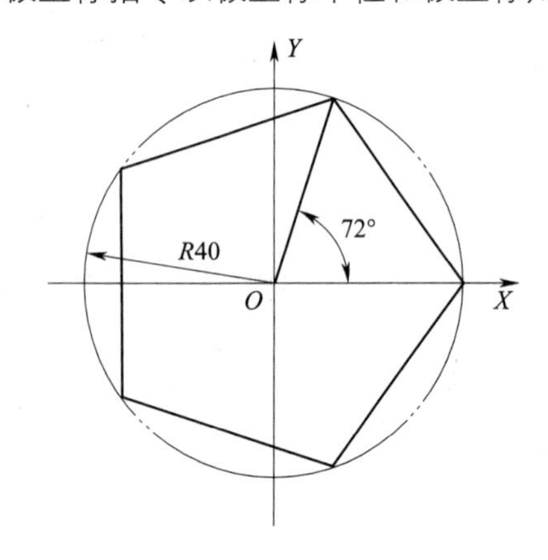

图 5-21 半径和角度标注方式

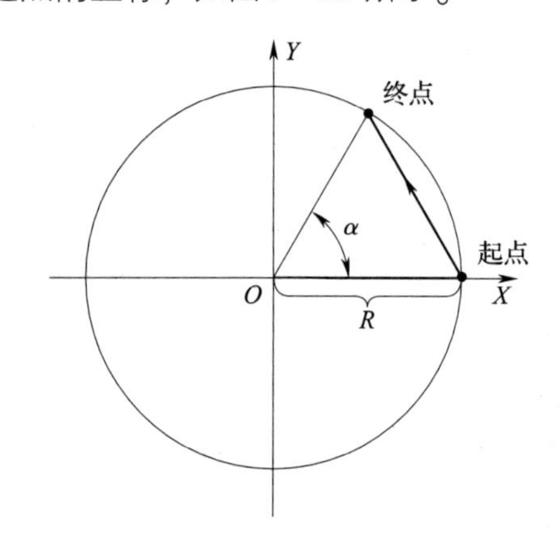

图 5-22 极坐标指令

（1）极坐标半径

选择加工平面后，用平面的第一个坐标轴地址来指定，如 G17 平面用 X 地址来指定极坐标半径。

（2）极坐标角度

用选定平面的第二个坐标地址（如 G17 平面的地址 Y）来指定极坐标角度，极坐标的零度方向为第一个坐标轴（如 G17 平面的 X 轴）的正方向，逆时针方向为角度方向的正向，反之为负向。

2. 极坐标系的原点

极坐标原点指定方式有两种，一种是以工件坐标系的零点作为极坐标系的原点，另一种是以当前位置作为极坐标系的原点。

（1）以工件坐标系的零点作为极坐标系的原点

当使用绝对值编程指令指定极坐标半径时，工件坐标系的零点即为极坐标系的原点，如图 5-23 所示。

极坐标的半径值是指终点坐标到编程原点的距离，角度值是指终点坐标与编程原点的连线与 X 轴的夹角。

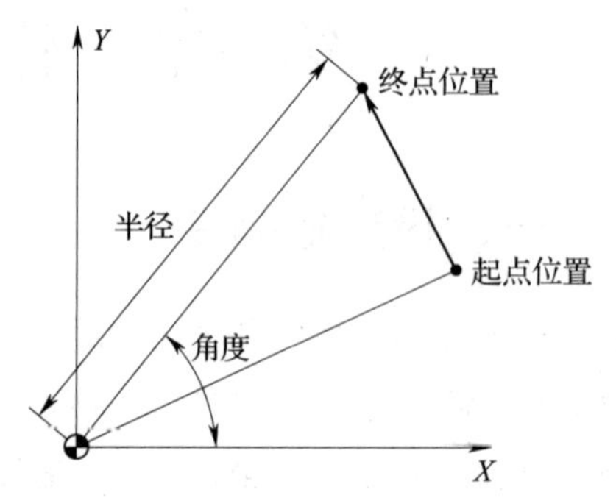

图 5-23 极坐标系原点（G90 方式）

（2）以当前位置作为极坐标系的原点

当使用增量值编程指令指定极坐标半径时，刀具当前位置就是极坐标系的原点，如图 5－24 所示。

极坐标的半径值是指终点坐标到刀具当前位置的距离，角度值是指前一坐标原点与当前极坐标系原点的连线与当前轨迹的夹角。

3. 示例

（1）试用极坐标编程指令编写如图 5－25 所示正六边形外形轮廓加工轨迹。

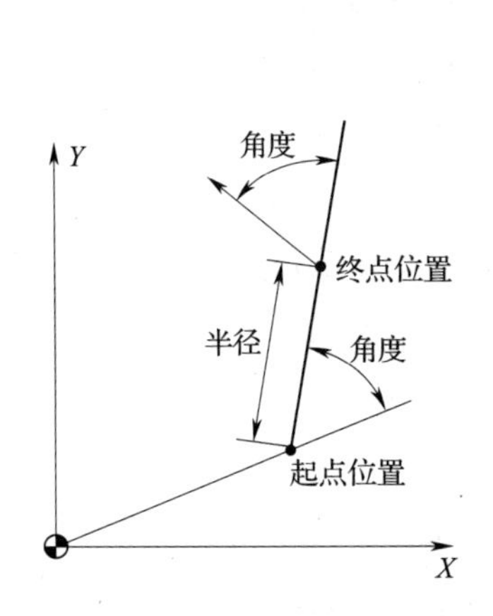

图 5－24　极坐标系原点（G91 方式）

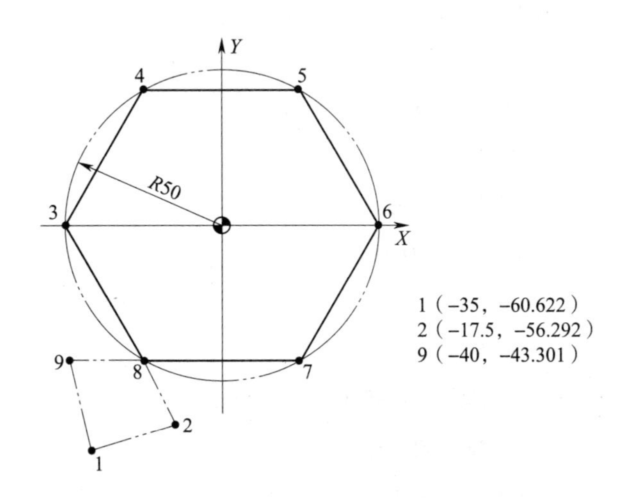

图 5－25　极坐标编程

1）G90 方式确定极坐标编程

加工路线如图 5－25 所示，刀具快速定位到 1 点后，由 1 点到 2 点建立刀具半径左补偿，然后依次到达 3 点→4 点→5 点→6 点→7 点→8 点→9 点，最后由 9 点到 1 点取消刀具半径左补偿。各点极坐标见表 5－5。

表 5－5　各点极坐标（G90 方式）

基点	极坐标	极坐标半径	极坐标角度
3 点	X50.0，Y180.0	50.0	180°
4 点	X50.0，Y120.0	50.0	120°
5 点	X50.0，Y60.0	50.0	60°
6 点	X50.0，Y0	50.0	0°
7 点	X50.0，Y－60.0	50.0	－60°
8 点	X50.0，Y－120.0	50.0	－120°

参考程序（G90 方式）

O0505；	程序名
N10 G00 G17 G21 G40 G49 G90 G54；	程序初始化
N20 G43 Z20.0 H01；	建立刀具长度补偿
N30 X－35.0 Y－60.622；	快速到 1 点

N40 S530 M03;	主轴正转，转速为 530 r/min
N50 Z5.0;	快速下降到 Z5
N60 G01 Z-5.0 F40;	下降到 Z-5
N70 G41 G01 X-17.5 Y-56.292 D01;	建立刀具半径左补偿
N80 G90 G17 G16;	极坐标指令生效
N90 G01 X50.0 Y180.0;	极坐标半径为 50，极坐标角度为 180°
N100 Y120.0;	极坐标角度为 120°
N110 Y60.0;	极坐标角度为 60°
N120 Y0;	极坐标角度为 0°
N130 Y-60.0;	极坐标角度为 -60°
N140 Y-120.0;	极坐标角度为 -120°
N150 G15;	极坐标指令取消
N160 G01 X-40.0;	到 9 点
N170 G40 X-35.0 Y-60.622;	取消刀具半径左补偿
N180 G00 Z5.0;	抬刀至 Z5
N190 G49 G91 G28 Z0;	取消刀具长度补偿，回参考点
N200 M30;	程序结束

2）G91 方式确定极坐标编程

各点极坐标见表 5-6。

表 5-6　　各点极坐标（G91 方式）

基点	极坐标	极坐标半径	极坐标角度
3 点	X50.0，Y180.0	50.0	180°
4 点	X50.0，Y-60.0	50.0	-60°
5 点	X50.0，Y-60.0	50.0	-60°
6 点	X50.0，Y-60.0	50.0	-60°
7 点	X50.0，Y-60.0	50.0	-60°
8 点	X50.0，Y-60.0	50.0	-60°

参考程序（G91 方式）

O0506;	程序名
N10 G00 G17 G21 G40 G49 G90 G54;	程序初始化
N20 G43 Z20.0 H01;	建立刀具长度补偿
N30 X-35.0 Y-60.622;	快速到 1 点
N40 S530 M03;	主轴正转，转速为 530 r/min
N50 Z5.0;	快速下降到 Z5

N60 G01 Z－5.0 F40；　　下降到Z－5
N70 G41 G01 X－17.5 Y－56.292 D01；　　建立刀具半径左补偿
N80 G90 G17 G16；　　极坐标指令生效
N90 G01 X50.0 Y180.0；　　极坐标半径为50，极坐标角度为180°
N100 G91 Y－60.0；　　极坐标角度为－60°
N110 Y－60.0；　　极坐标角度为－60°
N120 Y－60.0；　　极坐标角度为－60°
N130 Y－60.0；　　极坐标角度为－60°
N140 Y－60.0；　　极坐标角度为－60°
N150 G15；　　极坐标指令取消
N160 G90 G01 X－40.0；　　到9点
N170 G40 X－35.0 Y－60.622；　　取消刀具半径左补偿
N180 G00 Z5.0；　　抬刀至Z5
N190 G49 G91 G28 Z0；　　取消刀具长度补偿，回参考点
N200 M30；　　程序结束

（2）试用极坐标编程指令编写图5－26所示零件的加工程序。

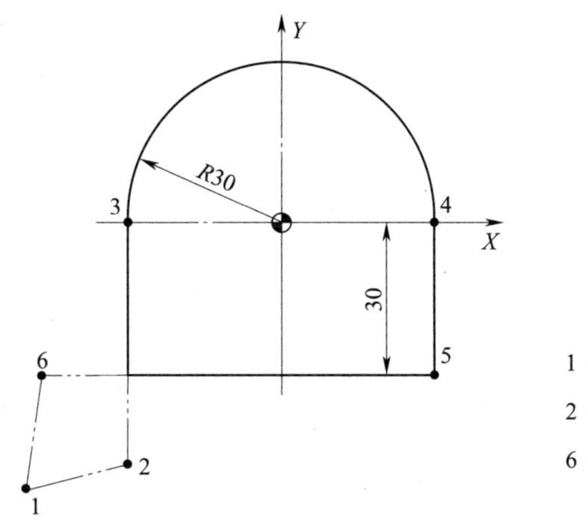

图5－26　极坐标编程

以G90方式确定极坐标编程。加工路线如图5－26所示，刀具快速定位到1点后，由1点到2点建立刀具半径左补偿，然后依次到达3点→4点→5点→6点，最后由6点到1点取消刀具半径左补偿。各点极坐标见表5－7。

表5－7　　各点极坐标

基点	极坐标	极坐标半径	极坐标角度
3点	X30.0，Y180.0	30.0	180°
4点	X30.0，Y0	30.0	0°

参考程序（G90 方式）

O0507;	程序名
N10 G00 G17 G21 G40 G49 G90 G54;	程序初始化
N20 G43 Z20.0 H01;	建立刀具长度补偿
N30 X-50.0 Y-50.0;	快速到 1 点
N40 S530 M03;	主轴正转，转速为 530 r/min
N50 Z5.0;	快速下降到 Z5
N60 G01 Z-5.0 F40;	下降到 Z-5
N70 G41 G01 X-30.0 Y-45.0 D01;	建立刀具半径左补偿
N80 G90 G17 G16;	极坐标指令生效
N90 G01 X30.0 Y180.0;	极坐标半径为 30，极坐标角度为 180°
N100 G02 X30.0 Y0 R-30;	3 点→4 点
N110 G15;	极坐标指令取消
N120 G01 Y-30.0;	4 点→5 点
N130 X-45.0;	5 点→6 点
N140 G40 X-50.0 Y-50.0;	取消刀具半径左补偿
N150 G00 Z5.0;	抬刀至 Z5
N160 G49 G91 G28 Z0;	取消刀具长度补偿，回参考点
N170 M30;	程序结束

二、比例缩放

FANUC 0i 系统中编程的形状可以按照固定的比例进行放大或缩小，以获得新的编程轨迹。比例缩放有两种形式，一种是各轴以相同比例进行缩放，另一种是每个对应轴用不同比例进行缩放。

1. 指令格式

（1）格式一

G51 X __ Y __ Z __ P __;

……

G50;

说明：

G51——比例缩放指令；

X、Y、Z——比例缩放中心坐标值；

P——缩放比例；

G50——比例缩放取消。

（2）格式二

G51 X __ Y __ Z __ I __ J __ K __；

……

G50；

说明：

G51——比例缩放指令；

X、Y、Z——比例缩放中心坐标值；

I、J、K——*X*、*Y* 和 *Z* 轴对应的缩放比例；

G50——比例缩放取消。

G51 既可在指定平面上缩放，也可在空间上进行比例缩放，执行该指令时各个坐标值以 X、Y、Z 指定的位置为中心，按 P 或 I、J、K（使用 I、J、K 方式指定缩放比例时，小数点编程不能用于指定比例）规定的缩放比例进行缩放。如图 5－27 所示，使用 I、J、K 方式对图形进行缩放，*A* 为缩放中心，*a/b* 为 *X* 轴的缩放比例，*c/d* 为 *Y* 轴的缩放比例。

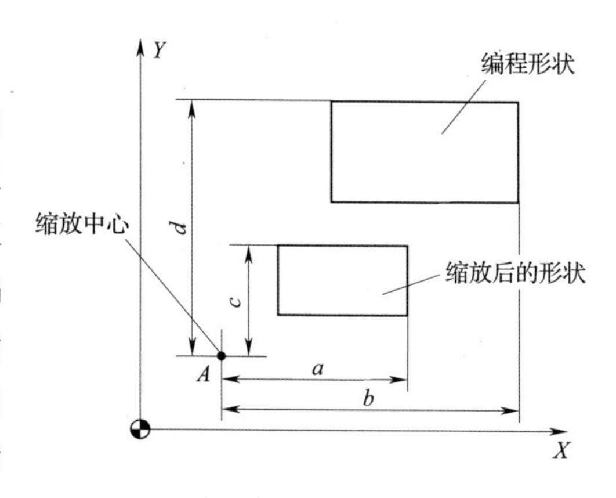

图 5－27　缩放比例

例如：G51 X10.0 Y10.0 Z0 I1500 J2000；

表示以 X10.0 Y10.0 Z0 为缩放中心进行比例缩放，在 *X* 轴方向的缩放倍数为 1.5 倍，在 *Y* 轴方向的缩放倍数为 2 倍，在 *Z* 轴方向则保持原比例。

注意：

1）机床在执行 G51 指令后，运动指令的坐标值以指定的缩放中心，按 P 规定的缩放比例进行计算。

2）在有刀具补偿的情况下，比例缩放对刀具补偿无效。

3）在缩放状态下，不能指定返回参考点指令（G28、G29），也不能指定坐标系的 G 代码（G52～G59，G92）。若一定要指定这些 G 代码，应在取消缩放功能后指定。

4）在有刀具补偿的情况下，先进行比例缩放，然后进行刀具半径补偿、刀具长度补偿。

5）G51、G50 为模态指令，可相互取消，G50 为缺省值。

2. 示例

（1）试用比例缩放指令编写如图 5－28 所示外形轮廓加工轨迹。

如图 5－29 所示，刀具在 1 点下刀，由 1 点到 2 点建立刀具半径左补偿，然后依次经过 3 点→4 点→5 点→6 点，最后由 6 点到 1 点取消刀具补偿。

缩放比例：

$X_{向} = (64 \div 2)/(80 \div 2) = 0.8$

$Y_{向} = (48 \div 2)/(60 \div 2) = 0.8$

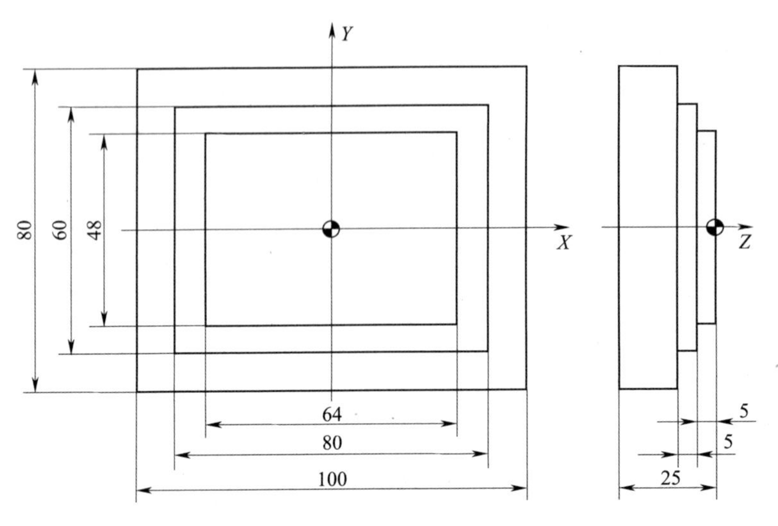

图 5-28　比例缩放指令编程

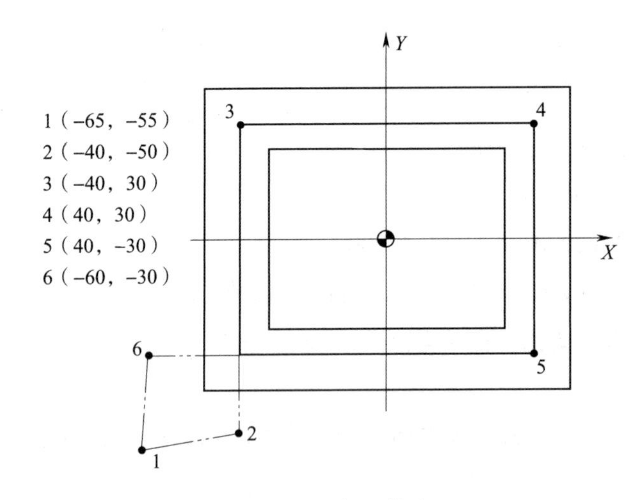

图 5-29　加工轨迹

（2）参考程序

O0508；	主程序
N10 G00 G17 G21 G40 G49 G90 G54；	程序初始化
N20 G43 Z20.0 H01；	建立刀具长度补偿
N30 X-65.0 Y-55.0；	快速到 1 点
N40 S530 M03；	主轴正转，转速为 530 r/min
N50 Z5.0；	快速下降到 Z5
N60 G01 Z-10.0；	下降到 Z-10
N70 M98 P1508；	调用子程序 1508
N80 Z-5.0；	抬刀至 Z-5
N90 G51 X0 Y0 P0.8；	相对于编程原点缩放，比例 0.8

```
N100 M98 P1508;                        调用子程序1508
N110 G00 Z5.0;                         抬刀至Z5
N120 G50;                              取消比例缩放
N130 G49 G91 G28 Z0;                   取消刀具长度补偿，回参考点
N140 M30;                              程序结束

O1508;                                 子程序
N10 G41 G01 X-40.0 Y-50.0 D01 F40;     建立刀具半径左补偿
N20 Y30.0;                             2点→3点
N30 X40.0;                             3点→4点
N40 Y-30.0;                            4点→5点
N50 X-60.0;                            5点→6点
N60 G40 G01 X-65.0 Y-55.0;             取消刀具半径左补偿
N70 M99;                               子程序结束
```

三、可编程镜像

FANUC 0i系统中编程的形状可以相对于某一轴进行镜像，以获得新的编程轨迹。系统提供了两种镜像形式，一种是直接相对于某一轴镜像，另一种是在镜像的同时又对编程轨迹进行比例缩放。

1. 指令格式

（1）格式一：

G51.1 X__ Y__;

……

G50.1 X__ Y__;

说明：

G51.1——镜像指令；

X、Y——对称轴或对称点；

G50.1——取消镜像指令。

例如：G51.1 X20.0；

该指令表示对称轴与 *Y* 轴平行，并且与 *X* 轴在20 mm处相交。

（2）格式二：

G51 X__ Y__ I__ J__;

……

G50;

说明：

G51——镜像指令；

X、Y——镜像对称点相对于工件原点的绝对坐标值；

I、J——对称轴或对称点；

G50——取消镜像指令。

使用该指令进行镜像时，小数点编程不能用于指定 I、J，镜像指令中的 I、J 必须是负值，如果其值为正值，则 G51 指令变成了缩放指令。另外，如果 I、J 的值为负值且不等于 -1 000，那么在执行该指令时，既进行镜像又进行了比例缩放。

例如：G51 X20.0 Y20.0 I-1000 J-1000；

执行该指令时，程序以坐标点（20，20）进行镜像，不进行比例缩放。

例如：G51 X20.0 Y20.0 I-1500 J-2000；

执行该指令时，程序以坐标点（20，20）进行镜像的同时，还要进行比例缩放，其中 *X* 轴方向的缩放比例为 1.5，*Y* 轴方向的缩放比例为 2.0。

注意：

1）在指令平面内执行镜像指令时，如果程序中有圆弧指令，则顺圆弧指令（G02）镜像后改变为逆圆弧指令（G03）；反之，G03 变为 G02。

2）在指令平面内执行镜像指令时，如果程序中有刀具半径补偿指令，则半径补偿的偏置方向反向，即 G41 变成 G42；反之，G42 变为 G41。

3）在指令平面内执行镜像指令时，如果程序中有坐标系旋转指令，则坐标系旋转方向相反，即顺时针变为逆时针；反之，逆时针变为顺时针。

4）在使用镜像指令时，由于数控铣床的 *Z* 轴一般安装有刀具，所以，*Z* 轴一般不进行镜像。

2. 示例

试用镜像指令编写如图 5-30 所示外形轮廓加工轨迹。

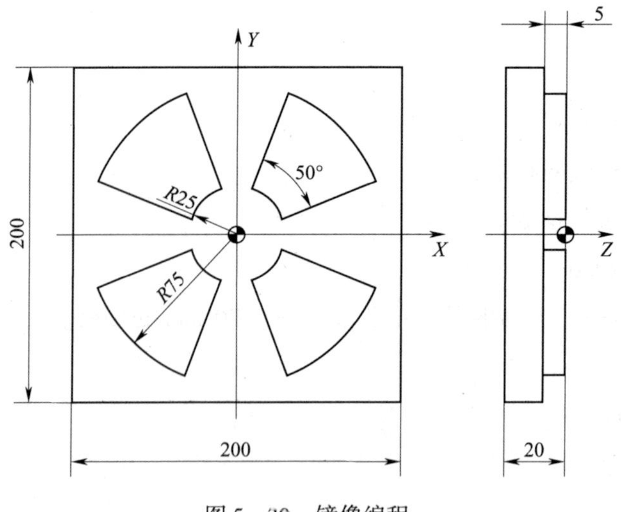

图 5-30 镜像编程

如图5-31所示，刀具在编程原点下刀，由原点到1点建立刀具左补偿，由1点到2点圆弧切入，然后依次经过3点→4点→5点→6点→2点，由2点到7点圆弧切出，最后由7点到原点取消刀具补偿。

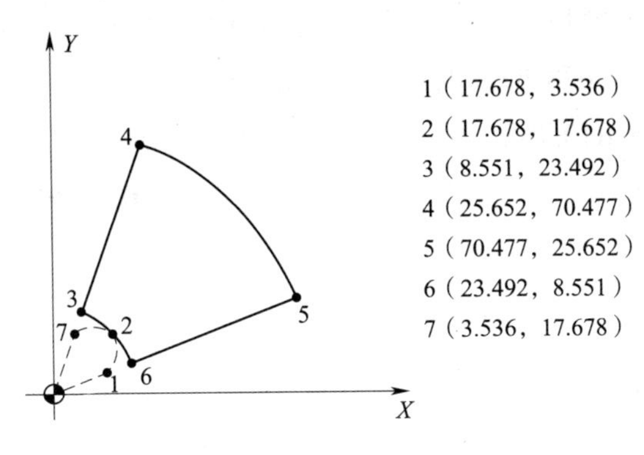

图5-31 编程轨迹

参考程序

O0509;	主程序
N10 G00 G17 G21 G40 G49 G90 G54;	程序初始化
N20 G43 Z20.0 H01;	建立刀具长度补偿
N30 X0 Y0 M08;	快速到原点
N40 S530 M03;	主轴正转，转速为530 r/min
N50 Z5.0;	快速下降到Z5
N60 M98 P1509;	调用子程序1509
N70 G51.1 X0;	*Y*轴镜像加工第二象限的轮廓
N80 M98 P1509;	调用子程序1509
N90 G51.1 Y0;	*X*、*Y*轴镜像加工第三象限的轮廓
N100 M98 P1509;	调用子程序1509
N110 G50.1 X0;	取消*Y*轴镜像，加工第四象限的轮廓
N120 M98 P1509;	调用子程序1509
N130 G50.1 Y0;	取消*X*轴镜像
N140 G00 Z5.0;	抬刀至Z5
N150 G49 G91 G28 Z0;	取消刀具长度补偿，回参考点
N160 M30;	程序结束

O1509;	子程序
N10 G01 Z-5.0 F40;	下降到Z-5
N20 G41 G01 X17.678 Y3.536 D01;	建立刀具半径左补偿
N30 G03 X17.678 Y17.678 R10.0;	圆弧切入

N40 X8. 551 Y23. 492 R25. 0;	2 点→3 点
N50 G01 X25. 652 Y70. 477;	3 点→4 点
N60 G02 X70. 477 Y25. 652 R75. 0;	4 点→5 点
N70 G01 X23. 492 Y8. 551;	5 点→6 点
N80 G03 X17. 678 Y17. 678 R25. 0;	6 点→2 点
N90 X3. 536 Y17. 678 R10. 0;	2 点→7 点
N100 G40 G01 X0 Y0;	取消刀具半径左补偿
N110 G00 Z5. 0;	抬刀至 Z5
N120 M99;	子程序结束

四、坐标系旋转

坐标系旋转指令是将程序中指定的轮廓加工轨迹，以某点为中心旋转指定的角度，从而得到旋转后的加工图形。

1. 指令格式

G17 G68 X __ Y __ R __;

G18 G68 X __ Z __ R __;

G19 G68 Y __ Z __ R __;

……

G69;

说明：

G68——坐标系旋转指令；

X、Y、Z——指定旋转中心的坐标值；

R——旋转角度；

G69——取消坐标系旋转指令。

当未指定旋转中心坐标时，旋转中心为指定 G68 时刀具所在的位置。

旋转角度的零度方向为第一坐标轴的正方向，逆时针方向为旋转角度的正方向。角度的最小单位为 0. 001°，不足 1°的角度以小数点表示，如 30°30′需要换算成 30. 5°，旋转角度范围为 -360. 000 ~ 360. 000。

G68、G69 为模态指令，可以相互注销，G69 为默认值。

注意：

（1）数控系统处理坐标变换指令的顺序是程序镜像→比例缩放→坐标系旋转→刀具半径补偿。所以在应用这些功能时，应按顺序指定。取消时，按相反顺序。如果在坐标系旋转指令前有比例缩放指令，则在比例缩放过程中不缩放旋转角度。

（2）在坐标系旋转前指定的刀具补偿，在坐标系旋转生效后，刀具的长度、半径补偿或刀具位置仍然被使用。

(3) 在坐标系旋转方式中，G28 指令和 G54、G92 指令不能指定。

2. 示例

试用旋转编程指令编写如图 5-32 所示外形轮廓加工轨迹。

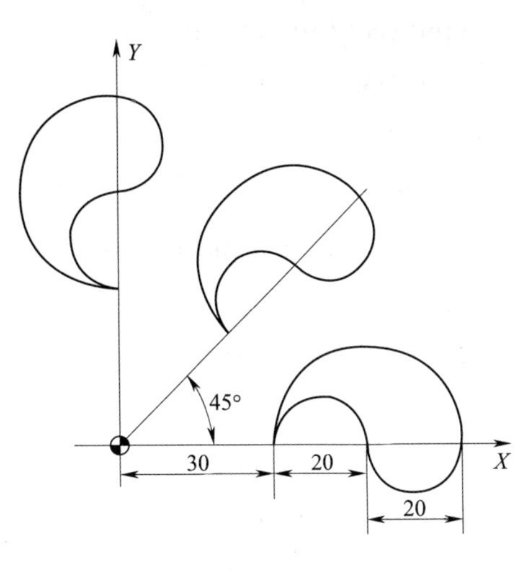

图 5-32 旋转编程

如图 5-33 所示，刀具在 1 点下刀，由 1 点到 2 点建立刀具半径左补偿，由 2 点到 3 点直线切入，然后依次经过 4 点→5 点→3 点，由 3 点到 2 点直线切出，最后由 2 点到 1 点取消刀具半径补偿。

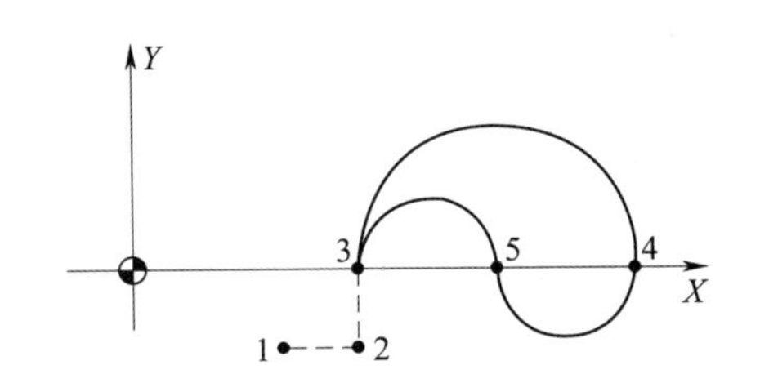

1（20.0，-10.0）
2（30.0，-10.0）
3（30.0，0）
4（70.0，0）
5（50.0，0）

图 5-33 编程轨迹

参考程序

O0510;	主程序
N10 G00 G17 G21 G40 G49 G90 G54;	程序初始化
N20 G43 Z20.0 H01;	建立刀具长度补偿
N30 X20.0 Y-10.0;	快速到 1 点
N40 S530 M03;	主轴正转，转速为 530 r/min
N50 Z5.0;	快速下降到 Z5
N60 G01 Z-5.0 F40;	下刀至 Z-5
N70 M98 P1510;	调用子程序 1510
N80 G01 Z-5.0 F40;	下刀至 Z-5
N90 G68 X0 Y0 R45.0;	坐标系相对原点旋转 45°
N100 M98 P1510;	调用子程序 1510
N110 G01 Z-5.0 F40;	下刀至 Z-5
N120 G68 X0 Y0 R90.0;	坐标系相对原点旋转 90°
N130 M98 P1510;	调用子程序 1510
N140 G69;	取消旋转指令
N150 G00 Z5.0;	抬刀至 Z5

N160 G49 G91 G28 Z0;	取消刀具长度补偿，回参考点
N170 M30;	程序结束
O1510;	子程序
N10 G41 G01 X30.0 D01 F40;	建立刀具半径左补偿
N20 Y0;	2 点→3 点
N30 G02 X70.0 I20.0;	3 点→4 点
N40 X50.0 I-10.0;	4 点→5 点
N50 G03 X30.0 I-10.0;	5 点→3 点
N60 G01 Y-10.0;	3 点→2 点
N70 G40 G01 X20.0 Y-10.0;	取消刀具半径左补偿
N80 M99;	子程序结束

第六章 孔 系 加 工

第一节 孔 加 工

孔加工在机械加工中所占的比例很大，几乎所有的机械产品都有孔，例如轴类零件、盘类零件、壳体类零件（见图6－1a）和箱体类零件（见图6－1b）等。

a)

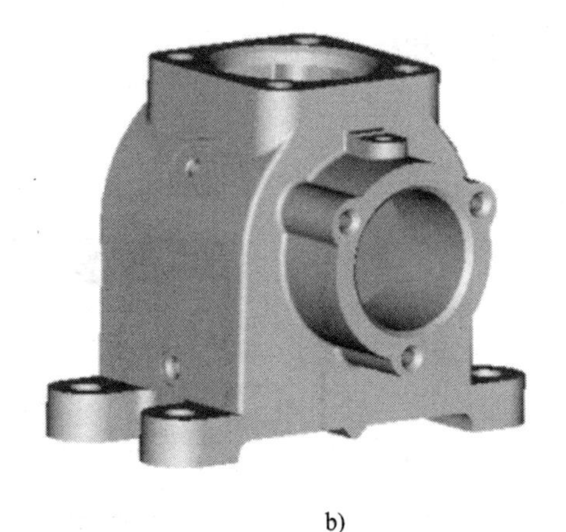

b)

图6－1 孔类零件

a）壳体类零件 b）箱体类零件

钻削加工是用钻头在工件上加工孔的一种方法。数控铣床钻孔时，工件固定不动，刀具做旋转运动（主运动）的同时沿轴向移动（进给运动）。

一、孔的技术要求

钻削的精度较低，加工表面较粗糙，一般加工精度在IT10级以下，表面粗糙度值 Ra 大于12.5 μm，生产率也比较低。因此，钻孔主要用于粗加工，例如，精度和表面粗糙度要求不高的螺钉孔、油孔和螺纹底孔等。

二、孔加工刀具

1. 中心钻

中心钻一般用于孔加工的预制精确定位，引导麻花钻进行孔加工，减小定位误差。中心钻有A型、B型两种形式，如图6－2所示，A型中心钻不带护锥，B型中心钻带护锥。加工直径小于10 mm的中心孔时，通常采用不带护锥的中心钻（A型）；工序较复杂、精度要求较高的工件，为了避免60°定心锥被损坏，一般采用带护锥的中心钻（B型）。

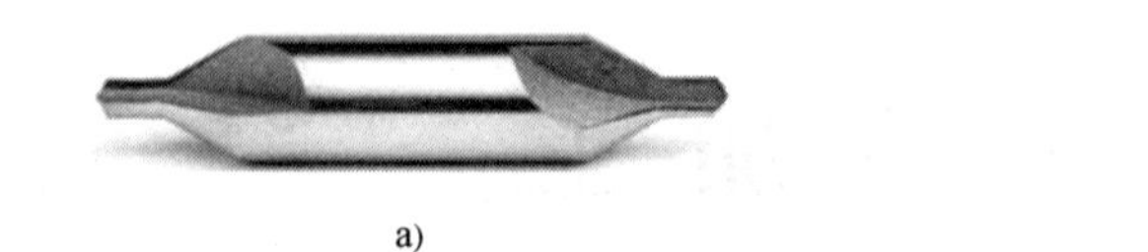
a)

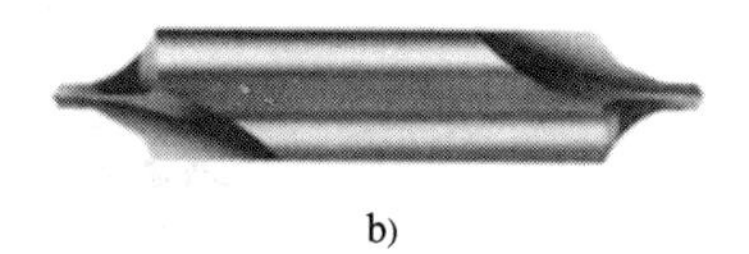
b)

图 6－2　中心钻

a）无护锥中心钻（A 型）　b）带护锥中心钻（B 型）

2. 麻花钻

最常用的钻孔刀具是麻花钻，按材料可以分为高速钢麻花钻和整体硬质合金麻花钻；按夹持柄部形状可以分为直柄麻花钻和锥柄麻花钻，如图 6－3 所示。麻花钻主要由切削部分、导向部分和柄部等组成。

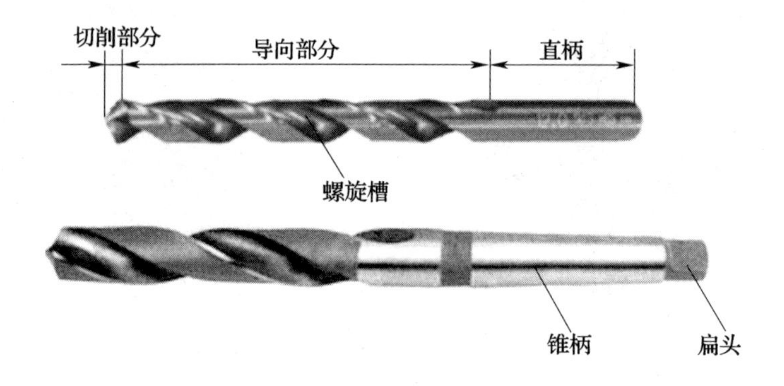

图 6－3　直柄麻花钻和锥柄麻花钻

3. 铰刀

铰刀用于铰削工件上已钻削（或扩孔）加工后的孔，主要是为了提高孔的加工精度，降低其表面粗糙度值，是用于孔的精加工和半精加工的刀具，加工余量一般很小（0.1 ~ 0.2 mm）。

铰刀主要由工作部分及柄部组成。工作部分主要起切削和校准功能；而柄部则用于被夹具夹持，有直柄和锥柄之分，如图 6－4 所示。

三、孔的加工方法

孔的加工方法比较多，有钻削、扩削、铰削和镗削等。大直径孔还可采用圆弧插补方式进行铣削加工。

四、切削用量的选择

孔加工中的切削用量主要指的是钻头的切削用量，其切削参数包括切削深度 a_p、进给量 f、切削速度 v_c。

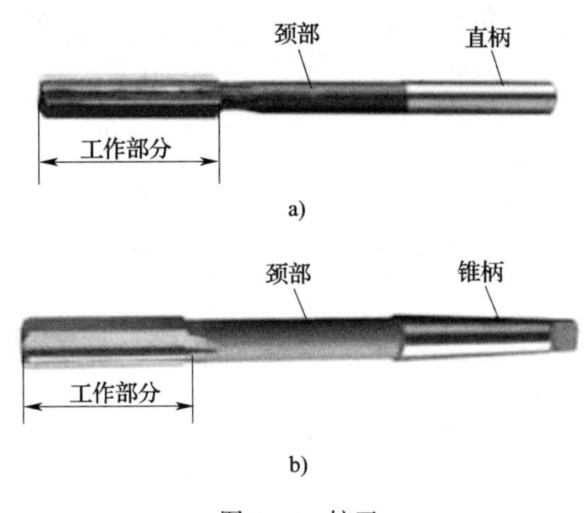

图 6－4　铰刀

a）直柄铰刀　b）锥柄铰刀

1．切削深度 a_p

切削深度为钻削时的钻头半径。

2．进给量 f

钻削的进给量有三种表示方式。

（1）每齿进给量 f_z

每齿进给量指钻头每转一个刀齿，钻头与工件间的相对轴向位移量，单位为 mm/z。

（2）每转进给量 f_r

每转进给量指钻头或工件每转一转，它们之间的轴向位移量，单位为 mm/r。

（3）进给速度 v_f

进给速度指在单位时间内钻头相对于工件的轴向位移量，单位为 mm/min 或 mm/s。

每齿进给量 f_z、每转进给量 f_r 和进给速度 v_f 之间的关系是

$$v_f = nf_r = znf_z$$

式中　n——主轴转速，r/min；

z——刀具齿数。

高速钢麻花钻和硬质合金麻花钻的每转进给量可参考表 6－1 进行确定。

3．切削速度 v_c

与采用高速钢麻花钻对钢铁材料进行钻孔相比，用硬质合金麻花钻钻孔时切削速度可提高 1 倍。

表 6－2 列出了钻孔时的切削速度，供选择时参考。

表 6－1　　每转进给量

工件材料	钻头直径 D_c/mm	每转进给量 f_r/(mm·r^{-1})	
		高速钢麻花钻	硬质合金麻花钻
钢	3～6	0.05～0.10	0.10～0.17
	>6～10	0.10～0.16	0.13～0.20
	>10～14	0.16～0.20	0.15～0.22
	>14～20	0.20～0.32	0.16～0.28
铸铁	3～6	—	0.15～0.25
	>6～10	—	0.20～0.30
	>10～14	—	0.25～0.50
	>14～20	—	0.25～0.50

表 6－2　　钻孔时的切削速度

工件材料	切削速度 v_c/(m·min^{-1})	
	高速钢麻花钻	硬质合金麻花钻
钢	20～30	60～110
不锈钢	15～20	35～60
铸铁	20～25	60～90

在选择切削速度 v_c 时，钻头直径较小则取大值，钻头直径较大则取小值；工件材料较硬则取小值，工件材料较软则取大值。

五、基本编程指令

1. 孔加工固定循环指令

在 FANUC 0i 系统中，固定循环指令参见表 6－3。

表 6－3　　固定循环指令

G 代码	孔加工动作（－Z 向）	孔底动作	返回方式（＋Z 向）	用途
G73	间歇进给	—	快速进给	高速深孔往复排屑钻
G74	切削进给	暂停→主轴正转	切削进给	攻左旋螺纹
G76	切削进给	主轴定向停止→刀具移位	快速进给	精镗孔
C80	—	—	—	取消固定循环
G81	切削进给	—	快速进给	中心孔、钻孔
G82	切削进给	暂停	快速进给	锪孔、镗孔、阶梯孔

续表

G 代码	孔加工动作（-Z 向）	孔底动作	返回方式（+Z 向）	用途
G83	间歇进给	—	快速进给	深孔往复排屑钻
G84	切削进给	暂停→主轴反转	切削进给	攻右旋螺纹
G85	切削进给	—	切削进给	精镗孔
G86	切削进给	主轴停止	快速进给	镗孔
G87	切削进给	主轴停止	快速进给	反镗孔
G88	切削进给	暂停→主轴停止	手动操作	镗孔
G89	切削进给	暂停	切削进给	精镗阶梯孔

指令格式：

G73 ~ G89 X __ Y __ Z __ R __ Q __ P __ F __ K __；

说明：

X、Y——指定加工孔的位置；

Z——孔底平面的位置；

R——*R* 平面所在的位置；

Q——每次进给深度；

P——刀具在孔底的暂停时间；

F——进给速度；

K——固定循环次数。

以上是孔加工循环的通用格式，除 K 代码外，其他代码都是模态代码，只有在循环取消时才被清除，因此，这些指令一经指定，在后面的重复加工中不必重新指定。

取消孔加工循环采用代码 G80。另外，如在孔加工循环中出现 G00、G01、G02、G03 代码，则孔加工方式也会自动取消。

2. 固定循环动作的组成

对工件进行孔加工时，根据刀具运动位置所处的平面可以分为初始平面、*R* 平面、工件平面和孔底平面，如图 6-5 所示。

（1）初始平面

初始平面是为了安全下刀而规定的一个平面。初始平面可以设定在任意一个安全高度上。当使用同一把刀具加工多个孔时，刀具在初始平面内的任意移动将不会与夹具、工件凸台等发生干涉。

（2）*R* 平面

R 平面又叫 *R* 参考平面。该平面是刀具下刀时，自快进转为工进的高度平面，一般情况下，*R* 平面距工件表面的距离取 2 ~5 mm。

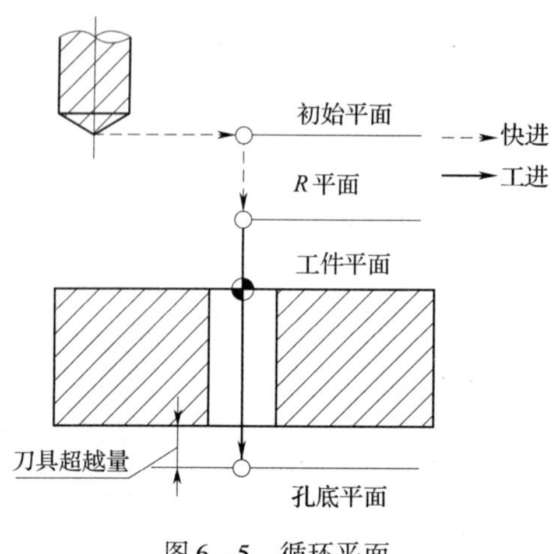

图 6－5　循环平面

（3）孔底平面

加工不通孔时，孔底平面就是孔底的 Z 轴高度。而加工通孔时，除要考虑孔底平面的位置外，还要考虑刀具的超越量，以保证所有孔深都加工到要求的尺寸。

3. G98 与 G99 方式

当刀具加工到孔底平面后，刀具从孔底平面以两种方式返回，即返回初始平面或返回 R 平面，分别用指令 G98 与 G99 来决定，如图 6－6 所示。

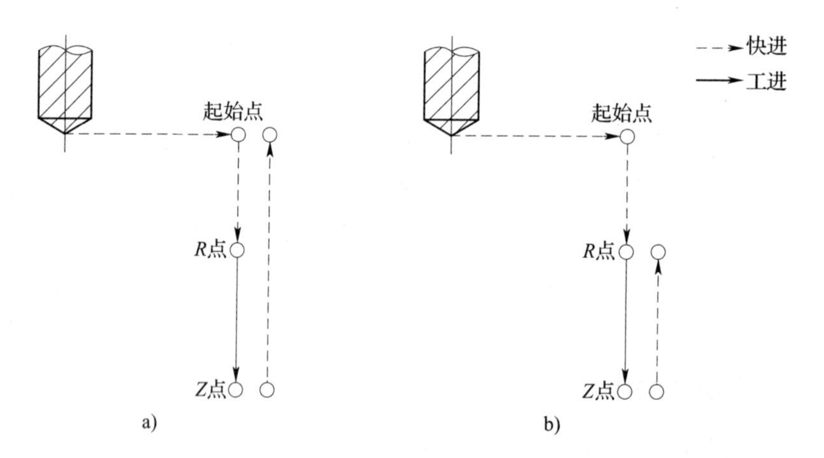

图 6－6　G98 与 G99 方式

a）G98 方式　b）G99 方式

（1）G98 方式

G98 表示返回初始平面，一般采用固定循环加工孔系时不用返回到初始平面，只有在全部孔加工完成后或孔之间存在凸台或夹具等干涉时，才回到初始平面。

指令格式：

G98 G73～G89 X __ Y __ Z __ R __ Q __ F __ K __；

系统执行以上指令后，刀具在钻到孔底后将返回初始平面。轨迹如图 6－6a 所示。

（2）G99 方式

G99 表示返回 *R* 平面，在没有凸台等干涉的情况下，加工孔系时为了节省孔系的加工时间，刀具一般返回 *R* 平面。

指令格式：

G99 G73 ~ G89　X __ Y __ Z __ R __ Q __ F __ K __;

系统执行以上指令后，刀具在钻到孔底后将返回 *R* 平面。轨迹如图 6 - 6b 所示。

4. 钻孔循环指令（G81、G82）

（1）钻孔循环（G81）

指令格式：

$\left\{\begin{matrix} G98 \\ G99 \end{matrix}\right\}$ G81 X __ Y __ Z __ R __ F __ K __;

G81 指令用于钻孔，切削进给执行到孔底，然后刀具从孔底快速移动退回。G81 动作如图 6 - 7 所示。

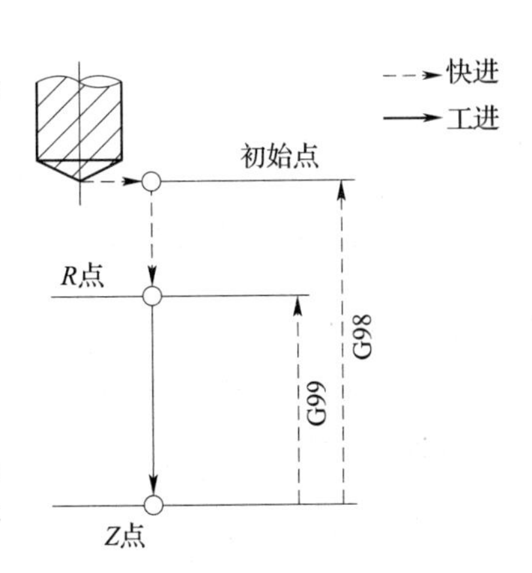

图 6 - 7　G81 动作

（2）钻孔循环（G82）

指令格式：

$\left\{\begin{matrix} G98 \\ G99 \end{matrix}\right\}$ G82 X __ Y __ Z __ R __ P __ F __ K __;

G82 指令除了在孔底暂停外，其他动作与 G81 相同。暂停的时间由地址 P 指定，单位为 s。G82 指令主要用于加工盲孔，以减小孔底面的表面粗糙度值。

如果 *Z* 向移动量为零，该指令不执行。

5. 高速深孔钻（G73、G83）

（1）高速深孔加工循环（G73）

指令格式：

$\left\{\begin{matrix} G98 \\ G99 \end{matrix}\right\}$ G73 X __ Y __ Z __ R __ Q __ P __ F __ K __;

G73 指令用于深孔钻削，*Z* 轴方向的间断进给有利于深孔加工过程中断屑与排屑，减小退刀量，可以进行高效率的加工。指令 Q 为每一次进给的加工深度。G73 动作如图 6 - 8 所示，图中 *d* 为每一次退刀距离，此值由系统确定，无须用户指定。

注意：Z、Q 移动量为零时，该指令不执行。

（2）深孔加工循环（G83）

指令格式：

$\left\{\begin{matrix} G98 \\ G99 \end{matrix}\right\}$ G83 X __ Y __ Z __ R __ Q __ P __ F __ K __;

G83 与 G73 指令略有不同的是每次刀具间歇进给后回退至 *R* 平面，这种退刀方式排屑更彻底。指令 Q 为每一次进给的加工深度。G83 动作如图 6－9 所示，图中 *d* 表示刀具间断进给每次下降时，由快进转为工进的那一点距前一次切削进给下降的点之间的距离。

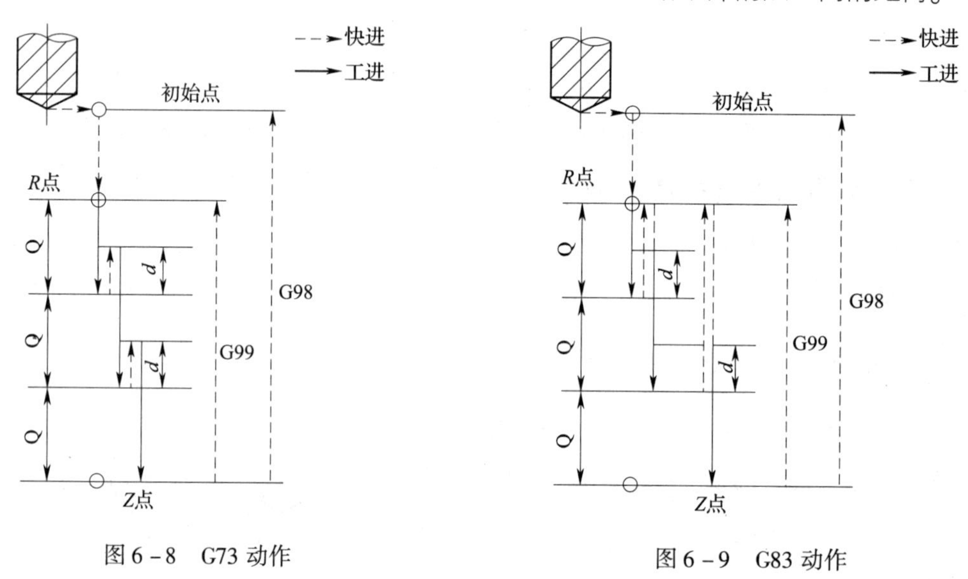

图 6－8　G73 动作　　图 6－9　G83 动作

（3）G90 与 G91 方式

固定循环中 R 值与 Z 值数据的指定与 G90、G91 方式的选择有关，而 Q 值与 G90、G91 方式无关。

1）G90 方式

G90 方式中，R 值与 Z 值是指相对于工件坐标系的 *Z* 向坐标值，如图 6－10a 所示，此时 R 一般为正值，而 Z 一般为负值。

G90 G99 G73 X __ Y __ Z－15.0 R5.0 Q5.0 P __ F __ K __;

2）G91 方式

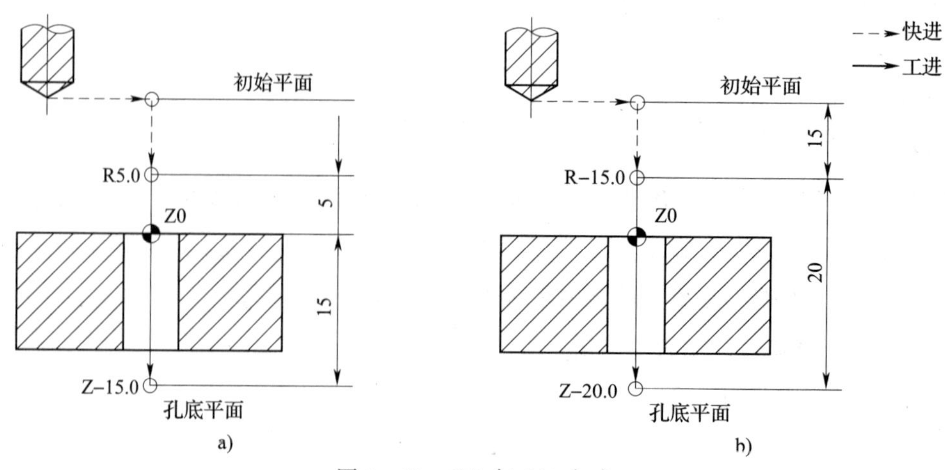

图 6－10　G90 与 G91 方式

a）G90 方式　b）G91 方式

G91 方式中，R 值是指从初始点到 R 点的增量值，而 Z 值是指从 R 点到孔底平面的增量值。如图 6－10b 所示，R 值与 Z 值（G87 例外）均为负值。

G91 G99 G73 X __ Y __ Z－20.0 R－15.0 Q5.0 P __ F __ K __;

六、钻孔加工实例

下面以图 6－11 所示零件为例，编写钻孔加工程序。已知毛坯尺寸为 60 mm×50 mm×25 mm。

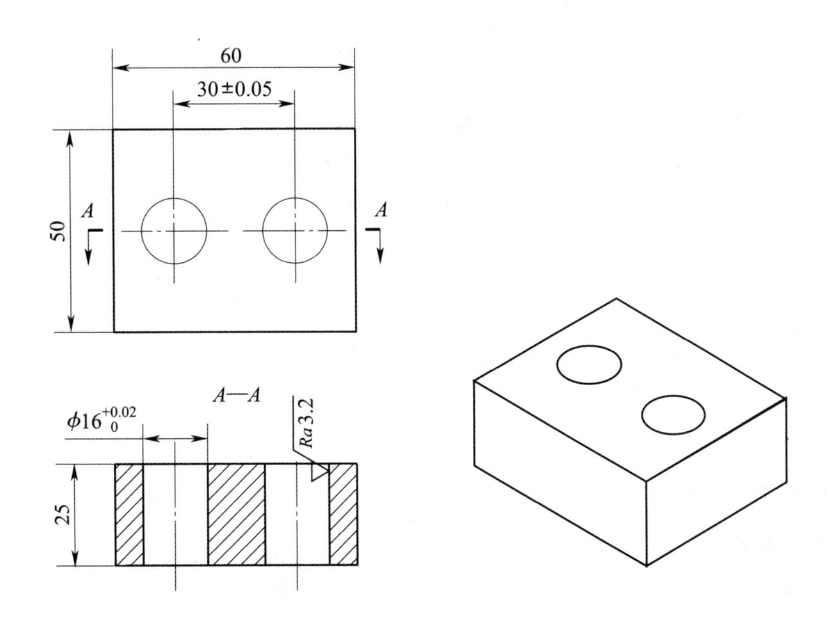

图 6－11　钻孔加工

1. 工艺分析

图 6－11 中，加工的部位是两个通孔，孔直径为 16 mm，有尺寸公差和表面粗糙度要求。因此，采用钻定位孔→钻孔→铰孔的加工工艺来保证零件的加工精度。编程时，钻定位孔使用 G81 编程，钻孔使用 G73 编程，铰孔使用 G81 编程。

（1）选择刀具

1）中心钻（ϕ3 mm）

主轴转速 n＝1 100 r/min，进给速度 v_f＝55 mm/min。

2）钻头（ϕ15.8 mm）

主轴转速 n＝200 r/min，进给速度 v_f＝20 mm/min。

3）铰刀（ϕ16 mm）

主轴转速 n＝300 r/min，进给速度 v_f＝30 mm/min。

（2）确定刀具路径

钻孔加工刀具路径及编程原点如图 6－12 所示。各基点的坐标值见表 6－4。

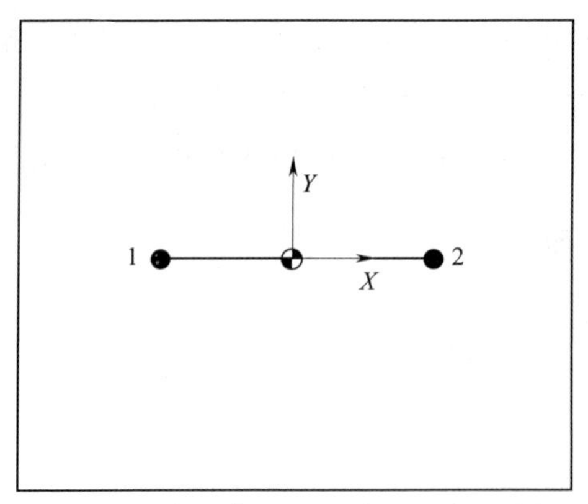

图 6-12　钻孔加工刀具路径及编程原点

表 6-4　各基点的坐标值

基点	X	Y
1	-15	0
2	15	0

2. 程序编制

参考程序

O0601;	程序名
N10 G00 G17 G21 G40 G49 G90;	程序初始化
N20 G91 G28 Z0;	返回参考点
N30 T01 M06;	更换 1 号刀（中心钻）
N40 G54 G90 X-15.0 Y0;	建立工件坐标系，快速到 1 点
N50 G43 Z20.0 H01;	建立刀具长度补偿
N60 S1100 M03;	主轴正转，转速为 1 100 r/min
N70 M08;	切削液开
N80 G81 X-15.0 Y0 Z-6.0 R5.0 F55;	加工 1 孔（定位孔）
N90 X15.0;	加工 2 孔（定位孔）
N100 G80;	取消固定循环指令
N110 M09;	切削液关
N120 M05;	主轴停止
N130 G49 G91 G28 Z0;	返回参考点
N140 T02 M06;	更换 2 号刀（钻头）
N150 G90 X-15.0 Y0;	快速到 1 点
N160 G43 Z20.0 H02;	建立刀具长度补偿
N170 S200 M03;	主轴正转，转速为 200 r/min
N180 M08;	切削液开

程序	说明
N190 G73 X－15.0 Y0 Z－30.0 R5.0 Q2.0 F20；	加工1孔（钻孔）
N200 X15.0；	加工2孔（钻孔）
N210 G80；	取消固定循环指令
N220 M09；	切削液关
N230 M05；	主轴停止
N240 G49 G91 G28 Z0；	返回参考点
N250 T03 M06；	更换3号刀（铰刀）
N260 G90 X－15.0 Y0；	快速到1点
N270 G43 Z20.0 H03；	建立刀具长度补偿
N280 S300 M03；	主轴正转，转速为300 r/min
N290 M08；	切削液开
N300 G81 X－15.0 Y0 Z－30.0 R5.0 F30；	加工1孔（铰孔）
N310 X15.0	加工2孔（铰孔）
N320 G80；	取消固定循环指令
N330 G49 G91 G28 Z0；	取消刀具长度补偿，回参考点
N340 M09；	切削液关
N350 M30；	程序结束

第二节　镗孔加工

镗孔指的是对锻出、铸出或钻出孔的进一步加工的方法。镗孔可扩大孔径，提高精度，减小表面粗糙度值，还可以较好地纠正原来孔轴线的偏斜。

一、镗孔加工的技术要求

镗孔是一种加工精度较高的孔加工方法，一般安排在最后一道工序。镗孔的尺寸公差等级可以达到IT9～IT6级，孔径公差等级可以达到IT8级，孔的加工表面粗糙度值一般为*Ra*3.2～0.16 μm。

二、镗孔加工刀具

镗刀由刀柄和刀头两部分组成，具有一个或两个切削刃，用于对已有的孔进行粗加工、半精加工或精加工，如图6－13所示。镗刀可在镗床、车床或铣床上使用。因装夹方式的不同，镗刀柄部有方柄、莫氏锥柄和7∶24锥柄等多种形式。在数控铣床上一般采用7∶24锥柄镗刀。

如图6－13a所示，微调镗刀可以在机床上精确地调节镗孔尺寸，它有一个精密游标刻线的指示盘，指示盘和装有镗刀头的心杆组成一对精密丝杠螺母副机构。当转动螺母时，装有刀头的心杆即可沿定向键做直线移动，借助游标刻度读数精度可达0.001 mm。

如图 6－13b 所示，双刃镗刀由分布在中心两侧同时切削的刀齿所组成，由于切削时产生的径向力互相平衡，镗削振动小，因此在加工过程中可加大切削用量，提高生产率。

镗刀的对刀方式一般分为机内对刀和机外对刀。机内对刀先通过对孔的试切测量出工件的孔径，然后对镗刀进行微调；机外对刀通过机外对刀仪来调整镗刀的尺寸，如图 6－14 所示。

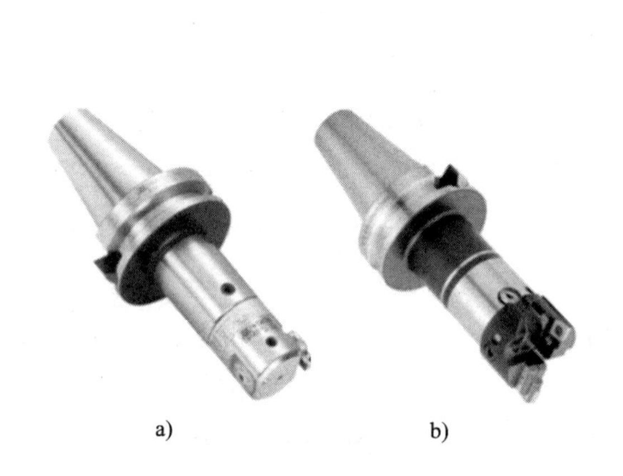

图 6－13　镗刀

a）微调镗刀　b）双刃镗刀

图 6－14　机外对刀仪

三、镗孔的加工方法

镗孔一般为孔加工的最后一道工序，加工的步骤为钻孔、扩孔（小直径的孔）、铣孔（大直径的孔）和镗孔。

四、镗孔切削用量

数控铣床上镗孔切削用量见表 6－5。

表 6－5　　**镗孔切削用量**

工序	工件材料	铸铁		钢		铝及其合金	
	刀具材料	v_c/（m · min^{-1}）	f_r/（mm · r^{-1}）	v_c/（m · min^{-1}）	f_r/（mm · r^{-1}）	v_c/（m · min^{-1}）	f_r/（mm · r^{-1}）
粗镗	高速钢	20～25	0.4～1.5	15～30	0.35～0.7	100～150	0.5～1.5
	硬质合金	35～50	—	50～70	—	100～250	—
半精镗	高速钢	20～35	0.15～0.45	15～50	0.15～0.45	100～200	0.2～0.5
	硬质合金	50～70	—	95～135	—	—	—
精镗	高速钢	70～90	<0.08	100～135	0.12～0.15	150～400	0.06～0.1
	硬质合金	—	0.12～0.15	—	0.15	—	—

提示

1. 当采用高精度镗刀镗孔时，由于余量较小，直径余量不大于0.2 mm，切削速度相应提高，铸铁件为 100 ~ 150 mm/min，铝合金为 200 ~ 400 mm/min，巴氏合金为 250 ~500 mm/min。每转进给量在0.03 ~0.1 mm 范围内。

2. 对精度和表面粗糙度要求很高的精密镗削，一般用金刚镗床，并采用硬质合金、金刚石和立方氮化硼等超硬材料的刀具，选用很小的进给量（0.02 ~ 0.08 mm/r）、切削深度（0.05 ~0.10 mm）和高于普通镗削的切削速度。精密镗削的加工精度能达到IT7 ~IT6 级，表面粗糙度值为 *Ra*0.63 ~0.08 μm。在精密镗孔之前，预制孔要经过粗镗、半精镗和精镗工序，为精密镗孔留下很薄且均匀的加工余量。

五、基本编程指令

1. 粗镗孔（G85、G86）

指令格式：

G85 X __ Y __ Z __ R __ F __；

G86 X __ Y __ Z __ R __ P __ F __；

说明：

G85——镗孔循环在孔底时主轴不停转，然后执行切削进给退回，如图 6 –15a 所示；

G86——镗孔循环在孔底时主轴停止，然后快速退刀，如图 6 –15b 所示。

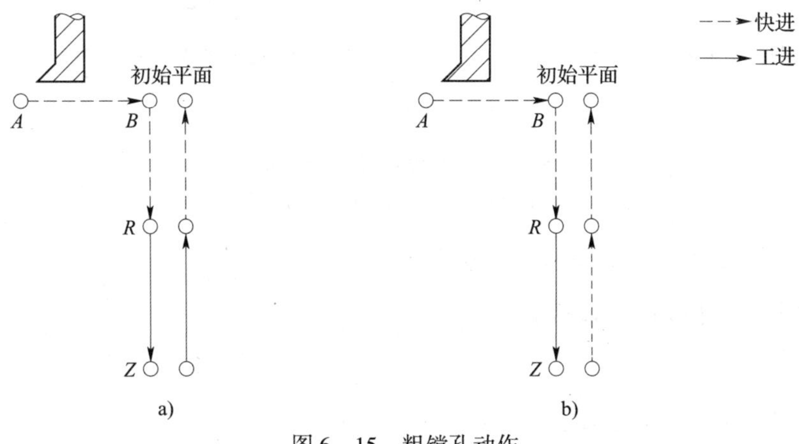

图 6 –15 粗镗孔动作

a）G98 G85 动作 b）G98 G86 动作

2. 精镗孔（G76）与反镗孔（G87）

指令格式：

G76 X __ Y __ Z __ R __ Q __ F __；

G87 X __ Y __ Z __ R __ Q __ F __；

说明：

G76——精镗孔指令；

G87——反镗孔指令；

Q——刀具向刀尖相反方向移动的距离。

G76 精镗时，主轴在孔底定向停止后，向刀尖反向移动，然后快速退刀。这种带有让刀的退刀不会划伤已加工表面，保证了镗孔的精度和表面质量。G99 G76 动作如图 6－16a 所示。

G98 G87 动作如图 6－16b 所示，*X* 轴和 *Y* 轴定位后，主轴停止，刀具以与刀尖相反的方向按指令 Q 设定的偏移量位移，并快速定位到孔底。在该位置刀具按原偏移量返回，然后主轴正转，沿 *Z* 轴正向加工到 *Z* 点。在此位置主轴再次停止后，刀具再次按原偏移量反向位移，然后主轴向上快速移动到达初始平面（只能用 G98），并按原偏移量返回后主轴正转，继续执行下一个程序段。

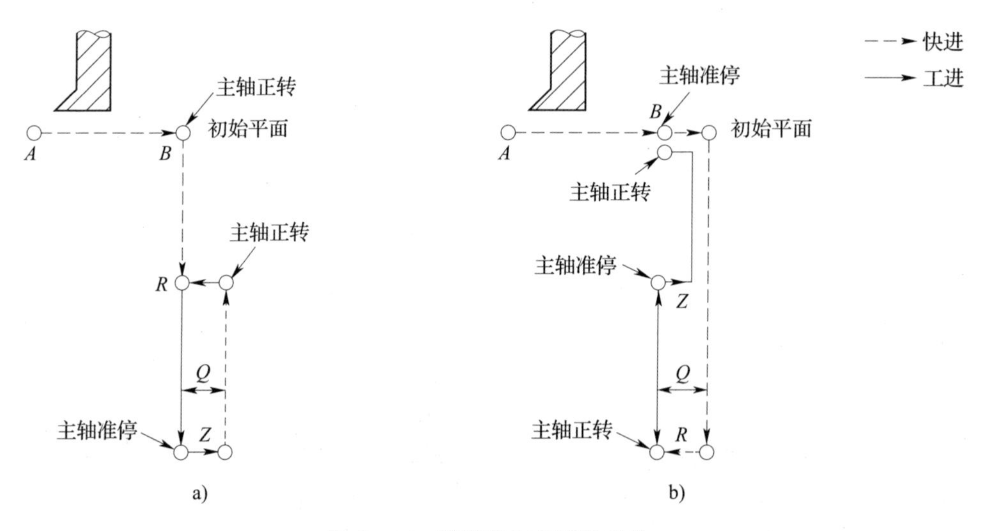

图 6－16　精镗孔与反镗孔动作

a）G99 G76 动作　b）G98 G87 动作

如果 *Z* 轴的移动量为零，该指令不执行。

3. 镗孔循环（G88、G89）

指令格式：

G88 X__ Y__ Z__ R__ P__ F__；

G89 X__ Y__ Z__ R__ P__ F__；

执行 G88 循环，刀具以切削进给方式加工到孔底，刀具在孔底暂停后主轴停转，这时可以通过手动方式从孔中安全退出刀具，再开始自动加工，*Z* 轴快速返回 *R* 平面或初始平面，主轴恢复正转，如图 6－17a 所示。此种方式虽然相应提高了孔的加工精度，但加工效率较低。

G89 动作与 G85 动作基本类似，不同的是 G89 动作在孔底增加了暂停，如图 6－17b 所示。因此，该指令常用于阶梯孔的加工。

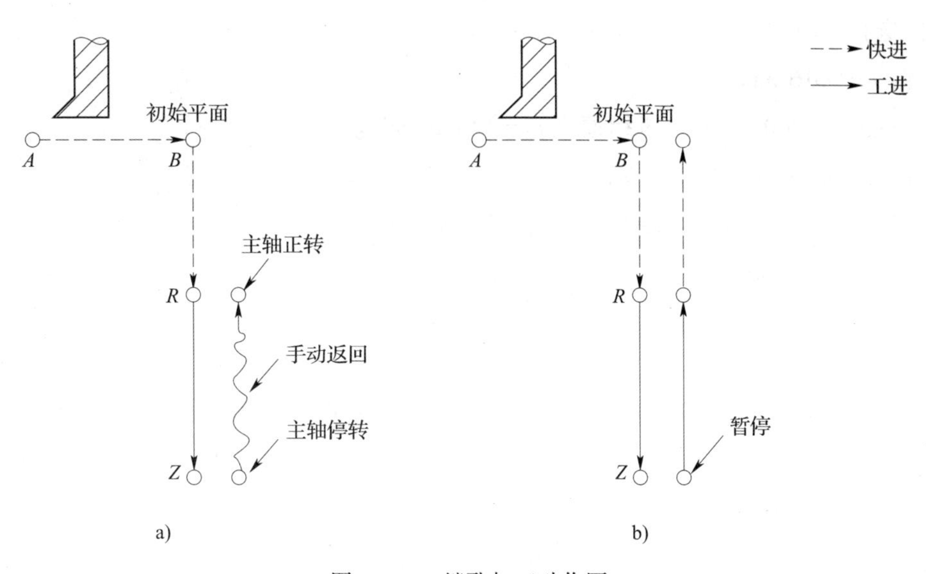

图 6－17　镗孔加工动作图

a）G99 G88 动作图　b）G98 G89 动作图

六、镗孔加工实例

下面以图 6－18 所示零件为例，编写镗孔加工程序。已知毛坯尺寸为 80 mm×60 mm×25 mm。

1. 工艺分析

如图 6－18 所示，孔公差和表面粗糙度要求较高。为了保证孔的质量，加工 ϕ30 mm 孔时，采用钻孔→铣孔→镗孔的加工方法。

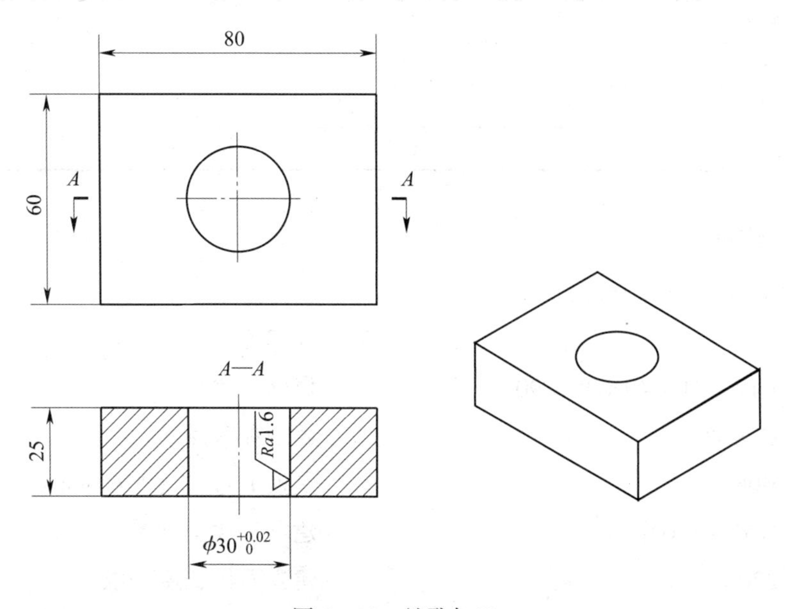

图 6－18　镗孔加工

（1）选择刀具

1）钻头（ϕ16 mm）

主轴转速 $n=200$ r/min，进给速度 $v_f=20$ mm/min。

2）铣刀（ϕ16mm、齿数为 2）

主轴转速 $n=400$ r/min，进给速度 $v_f=40$ mm/min。

3）镗刀（ϕ30 mm）

主轴转速 $n=800$ r/min，进给速度 $v_f=45$ mm/min。

（2）确定刀具路径

铣孔加工刀具路径及编程原点如图 6－19 所示，刀具从编程原点下刀，由编程原点到 1 点建立刀具半径左补偿，以半径为 10 mm 的圆弧切入到 2 点，执行半径为 15 mm 的圆加工，以圆弧半径为 10 mm 由 2 点到 3 点切出，从 3 点到编程原点取消刀具半径左补偿，最后抬刀至安全高度。各基点的坐标值见表 6－6。

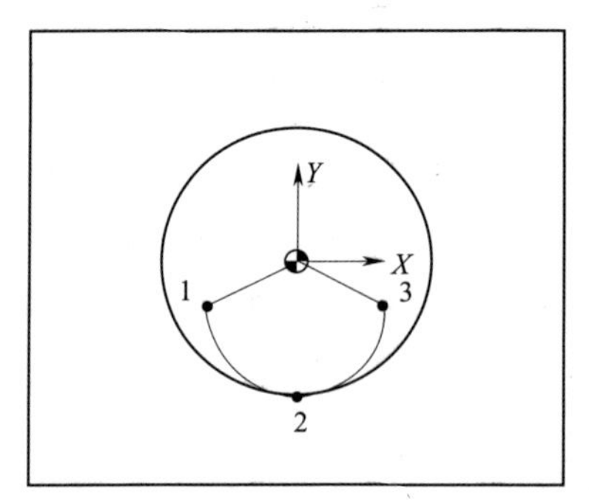

图 6－19　孔加工刀具路径及编程原点

表 6－6　　**各基点的坐标值**

基点	X	Y
1	－10	－5
2	0	－15
3	10	－5

2. 程序编制

（1）钻孔加工（参考程序）

O0602；	程序名
N10 G00 G17 G21 G40 G49 G90；	程序初始化
N20 G91 G28 Z0；	返回参考点
N30 T01 M06；	更换 1 号刀（ϕ16 mm 钻头）
N40 G54 G90 X0 Y0；	建立工件坐标系
N50 G43 Z20.0 H01；	建立刀具长度补偿
N60 S200 M03；	主轴正转，转速为 200 r/min

```
N70 M08;                                  切削液开
N80 G73 X0 Y0 Z-30.0 R5.0 Q2.0 F20;       钻孔
N90 G80;                                  取消固定循环指令
N100 M09;                                 切削液关
N110 M05;                                 主轴停止
N120 G49 G91 G28 Z0;                      返回参考点
N130 M30;                                 程序结束
```

(2) 铣孔加工 (参考程序)

```
O0603;                                    主程序
N10 G00 G17 G21 G40 G49 G90;              程序初始化
N20 G91 G28 Z0;                           返回参考点
N30 T02 M06;                              更换2号刀 (φ16 mm铣刀、齿数为2)
N40 G54 G90 X0 Y0;                        建立工件坐标系
N50 G43 Z20.0 H02;                        建立刀具长度补偿
N60 S400 M03;                             主轴正转，转速为400 r/min
N70 Z5.0 M08;                             下降到Z5，切削液开
N80 G01 Z0 F40;                           钻孔
N90 M98 P61603;                           调用子程序6次
N100 G00 Z5.0;                            抬刀至Z5
N110 G49 G91 G28 Z0;                      返回参考点
N120 M30;                                 程序结束

O1603;                                    子程序
N10 G91 Z-5.0;                            下降至Z-5
N20 G90 G41 X-10.0 Y-5.0 D02;             建立刀具半径左补偿 (刀补为8.1 mm)
N30 G03 X0 Y-15.0 R10.0;                  圆弧切入
N40 J15.0;                                加工孔
N50 X10.0 Y-5.0 R10.0;                    圆弧切出
N60 G40 G01 X0 Y0;                        取消刀具半径左补偿
N70 M99;                                  子程序结束
```

(3) 镗孔加工 (参考程序)

```
O0604;                                    主程序
N10 G00 G17 G21 G40 G49 G90;              程序初始化
N20 G91 G28 Z0;                           返回参考点
N30 T03 M06;                              更换3号刀 (φ30 mm镗刀)
```

```
N40 G54 G90 X0 Y0;                          建立工件坐标系
N50 G43 Z20.0 H01;                          建立刀具长度补偿
N60 S800 M03;                               主轴正转，转速为 800 r/min
N70 M08;                                    切削液开
N80 G99 G76 X0 Y0 Z-32.0 R5.0 Q2.0 F45;     镗孔
N90 G80;                                    取消固定循环指令
N100 G00 Z5.0;                              抬刀至 Z5
N110 M09;                                   切削液关
N120 G49 G91 G28 Z0;                        返回参考点
N130 M30;                                   程序结束
```

提示

1. 编程加工要点

（1）在使用 G86 固定循环指令时，当连续加工一些孔间距比较小，或者初始平面到 *R* 平面的距离比较短的孔时，会出现在进入孔开始切削动作前主轴还没有达到正常转速的情况，遇到这种情况时，应在各孔的加工动作之间插入 G04 指令，以获得时间。

（2）G76/G87 程序段中 Q 代表刀具反向位移增量。

（3）G87 指令编程时，注意刀具进给切削方向是从工件的下方到工件的上方。

（4）为了提高加工效率，在指令固定循环前，应先使主轴旋转。

（5）由于固定循环是模态指令，因此，在固定循环有效期间，如果 X、Y、Z 中的任意一个改变，就要进行一次孔加工。

（6）在固定循环方式中，刀具半径补偿功能无效。

2. 数控镗刀装夹要点

（1）刀具安装时，要特别注意清洁。无论是粗加工还是精加工，镗孔刀具在安装和装配的各个环节都必须注意清洁。刀柄与机床的装配、刀片的更换等，都要擦拭干净，然后再安装或装配，切不可马虎从事。

（2）刀具进行预调，其尺寸精度、完好状态必须符合要求。可转位镗刀除单刃镗刀外，一般不采用人工试切的方法，所以加工前的预调就显得非常重要。预调的尺寸必须精确，要调在公差的中下限，并考虑到温度等因素，进行修正、补偿。刀具预调可在专用预调仪、机上对刀器或其他量仪上进行。

（3）刀具安装后进行动态跳动检查。动态跳动是一个综合指标，它反映机床主轴精度、刀具精度以及刀具与机床的连接精度。这个精度如果超过被加工孔要求精度的 1/2 或 2/3 就不能进行加工，需找出原因并消除后才能进行。这一点操作者必须牢记，并严格执行，否则加工出来的孔不能符合要求。

(4) 应通过统计或检测的方法确定刀具各部分的寿命，以保证加工精度的可靠性。对于单刃镗刀来讲，这个要求可低一些，但对于多刃镗刀来讲，这一点特别重要。可转位镗刀的加工特点是预先调刀，一次加工达到要求，必须保证刀具不损坏，否则会造成不必要的事故。

第三节　螺纹加工

一、螺纹加工刀具

根据螺纹的尺寸、表面粗糙度及公差等级，在数控铣床或加工中心上主要使用的刀具包括丝锥和螺纹铣刀，如图 6－20 所示。

图 6－20　螺纹刀具

a）丝锥　b）螺纹铣刀

二、螺纹加工方法

数控铣床上常采用攻螺纹或螺纹铣削的方法加工螺纹。孔径较小时一般使用攻螺纹的方法，加工时，刀具在每旋转一周的同时沿轴线下降一个螺距，这种加工方法称为刚性攻螺纹；孔径较大时或外螺纹在数控铣床上一般使用螺纹铣削的方法，加工时，采用螺旋插补指令编程，使螺纹铣刀在高速旋转的同时绕圆柱面轴线做回转螺旋运动，螺纹铣削加工与传统螺纹加工方式相比，在加工精度、加工效率方面具有极大优势，且加工时不受螺纹结构和螺纹旋向的限制，如一把螺纹铣刀可加工多种不同旋向的内、外螺纹。

三、切削用量

1. 切削速度

攻螺纹的切削速度一般为 5～10 m/min。

2. 底孔尺寸

(1) 底孔直径

攻螺纹前要先钻底孔，攻螺纹过程中，丝锥牙齿对材料既有切削作用又有一定的挤压作用，所以一般底孔直径 D 略大于螺纹的小径，可查表或根据下列经验公式计算：

加工钢料及塑性金属时　　　　　　$D = d - P$

加工铸铁及脆性金属时　　　　　　$D = d - 1.1P$

式中　d——螺纹大径，mm；

P——螺距，mm。

(2) 底孔深度

攻螺纹前底孔的钻孔深度 H 通常在螺纹深度 h 基础上加上螺纹大径的 7/10。其大小按下式计算：

$$H = h + 0.7d$$

四、基本编程指令

1. 攻左旋螺纹（G74）

指令格式：

G74 X __ Y __ Z __ R __ P __ F __；

说明：

G74 循环用于加工左旋螺纹，如图 6-21 所示。执行该循环指令时，刀具快速在 XY 平面定位后，主轴反转，然后快速移动到 R 点，采用进给方式执行螺纹加工，到达孔底后，主轴正转退回 R 平面，最后主轴恢复反转，完成攻螺纹加工。

如果 Z 轴的移动量为零，该指令不执行。

2. 攻右旋螺纹（G84）

指令格式：

G84 X __ Y __ Z __ R __ P __ F __；

说明：

G84 循环用于加工右旋螺纹，如图 6-22 所示。执行该循环指令时，刀具快速在 XY 平面定位后，主轴正转，然后快速移动到 R 点，采用进给方式执行螺纹加工，到达孔底后，主轴反转退回 R 平面，最后主轴恢复正转，完成攻螺纹加工。

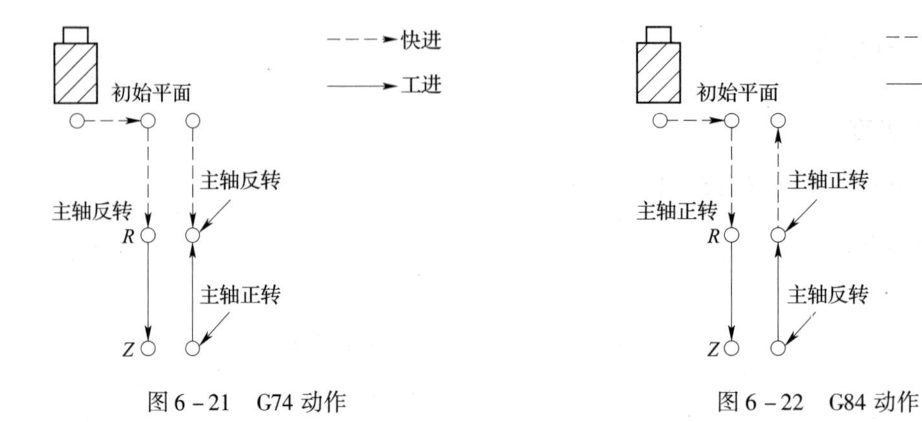

图 6-21　G74 动作　　　　图 6-22　G84 动作

五、螺纹加工实例

1. 实例一

下面以图 6－23 所示零件为例，编写攻螺纹加工程序。已知毛坯尺寸为 60 mm×50 mm×20 mm。

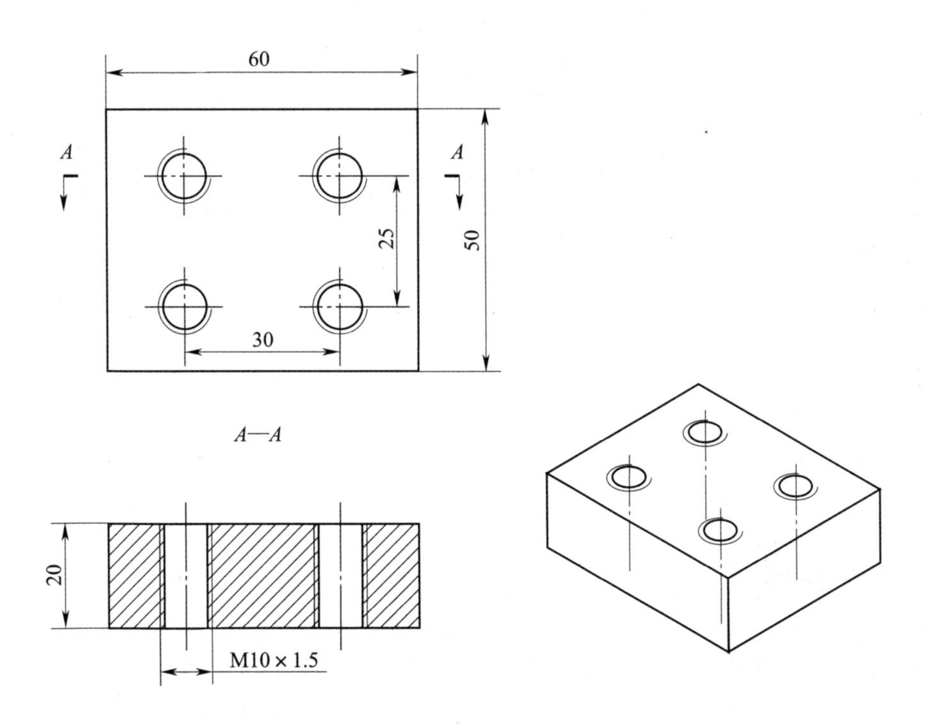

图 6－23　攻螺纹

（1）工艺分析

如图 6－23 所示，螺纹孔较小，四个螺纹孔均为 M10 mm，右旋。故采用钻孔→攻螺纹的方法加工螺纹。

1）选择刀具

已知工件材料为碳钢，刀具材料为高速钢，刀具齿数为 2。

钻头（ϕ8.5 mm）：

主轴转速 n＝370 r/min，进给速度 v_f＝40 mm/min。

丝锥（M10 mm）：

主轴转速 n＝150 r/min，进给速度 v_f＝1.5 mm/r。

2）确定刀具路径

螺纹加工刀具路径及编程原点如图 6－24 所示。刀具由 1 点开始下刀，然后依次到达 2 点→3 点，到达 4 点后抬刀。各基点的坐标值见表 6－7。

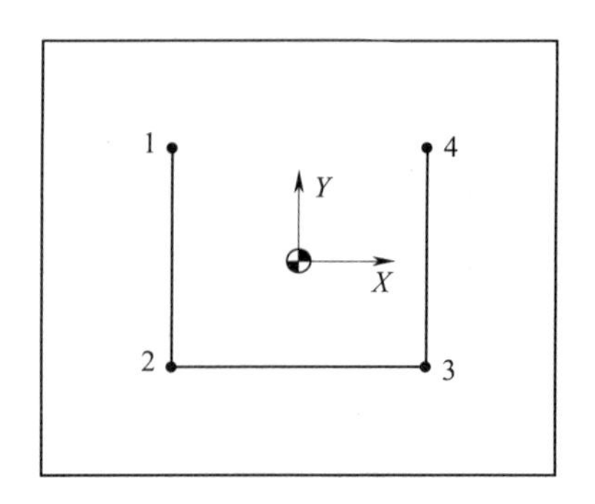

图 6－24 螺纹加工刀具路径及编程原点

表 6－7 各基点的坐标值

基点	X	Y
1	－15	12.5
2	－15	－12.5
3	15	－12.5
4	15	12.5

（2）程序编制

1）钻孔加工（参考程序）

O0605；	程序名
N10 G00 G17 G21 G40 G49 G90；	程序初始化
N20 G91 G28 Z0；	返回参考点
N30 T01 M06；	更换 1 号刀（ϕ8.5 mm 钻头）
N40 G54 G90 X－15.0 Y12.5；	建立工件坐标系
N50 G43 Z20.0 H01；	建立刀具长度补偿
N60 S370 M03；	主轴正转，转速为 370 r/min
N70 M08；	切削液开
N80 G73 X－15.0 Y12.5 Z－25.0 R5.0 Q2.0 F40；	钻孔 1
N90 Y－12.5；	钻孔 2
N100 X15.0；	钻孔 3
N110 Y12.5；	钻孔 4
N120 G80；	取消固定循环指令
N130 M09；	切削液关
N140 M05；	主轴停止
N150 G49 G91 G28 Z0；	返回参考点
N160 M30；	程序结束

2）螺纹加工（参考程序）

O0606；	程序名
N10 G00 G17 G21 G40 G49 G90；	程序初始化
N20 G91 G28 Z0；	返回参考点
N30 T02 M06；	更换 2 号刀（M10 mm 丝锥）
N40 G54 G90 X－15.0 Y12.5；	建立工件坐标系
N50 G43 Z20.0 H01；	建立刀具长度补偿
N60 S150 M03；	主轴正转，转速为 150 r/min
N70 M08；	切削液开
N80 G95；	定义每转进给量
N90 G84 X－15.0 Y12.5 Z－25.0 R5.0 F1.5；	加工螺纹孔 1
N100 Y－12.5；	加工螺纹孔 2
N110 X15.0；	加工螺纹孔 3
N120 Y12.5；	加工螺纹孔 4
N130 G80；	取消固定循环指令
N140 M09；	切削液关
N150 M05；	主轴停止
N160 G49 G91 G28 Z0；	返回参考点
N170 M30；	程序结束

2. 实例二

下面以图 6－25 所示零件为例，编写铣螺纹加工程序。已知毛坯尺寸为 60 mm×50 mm×20 mm。

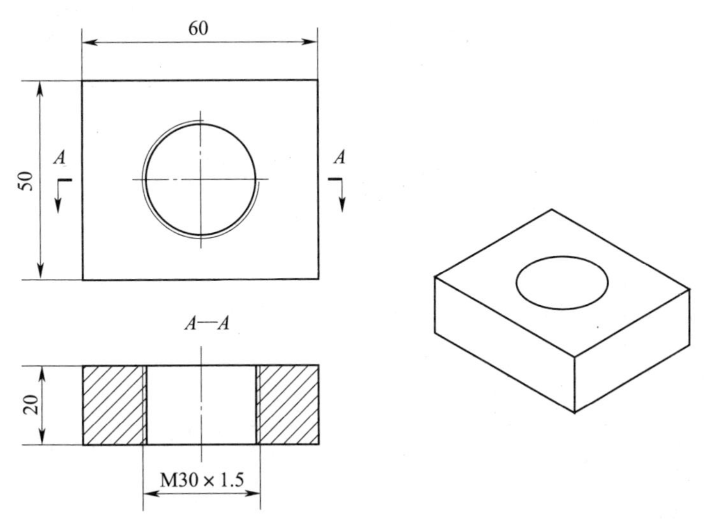

图 6－25　铣螺纹

（1）工艺分析

如图 6－25 所示，零件的中心是一个 M30 的内螺纹，螺距为 1.5 mm，螺纹公称直径为 30 mm，螺纹底孔直径为 28.38 mm，螺纹长度为 20 mm，其中螺纹底孔已经加工，试编写螺纹铣削加工程序。

1）选择刀具

硬质合金螺纹铣刀（ϕ19 mm）：

切削速度 $v_c=120$ m/min，每齿进给量 $f_z=0.1$ mm/z，主轴转速 $n\approx 2\,000$ r/min，进给速度 $v_f=200$ mm/min。

铣刀中心进给速度为 $v_{f1}=v_f(D_0-D_2)/D_0=200\times(30-19)/30=73.3$（mm/min）

2）确定刀具路径

采用螺纹铣刀铣削螺纹时，对于内螺纹必须使用圆弧切入。铣削时应尽量选用刀齿的高度大于被加工螺纹长度的刀具，这样，铣刀只需旋转一周即可完成螺纹加工。

螺纹铣削加工刀具路径及编程原点如图 6－26 所示。R 为 M30 螺纹的半径，R_1 为螺纹底孔半径，R_e 为切入圆弧半径。铣削方式采用顺铣加工，刀具从 A 点以圆弧半径 R_e 逆时针切入到 B 点，然后执行螺旋插补指令一周后，沿 B 点到 C 点圆弧切出。

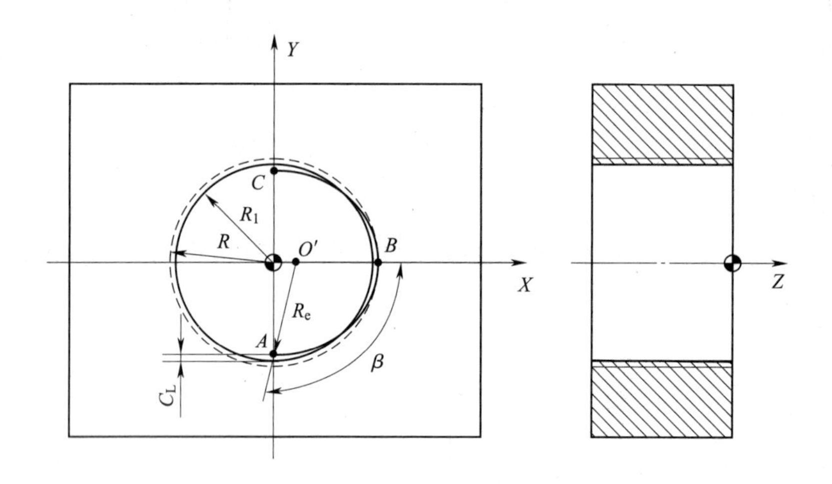

图 6－26　螺纹铣削加工刀具路径及编程原点

3）确定参数

图 6－26 中各参数计算如下：

①切入半径（R_e）

设安全距离 $C_L=0.5$ mm，切入半径为

$$R_e=\frac{(R_1-C_L)^2+R^2}{2R}=\frac{[(14.19-0.5)^2+15^2]}{2\times 15}\approx 13.747\ (\text{mm})$$

②切入角度（β）

$$\beta=180°-\arcsin[(R_1-C_L)/R_e]=180°-\arcsin[(14.19-0.5)/13.747]=95.22°$$

③切入点 Z 轴位移（Z_A）

为了便于计算，β 取近似值95°。

$$Z_A = P\beta/360° = 1.5 \times 95°/360° \approx 0.396 \text{ (mm)}$$

④切入点（A 点）圆弧坐标

当从螺纹孔底平面向上铣削时，A 点的坐标为

$$X = 0$$

$$Y = -(R_1 - C_L) = -(14.19 - 0.5) = -13.69$$

$$Z = -(L - Z_A) = -(20 + 0.396) = -20.396$$

（2）程序编制

螺纹铣削（参考程序）

程序	说明
O0607;	程序名
N10 G00 G17 G21 G40 G49 G90;	程序初始化
N20 G91 G28 Z0;	返回参考点
N30 T01 M06;	更换1号刀（ϕ19 mm螺纹铣刀）
N40 G54 G90 X0 Y0;	建立工件坐标系
N50 G43 Z0 H01;	建立刀具长度补偿
N60 S2000 M03;	主轴正转，转速为2 000 r/min
N70 M08;	切削液开
N80 G91 Z-20.396;	定位到 A 点（由下向上加工螺纹）
N90 G41 X0 Y-13.69 D01 F70;	建立刀具半径左补偿
N100 G03 X15.0 Y13.69 Z0.396 R13.747;	圆弧切入
N110 X0 Y0 Z1.5 I-15.0;	铣螺纹
N120 X-15.0 Y13.69 Z0.396 R13.747;	圆弧切出
N130 G90 G40 G01 X0 Y0;	取消刀具半径左补偿
N140 G00 Z20.0 M09;	抬刀至安全高度，切削液关
N150 M05;	主轴停止
N160 G49 G91 G28 Z0;	返回参考点
N170 M30;	程序结束

第七章　宏程序应用

第一节　变量编程的基本概念

FANUC 0i 系统为用户配备了类似高级编程语言的宏程序功能，用户可以使用变量进行算术运算、逻辑运算和函数运算等。利用宏程序提供的循环语句、分支语句、子程序调用语句，可以方便地编制各种复杂的零件加工程序，并减少或免除手工编程时烦琐的数值计算。FANUC 0i 系统提供了 A 类和 B 类两种用户宏功能。现今大部分系统都支持 B 类宏程序功能，本章将对 B 类宏程序做具体介绍。

一、变量编程基础知识

变量是指在程序的运行过程中随时可以发生变化的量。用户宏程序与普通程序相比，普通程序只能使用常量编程，常量之间不能进行运算，且只能按顺序执行。但在宏程序中用户除了可以使用常量，还可以用变量进行编程，变量之间可以进行算术运算、逻辑运算和函数的混合运算。

1. 变量的表示

FANUC 0i 系统 B 类宏程序的变量用变量符号“#”和后面的变量号指定。例如，#10、#100。

表达式也可以用于指定变量号。此时，表达式必须封闭在括号“[ ]”中。例如，#[#1 + #2 - 12]，当#1 = 10，#2 = 3 时，该变量#[#1 + #2 - 12] 实为#1。

2. 变量的类型

变量可以分为四种类型：空变量、局部变量、公共变量和系统变量。变量号的类型及功能见表 7 - 1。

表 7 - 1　　变量号的类型及功能

变量号	变量类型	功　　能
#0	空变量	该变量总是空，没有值能赋给该变量
#1 ~ #33	局部变量	局部变量只能用在宏程序中存储数据，例如，运算结果。当断电时，局部变量被初始化为空。调用子程序，自变量对局部变量赋值
#100 ~ #199 #500 ~ #999	公共变量	公共变量在不同的宏程序中意义相同。当断电时，变量#100 ~ #199 初始化为空；#500 ~ #999 的数据保存，即使断电也不会丢失
#1 000 以上	系统变量	系统变量用于读写 CNC 的各种数据，例如，刀具的当前位置和补偿量

3. 变量的范围

局部变量和公共变量可以为 0 值或下列范围中的值：$-10^{47} \sim -10^{-29}$或 $10^{-29} \sim 10^{47}$。如果计算结果超出有效范围，则发出 P/S 报警 No. 111。

4. 变量的引用

B 类宏程序变量的引用非常直观，与常规编程一样，使用该变量名也就是引用该变量值。例如，G01 X#1 Y#2 F#3（#1、#2 和#3 为变量），当#1 = 15，#2 = 20，#3 = 80 时，即表示为 G01 X15 Y20 F80。

为在程序中使用变量值，指令后跟变量号的地址。当用表达式指定变量时，把表达式放在括号中。例如，G01 X#1 F#[#2 + #3]。

注意：

（1）在程序中定义变量时，小数点可以省略。例如，#1 = 123，变量#1 的实际值是 123.000。

（2）当改变变量值的符号时，要把负号（ - ）放在#的前面。例如，G00 X - #4，当#4 = 20时，上式即表示为 G00 X - 20。

（3）被引用的变量值根据地址的最小设定单位自动舍入。例如，G01 X#5 F100，当#5 = 12.323 2，系统的最小输入单位为 0.001 mm，上式即表示为 G01 X12.323 F100。

（4）当引用未定义的变量时，变量及地址字都被忽略。例如，G00 X#1 Y#2，当#1 = 0，#2 的值为空时，上式即表示为 G00 X0。

5. 变量的赋值

变量赋值是指给定义的变量赋值。例如，#1 = 20，#2 = #1，表示#2 的值为 20，其中，#1 代表变量，20 就是赋给变量#2 的值，等号“ = ”是赋值符号。注意：赋值号“ = ”两边内容不能随意互换，左边只能是变量，右边可以是数值、变量或表达式。一个赋值语句只能给一个变量赋值。可以多次给同一个变量赋值，按执行顺序新变量值将取代原变量值，最后赋的值生效。赋值语句具有运算功能，它的一般形式为：变量 = 表达式。例如，#1 = #1 + 1，表示#1 当前重新赋的值等于此前#1 在内存中的旧值加 1，此表达式是循环语句运行的必要条件，是宏程序运行的“原动力”。

二、B 类宏程序的运算

B 类宏程序的运算类似于数学运算，在一个表达式中可以使用多种运算符来表示。B 类宏程序运算包括算术运算、逻辑运算和函数运算。

1. 算术运算、逻辑运算和函数运算

B 类宏程序的运算见表 7 - 2。等式右边的表达式可包含常量或由函数或运算符组成的变量。表达式中的变量#j 和#k 可以用常量赋值。等式左边的变量也可以用表达式赋值。其中运算主要是指加、减、乘、除、函数等，逻辑运算可以理解为比较运算。

表 7－2 B 类宏程序的运算

功能	格式	备注
定义	#i = #j	
加法	#i = #j + #k	
减法	#i = #j − #k	
乘法	#i = #j * #k	
除法	#i = #j/#k	
正弦	#i = SIN[#j]	角度以度指定，10°30′表示为 10.5°
反正弦	#i = ASIN[#j]	
余弦	#i = COS[#j]	
反余弦	#i = ACOS[#j]	
正切	#i = TAN[#j]	
反正切	#i = ATAN[#j]/[#k]	
平方根	#i = SQRT[#j]	
绝对值	#i = ABS[#j]	
舍入	#i = ROUND[#j]	
上取整	#i = FIX[#j]	
下取整	#i = FUP[#j]	
自然对数	#i = LN[#j]	
指数函数	#i = EXP[#j]	
或	#i = #j OR #k	逻辑运算按二进制数执行
异或	#i = #j XOR #k	
与	#i = #j AND #k	
从 BCD 转为 BIN	#i = BIN[#j]	用于与 PMC 的信号交换
从 BIN 转为 BCD	#i = BCD[#j]	

说明：

(1) 函数名后的参数可以是数字或表达式，但都必须放在括号“[ ]”内。

例如：SIN[60]、COS[#1 + #2]。

(2) 算术运算或逻辑运算指令 IF 或 WHILE 中包含舍入（ROUND）函数时，则该函数在第一个小数位进行四舍五入。

例如：#1 = ROUND[#1]，当#1 = 1.4 时，变量#1 的值为 1.0。

（3）当在 NC 语句地址中使用舍入函数时，舍入函数根据地址的最小设定单位将指定值四舍五入。

例如：假定最小设定单位是 1/1 000，变量#1 = 1.234 5，#2 = 2.345 6。

程序段：

G00 G91 X - #1;　　　　移动 1.235 mm

G01 X - #2 F200;　　　　移动 2.346 mm

G00 X [#1 + #2];　　　　移动 3.580 mm

由于 1.234 5 + 2.345 6 = 3.580 1，移动距离为 3.580，而 1.235 + 2.346 = 3.581，故刀具不返回到初始位置，该误差来自是舍入之前相加还是舍入之后相加。必须指定 G00 X - [ROUND[#1] + ROUND[#2]] 以使刀具返回到初始位置。

（4）数控系统处理数值运算时，无条件地舍去小数部分称为上取整，小数部分进位到整数称为下取整。

例如：#1 = 1.2，#2 = - 1.2

执行#3 = FUP[#1] 时，变量#3 = 2.0；

执行#3 = FIX[#1] 时，变量#3 = 1.0；

执行#3 = FUP[#2] 时，变量#3 = - 2.0；

执行#3 = FIX[#2] 时，变量#3 = - 1.0。

2. 条件运算符

条件运算符由 2 个字母组成，在条件转移和循环语句中，用于两个值的比较，以决定它们是相等还是一个值小于或大于另一个值。注意，不能使用不等号。条件运算符见表 7 - 3。

表 7 - 3　　条件运算符

条件运算符	含义
EQ	等于（=）
NE	不等于（≠）
GT	大于（>）
GE	大于或等于（≥）
LT	小于（<）
LE	小于或等于（≤）

3. 运算次序

一个表达式中可以使用多种运算符，运算次序是从左到右根据优先级的高低依次进行的，B 类宏程序的运算次序为：

（1）最内层的方括号 [　] 内的表达式。

（2）函数（SIN、COS 等）。

（3）乘、除、与运算（*、/、AND）。

（4）加、减、或运算（+、-、OR）。

（5）条件运算（EQ、NE、GT、LT、GE、LE）。

例如：如图 7-1 所示，运算次序为 1 到 5。

注意：括号用于改变运算次序。括号可以使用 5 级，包括函数内部使用的括号。当超过 5 级时，出现 P/S 报警 No. 118。

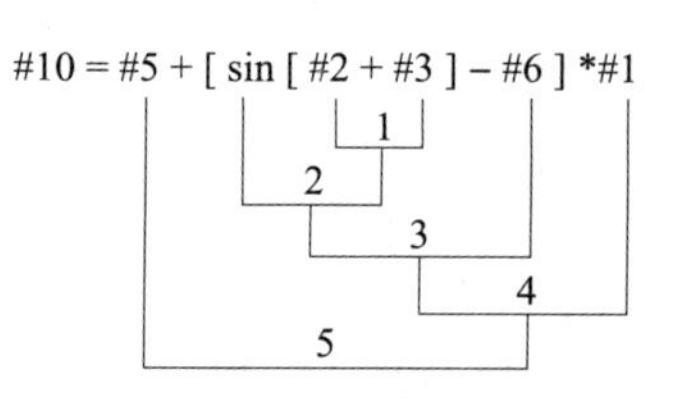

图 7-1　运算次序

三、转移和循环

1. 无条件转移（GOTO 语句）

不需要转移条件，系统在执行到此程序段时，将强制转移到标有顺序号 n 的程序段。当指定 1~99 999 以外的顺序号时，出现 P/S 报警 No. 128。

指令格式：GOTOn

说明：

n 表示程序段号，取值范围为 1~99 999。

例如：GOTO10

系统在执行到此程序段时，将无条件转移到 N10 程序段。

2. 条件转移（IF 语句）

（1）指令格式一

IF［条件表达式］GOTOn；

说明：

条件表达式满足时，转移到标有顺序号 n 的程序段。如果指定的条件表达式不满足，将执行下一个程序段。

例如：如图 7-2 所示，当 IF 语句条件满足时，将返回到程序段 N20；当条件未满足时，将执行程序段 N60。

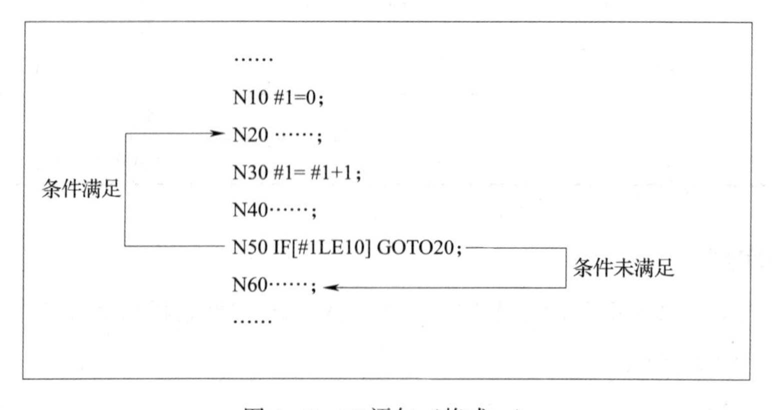

图 7-2　IF 语句（格式一）

（2）指令格式二

IF［条件表达式］THEN；

说明：

如果条件表达式满足，执行预先决定的宏程序语句（只执行一个宏程序语句）。

例如：

……

#1 =0；

#2 =0；

IF［#1EQ#2］THEN #3 =0；

……

当 IF 语句条件满足时，将 0 赋给#3。

3. 循环（WHILE 语句）

在 WHILE 后指定一个条件表达式，当指定条件满足时，执行从 DO 到 END 之间的程序段；否则，转到 END 后的程序段。

（1）指令格式

WHILE［条件表达式］DOm；（m =1、2、3）

……

ENDm；

说明：

m 是指定程序执行范围的标号，标号值为 1、2、3，若超出此值会产生 P/S 报警 No. 126。

例如：如图 7 –3 所示，当 WHILE 语句条件满足时，将执行 N20 以下的程序段，当执行到 N50 程序段时，系统自动返回到 N20 程序段，继续判别条件表达式是否满足，如果满足继续执行循环体，否则跳出循环体执行程序段 N60。

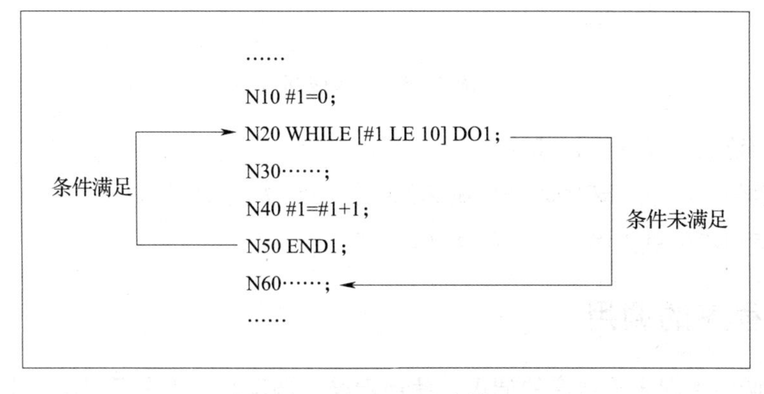

图 7 –3　WHILE 语句

（2）嵌套

1）标号（1～3）可以根据需要多次使用，如图 7－4 所示。

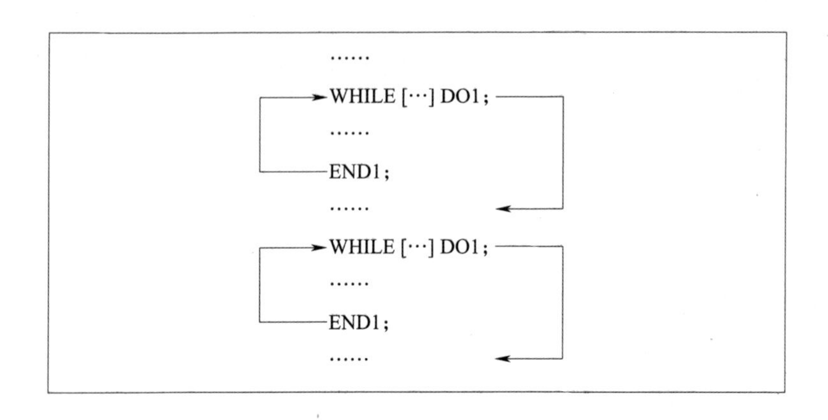

图 7－4　多次使用标号 1

2）循环可以嵌套 3 级，如图 7－5 所示。

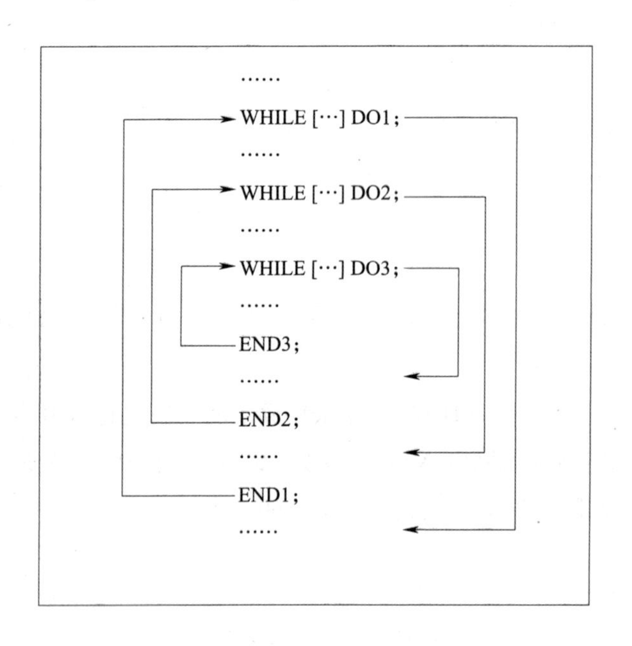

图 7－5　三级嵌套

3）循环的范围不能交叉，如图 7－6 所示。

4）转移语句可以从循环体内转到循环体外，如图 7－7 所示。

5）转移语句不能进入循环体，如图 7－8 所示。

四、宏程序的调用

宏程序的调用不同于子程序的调用，使用宏程序调用时，用户可以指定自变量将数据传送到宏程序中，子程序没有此功能。

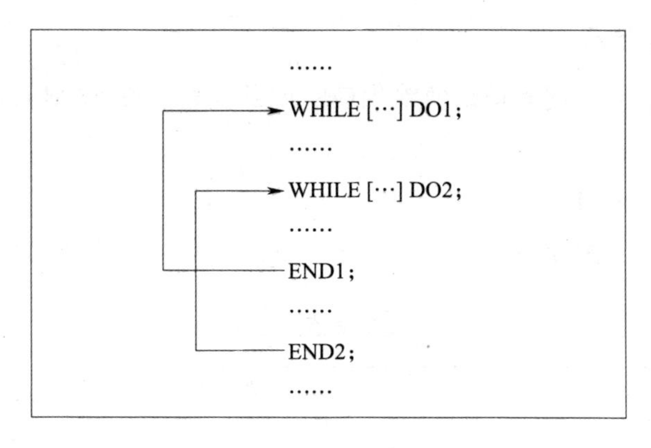

图 7－6 错误的循环格式

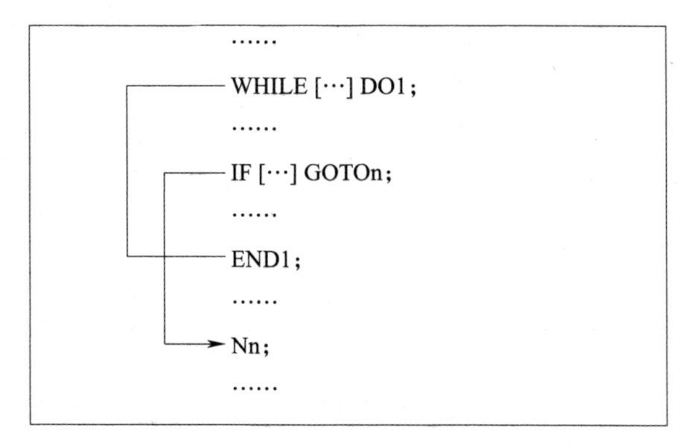

图 7－7 转到循环体外

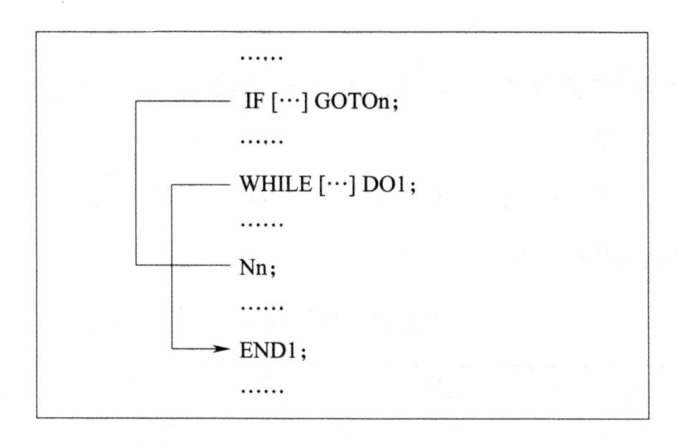

图 7－8 转移语句不能进入循环体

1. 指令格式

G65 P __ L __ （自变量）;

说明：

G65——非模态调用；

P——要调用的宏程序号；

L——重复调用次数；

自变量——将数据传递到宏程序中。

2. 自变量赋值方法

使用自变量指定，可以将其值赋值给相应的局部变量。在 FANUC 0i 系统中，自变量指定有两种形式。

（1）自变量赋值方法Ⅰ

使用除 G、L、N、O 和 P 以外的字母，每个字母对应一个变量，见表 7－4。

表 7－4　自变量赋值方法Ⅰ

地址	变量号	地址	变量号	地址	变量号
A	#1	I	#4	T	#20
B	#2	J	#5	U	#21
C	#3	K	#6	V	#22
D	#7	M	#13	W	#23
E	#8	Q	#17	X	#24
F	#9	R	#18	Y	#25
H	#11	S	#19	Z	#26

例如：下列程序段用于调用程序名为 O1000 的宏程序，同时给宏程序中的变量赋值。

G65 P1000 X50.0；

说明：

程序中的 X50.0 对应的并非 X 坐标值，而是表示#24 的值为 50.0。

（2）自变量赋值方法Ⅱ

使用 A、B 和 C 各 1 次，I_i、J_i 和 K_i（i 为 1～10）各 10 次，自变量赋值方法Ⅱ用于传递诸如三坐标值的变量，见表 7－5。

表 7－5　自变量赋值方法Ⅱ

地址	变量号	地址	变量号	地址	变量号
A	#1	K_3	#12	J_7	#23
B	#2	I_4	#13	K_7	#24
C	#3	J_4	#14	I_8	#25
I_1	#4	K_4	#15	J_8	#26
J_1	#5	I_5	#16	K_8	#27
K_1	#6	J_5	#17	I_9	#28
I_2	#7	K_5	#18	J_9	#29
J_2	#8	I_6	#19	K_9	#30
K_2	#9	J_6	#20	I_{10}	#31
I_3	#10	K_6	#21	J_{10}	#32
J_3	#11	I_7	#22	K_{10}	#33

注意：

1）I、J、K 的下标用于确定自变量指定的顺序，在实际编程中不写。

2）不需要指定的地址可以省略，对应于省略地址的局部变量设为空。

3）地址不需要按字母顺序指定，但应符合字母地址格式。但是，I、J 和 K 需要按字母顺序指定。

例如：

J __ K __　　正确

J __ I __　　不正确

（3）自变量赋值方法Ⅰ、Ⅱ混合使用

CNC 内部自动识别自变量赋值Ⅰ和自变量赋值Ⅱ，如果自变量赋值Ⅰ和自变量赋值Ⅱ混合指定的话，后指定的自变量类型有效。

例如：G65 P1000 I10.0 I15.0 D20.0；

在上面的程序段中，第一个 I 对应的变量为#4，第二个 I 和 D 对应的变量都为#7，根据定义 D20.0 有效。

3. 示例

如图 7－9 所示，编制一个宏程序加工圆周上的孔。圆周的半径为变量 *I*，起始角为变量 *A*，两孔之间间隔角度为变量 *B*，钻孔数为变量 *H*，圆心坐标为（*X*，*Y*），角度值逆时针为正，可以使用绝对值或增量值指定。

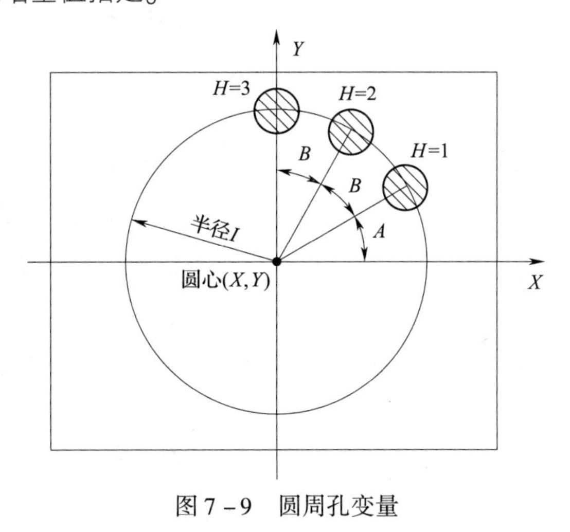

图 7－9　圆周孔变量

（1）调用格式

G65 P7100 X __ Y __ Z __ R __ I __ A __ B __ H __ ；

该指令中自变量赋值对应的变量号见表 7－6。

（2）程序编制

如果孔的直径为 12 mm，圆周的半径为 100 mm，起始角为 0°，两孔之间间隔角度为 45°，钻孔数为 6，圆心坐标为（0，0），快速趋近点的坐标为 5，孔深 20 mm。其参考程序如下：

表 7－6　　自变量赋值对应的变量号

名称	自变量	对应变量号
圆心的 X 坐标	X	#24
圆心的 Y 坐标	Y	#25
孔深	Z	#26
快速趋近点的坐标	R	#18
切削进给速度	F	#9
圆半径	I	#4
第一孔的起始角度	A	#1
两孔之间间隔角度	B	#2
钻孔数	H	#11

```
O0701;                                  程序名
N10 G92 X0 Y0 Z100;                     建立工件坐标系
N20 M03 S530;                           主轴顺时针旋转，转速为 530 r/min
N30 M08;                                切削液开
N40 G65 P1701 X0 Y0 R5 Z-20
I100 A0 B45 H6 F50;                     调用宏程序，并传递参数
N50 M30;                                程序结束

O1701;                                  子程序名
N10 G81 Z#26 R#18 F#9 K0;               钻孔循环指令，K0 仅设置钻孔循环的参
                                        数，不执行钻孔动作
N20 WHILE[#11 GT 0] DO1;                当钻孔数大于 0，执行循环体
N30 #3=#24+#4COS[#1];                   计算孔位的 X 坐标
N40 #4=#25+#4SIN[#1];                   计算孔位的 Y 坐标
N50 G90 X#3 Y#4;                        移动到目标位置执行钻孔
N60 #1=#1+#2;                           计算下一个孔位的角度
N70 #11=#11-1;                          计算未加工孔数
N80 END1;                               循环结束
N90 G80;                                取消固定循环
N100 M99;                               子程序结束
```

第二节　变量编程应用

一、椭圆加工

下面以图 7 - 10 所示为例，编写椭圆加工宏程序。已知毛坯尺寸为 60 mm × 50 mm × 30 mm。

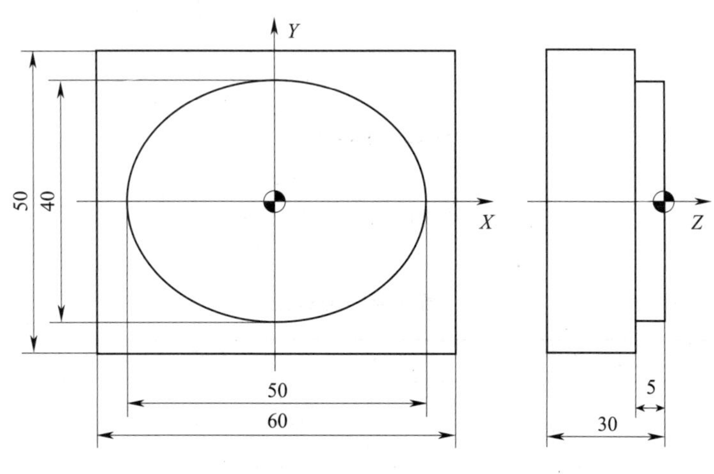

图 7 - 10　椭圆加工

1. 工艺分析

(1) 选择刀具

如图 7 - 10 所示，加工部位是一个高度为 5 mm 的椭圆形台阶，轮廓中不存在内圆弧，故对刀具直径没有要求。本例选择直径为 16 mm 的平底铣刀。

1) 背吃刀量 (a_p)

台阶外形轮廓的加工深度为 5 mm，底面没有表面粗糙度要求。加工时，Z 向选择背吃刀量为 5 mm，一次加工到深度。

2) 主轴转速 (n)

切削速度 v_c 取 20 m/min。

$$n = \frac{1\ 000 v_c}{\pi D} = \frac{1\ 000 \times 20}{3.14 \times 16} \approx 400\ (\text{r/min})$$

3) 进给速度 (v_f)

每齿进给量 f_z 取 0.05 mm/z。

$$v_f = f_z z n = 0.05 \times 2 \times 400 = 40\ (\text{mm/min})$$

(2) 确定刀具路径

椭圆加工刀具路径及编程原点如图 7 - 11 所示。编程时，采用宏程序方式实现椭圆轮廓的加工，刀具在 1 点下刀，由 1 点到 2 点建立刀具半径左补偿，通过 2 点到 3 点直线切入，然后采用宏程序加工工件轮廓，由 3 点到 4 点直线切出，最后由 4 点到 5 点取消刀具半径左补偿。各基点的坐标值见表 7－7。

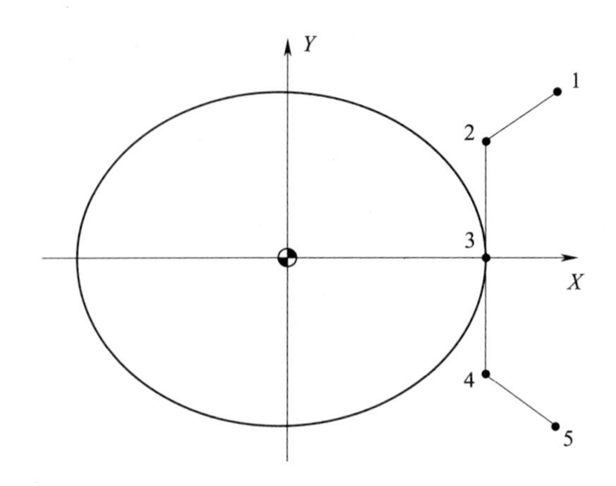

图 7－11 椭圆加工刀具路径及编程原点

表 7－7 各基点的坐标值

基点	X	Y
1	35	20
2	25	15
3	25	0
4	25	－15
5	35	－20

2. 初始变量

（1）各初始变量的设置（见表 7－8）

表 7－8 各初始变量的设置

名称	变量
角度变量	#1
椭圆上任意点的 X 坐标	#2
椭圆上任意点的 Y 坐标	#3

（2）宏程序中的变量及表达式

数控铣床加工椭圆是采用小段直线拟合方式来进行的，编程时依据椭圆的标准方程 $x^2/a^2+y^2/b^2=1$，或椭圆的参数方程 $x=a\cos\theta$，$y=b\sin\theta$ 计算出椭圆上任意一点的坐标值，然后由直线插补指令完成椭圆的加工。

3. 程序编制

O0702； 程序名

```
N10 G00 G17 G21 G40 G49 G90;              程序初始化
N20 G91 G28 Z0;                           返回参考点
N30 T01 M06;                              更换1号刀
N40 G54 G90 X35.0 Y20.0;                  建立工件坐标系
N50 G43 Z20.0 H01;                        建立刀具长度补偿
N60 S400 M03;                             主轴正转，转速为400 r/min
N70 M08;                                  切削液开
N80 Z5.0;                                 下降到Z5
N90 G01 Z-5.0 F40;                        下降到Z-5
N100 G41 G01 X25.0 Y15.0 D01;             建立刀具半径左补偿
N110 Y0;                                  直线切入
N120 #1=360;                              初始角度为0
N130 WHILE[#1 GE 0] DO1;                  判断#1是否大于0
N140 #2=25.0*COS[#1];                     计算椭圆上任意点X坐标值
N150 #3=20.0*SIN[#1];                     计算椭圆上任意点Y坐标值
N160 G01 X#2 Y#3;                         椭圆加工
N170 #1=#1-1;                             自变量，每循环一次减1
N180 END1;                                循环1结束
N190 G01 Y-15.0;                          直线切出
N200 G40 X35.0 Y-20.0;                    取消刀具半径左补偿
N210 G00 Z5.0;                            抬刀至Z5
N220 M09;                                 切削液关
N230 G49 G91 G28 Z0;                      取消刀具长度补偿，回参考点
N240 M30;                                 程序结束
```

二、半圆球加工

下面以图7-12所示零件为例，编写半圆球加工宏程序。已知毛坯尺寸为 ϕ50 mm×30 mm。

1. 粗加工

（1）工艺分析

1）选择刀具

如图7-12所示，加工部位是一个高度为20 mm的半圆球，轮廓中不存在内圆弧，故对刀具直径没有要求。本例选择直径为10 mm的平底铣刀。

主轴转速（n）：

切削速度 v_c 取20 m/min。

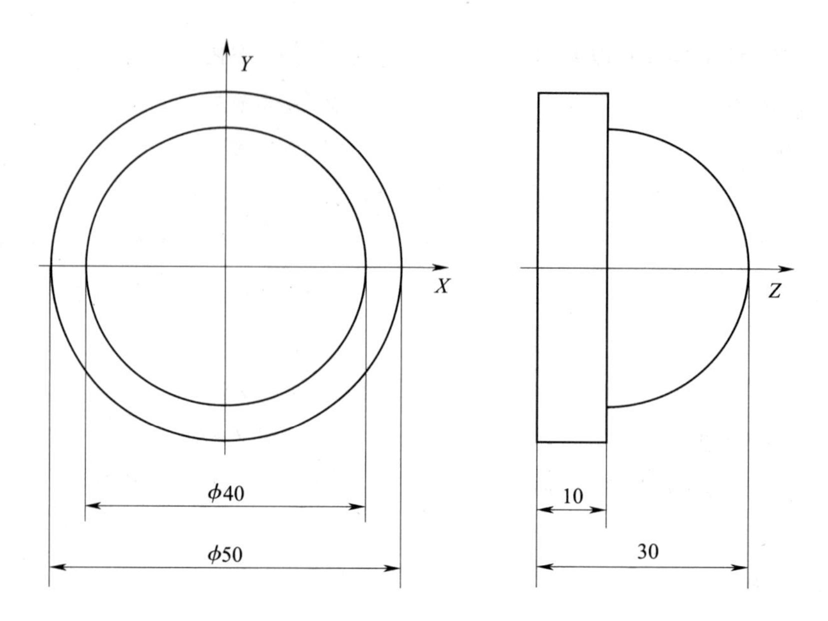

图 7－12　半圆球加工

$$n=\frac{1\ 000v_{\mathrm{c}}}{\pi D}=\frac{1\ 000\times 20}{3.14\times 10}\approx 640\ (\mathrm{r/min})$$

进给速度（v_{f}）：

每齿进给量 f_{z} 取 0.1 mm/z。

$$v_{\mathrm{f}}=f_{\mathrm{z}}zn=0.1\times 2\times 640\approx 130\ (\mathrm{mm/min})$$

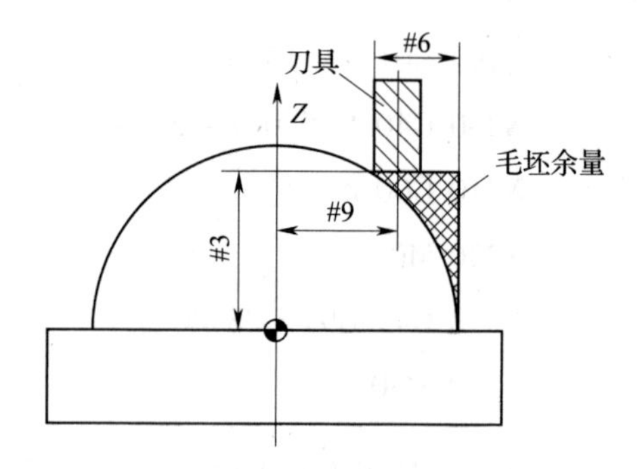

2）粗加工刀具路径

由于工件毛坯形状为圆柱体，零件加工部位的形状为半球体，毛坯的加工余量由上到下逐渐减小。因此，刀具路径应采用分层方式逐层进行加工，每层由外到内分多圈进项铣削，如图 7－13 所示。

（2）初始变量

1）各初始变量的设置见表 7－9。

2）宏程序中的变量及表达式

#5 是任意高度刀尖与球面接触点的 X 坐标值，已知斜边（球面粗加工半径#1）和直角边（球高度#3），根据勾股定理 $a^2+b^2=c^2$，#5 = SQRT[#1 * #1 − #3 * #3]。

#6 是任意高度去除毛坯余量的宽度，即#6 = #4 − #5。

#7 是刀具间距，即#7 = 0.8 * 2 * #2。

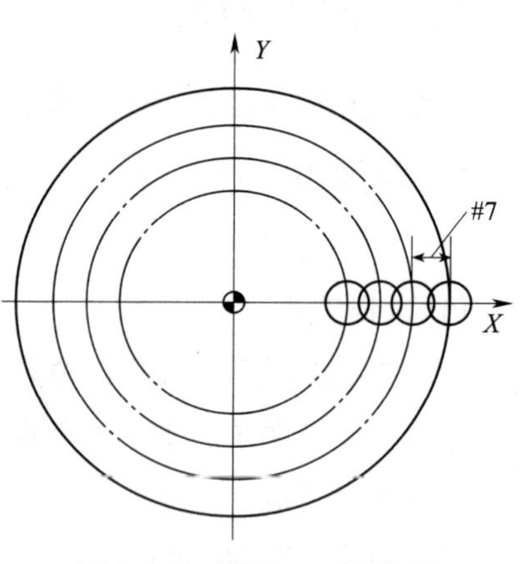

图 7－13　粗加工刀具路径

#8 是每层刀具需要加工的圈数，使用上取整函数对计算结果（#6/#7）进行上取整。
#9 是每层 X 向起点坐标，即#9 = #5 + #8 * #7 + #2。

表 7－9 各初始变量的设置

名称	变量
球面粗加工半径	#1
刀具半径	#2
半球高度（20 mm）	#3
球底半径（20 mm）	#4
接触点 X 坐标值	#5
去除毛坯余量的宽度	#6
刀具间距（0.8 倍的刀具直径）	#7
去除毛坯余量的铣削圈数	#8
X 向起点坐标	#9

（3）程序编制

```
O0703;                              程序名
N10 G00 G17 G21 G40 G49 G90;        程序初始化
N20 G91 G28 Z0;                     返回参考点
N30 T01 M06;                        更换 1 号刀
N40 G54 G90 X0 Y0;                  建立工件坐标系
N50 G43 Z50.0 H01;                  建立刀具长度补偿
N60 S640 M03;                       主轴正转，转速为 640 r/min
N70 M08;                            切削液开
N80 #1 =20.5;                       球面粗加工半径（加工余量 0.5 mm）
N90 #2 =5;                          刀具半径
N100 #3 =20;                        半球高度为 20 mm
N110 #4 =25;                        毛坯半径为 20 mm
N120 WHILE[#3GT0] DO1;              当#3 大于 0 时，执行循环体
N130 #5=SQRT[#1 * #1 - #3 * #3];    计算接触点 X 坐标值
N140 #6=#4-#5;                      计算去除毛坯余量的宽度
N150 #7=0.8 * 2 * #2;               计算刀具间距（0.8 倍的刀具直径）
N160 #8=FIX[#6/#7];                 去除毛坯余量的铣削圈数
N170 G90 G00 X[#4 + #2];            快速移动到每层的初始位置
N180 G01 Z#3 F130;                  下刀至每层的深度
N190 WHILE[#8GE0] DO2;              当#8 大于等于 0 时，执行循环体
N200 #9=#5 + #8 * #7 + #2;          计算 X 向起点坐标
```

```
N210 X#9 Y0;              移动到每圈铣削的起点
N220 G02 I-#9;            顺时针整圆加工
N230 #8=#8-1;             每层铣削圈数减 1
N240 END2;                建立刀具半径左补偿
N250 #3=#3-1;             自变量减 1
N260 G91 G00 Z2.0;        快速抬刀
N270 END1;                循环 1 结束
N280 G00 Z50.0;           抬刀至安全高度
N290 M09;                 切削液关
N300 G49 G91 G28 Z0;      取消刀具长度补偿，回参考点
N310 M30;                 程序结束
```

2. 精加工

（1）精加工刀具路径

精加工时，自下而上以等角度方式逐层去除余量。在每层铣削球面时，为了提高球表面的质量，以 1 点到 2 点建立刀具半径左补偿，由 2 点到 3 点以 *R*10 mm 的圆弧切入，由 3 点到 4 点以 *R*10 mm 的圆弧切出，最后由 4 点到 1 点取消刀具半径左补偿，如图 7－14 所示。

（2）初始变量

1）各初始变量的设置见表 7－10。

2）宏程序中的变量及表达式

#2 是球面上任意点的 *X* 坐标值，其表达式为#2 =20 * COS[#1]。

#3 是球面上任意点的 *Z* 坐标值，其表达式为#3 =20 * SIN[#1]。

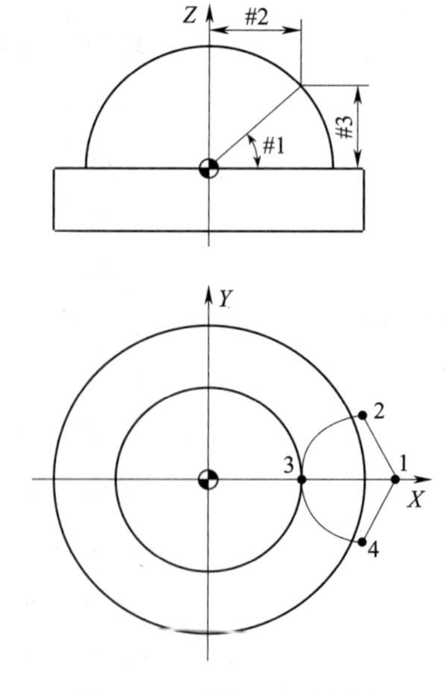

图 7－14　精加工刀具路径

表 7－10 各初始变量的设置

名称	变量
角度变量	#1
球面上任意点 *X* 坐标值	#2
球面上任意点 *Z* 坐标值	#3

（3）程序编制

O0704;	程序名
N10 G00 G17 G21 G40 G49 G90;	程序初始化
N20 G91 G28 Z0;	返回参考点
N30 T01 M06;	更换 1 号刀
N40 G54 G90 X35.0 Y0;	建立工件坐标系
N50 G43 Z50.0 H01;	建立刀具长度补偿
N60 S640 M03;	主轴正转，转速为 640 r/min
N70 M08;	切削液开
N80 #1 =0;	初始角度
N90 WHILE[#1LE90] DO1;	当#1 小于或等于 90 时，执行循环体
N100 #2=20.0 * COS[#1];	计算球面上任意点 X 坐标值
N110 #3=20.0 * SIN[#1];	计算球面上任意点 Z 坐标值
N120 #4=#2 +15.0;	计算每层 *X* 向的起点坐标
N130 G01 Z#3 F130;	*Z* 向下刀
N140 X#4 Y0;	移动到起刀点位置
N150 G41 X[#4 -5] Y10.0 D01;	建立刀具半径左补偿
N160 G03 X#2 Y0 R10.0;	圆弧切入
N170 G02 I -#2;	圆加工
N180 G03 X[#4 -5] Y -10.0 R10.0;	圆弧切出
N190 G40 G01 X#4 Y0;	取消刀具半径左补偿
N200 #1=#1 +1;	自变量加 1
N210 END1;	循环 1 结束
N220 G00 Z20.0;	抬刀至安全高度
N230 M09;	切削液关
N240 G49 G91 G28 Z0;	取消刀具长度补偿，回参考点
N250 M30;	程序结束

第八章　DNC 数控加工技术应用

第一节　DNC 数控加工技术基本知识

一、DNC 的基本概念

DNC 是 Distrbuted Numerical Control 或者 Direct Numerical Control 的缩写形式，中文的意思是分布式数字控制或直接数字控制。其含义是系统使一组数控机床与公用零件程序或加工程序存储器发生联系，一旦提出请求，它立即把数据分配给有关机床。在这里 DNC 包含以下两个主要内容：

1. 程序的管理

早期的程序管理基本采用文件夹管理方式，按照一定规则将数控机床的程序来源与指定文件夹相对应。文件夹可以进一步细分为上传（机床到计算机）目录和下传（计算机到机床）目录，并且可以按照需要将某一部分机床与某特定的文件目录相对应。

2. 程序的传输

程序传输包括程序库与机床间、机床参数和刀具参数的双向通信。随着科学技术的进步，数控系统由 NC 发展为 CNC，即每台数控机床由一台计算机来控制。现在的 CNC 系统功能非常完善，一般都支持 RS232 接口接收和发送加工程序。很多 CNC 系统可以实现一边接收 NC 程序一边切削加工，这就是所谓的 DNC。采用 DNC 网络通信技术方式，利用 PC 机和 CNC 系统的 RS232 串行通信接口对 CNC 机床进行联网，是目前 CNC 机床的一个重要手段。

二、制造业对 DNC 的应用

1. 单机通信

单机通信技术主要用于实现程序传输和在线加工，通过串口实现数控程序的传输。早期的 DNC 就是将数控程序传到机床或接收机床传出的程序，其目的是节约大量的在机编程、输入程序时间，从而提高机床的使用效率。当加工程序较大，在数控系统内无法保存时，一般使用在线加工的方式，即计算机通过通信软件将程序分批次地传输给数控机床，机床则用传递过来的程序进行加工。

2. 网络通信

20 世纪 80 年代中后期的数控系统把 RS232 接口作为标准配置的程序输入和输出接口，并且数控机床在国内的使用越来越普遍。因此，20 世纪 90 年代初期出现了数控机床 DNC 网络程序集中管理和通信，其作用是缩短程序的准备时间，从而压缩数控设备非有效工作时间。

三、DNC 技术的发展趋势

我国将制造业信息化归纳为六个数字化：设计数字化、制造数字化、装备数字化、生产过程数字化、管理数字化和企业数字化。采用 DNC 网络技术是实现生产过程数字化的主要手段之一。

信息时代对 DNC 技术的要求，除了在数控设备和程序管理系统之间双向传送 NC 程序、刀具补偿文件、数控系统参数外，在生产管理系统的正常运行中还需要实现生产任务下发、设备状态、任务完成等生产现场的数据采集，为生产管理系统的正常运行提供反馈。

DNC 技术在不断发展，仅满足于程序传输和数据管理功能的 DNC 已经成为传统意义的 DNC。需要在传统 DNC 软件的基础上增加数控程序的数据库管理、程序流程管理、车间工况信息的采集以及信息查询等功能，将它们发展成为新一代的 DNC 网络，才能满足当今车间环境中的信息交换需要。

第二节　以太网网络与通信

FANUC 的以太网功能主要通过 TCP/IP 协议实现，使用的时候在 CNC 系统上只需设定 CNC 的 IP、TCP 和 UDP 端口等信息即可。下面以内嵌式以太网的设定方法为例进行说明，具体操作方法如下：

一、CNC 系统的设置

（1）按SYSTEM键数次，显示以太网参数设定画面，如图 8－1 所示。

（2）在 CNC 的以太网参数设定画面设定 IP 地址等参数，置 CNC 于 MDI 方式。

（3）根据 CNC 系统实际配置的硬件（内装以太网、PCMCIA 网卡或以太网板）进行选择，设定相应的以太网地址等参数。例如，系统使用的是以太网板，则按下“BOARD”按键，于是显示出相应的画面，如图 8－2 所示。在图 8－2 中，将光标置于欲设定的参数项，输入设定值（图中的值可作为参考）。通常只需设定 3 项：IP ADDRESS、SUBNET MASK、PORT NUMBER（TCP）。

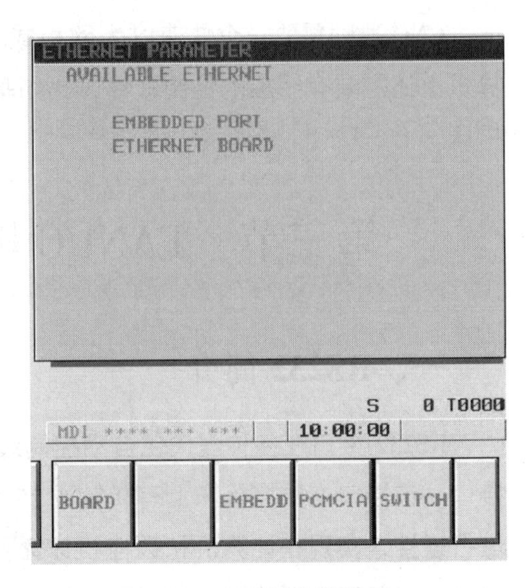

图 8－1　以太网参数画面

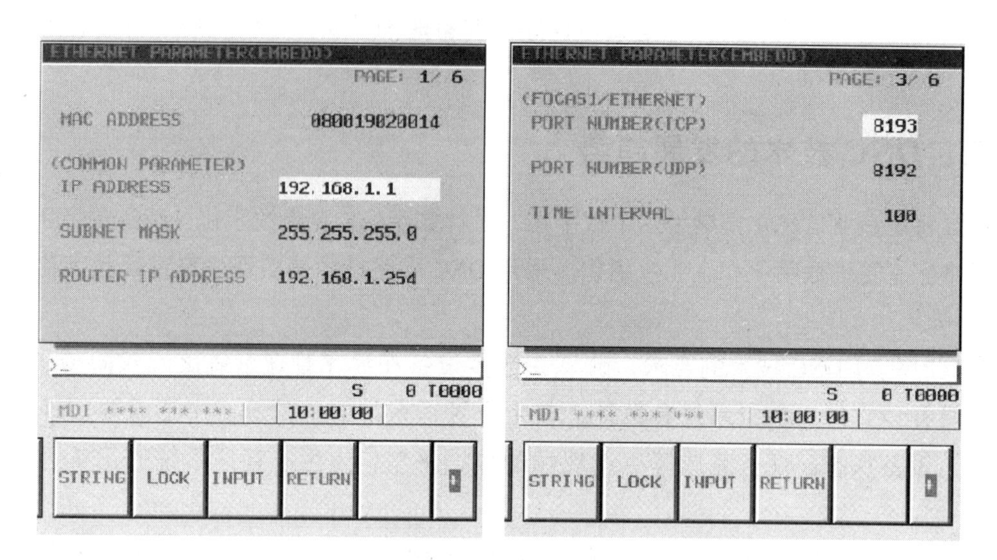

图 8-2 参数设置画面

当然，若是 PC 机经过 HUB 与 CNC 相连，则必须设定 ROUTER IP ADDRESS。

二、PC 机的设置

在 PC 机的网络连接画面上，双击“Local area connection”，设定局域网的属性。将光标置于“Internet protocol（TCP/IP）”，点击属性。在“Internet protocol（TCP/IP）”的参数画面输入 IP 地址和子网掩码。例如，IP 地址：192.168.1.2，子网掩码：255.255.255.0。参数输入后，单击“确定”按钮。

三、以太网功能及应用

假设希望使用以太网连接计算机和 CNC 进行远程控制，计算机端必须要有一个以太网卡，CNC 端则需要一个快速以太网板或者其他以太网接口并选择以太网功能。另外，在计算机上还需要有相应的控制软件，比如基本操作包，这样就可以通过以太网来控制车间中的机床。

第三节 FANUC 串口通信与数据传输方法

一、RS232 简介

RS232 接口在各种现代化自动控制装置上应用十分广泛，是目前最常用的一种串行通信接口。该接口在数控机床上有 9 针或 25 针串口，其结构简单，用一根 RS232 电缆和计算机进行连接，实现在计算机和数控机床之间进行系统参数、PMC 参数、螺距补偿参数、加工程序、刀补等数据传输，完成数据备份和数据恢复，以及 DNC 加工和诊断维修。

二、RS232 接口连接器引脚分配及定义

DB－25 连接器引脚如图 8－3 所示，DB－9 连接器引脚如图 8－4 所示。DB－25 和 DB－9 连接器引脚功能见表 8－1。

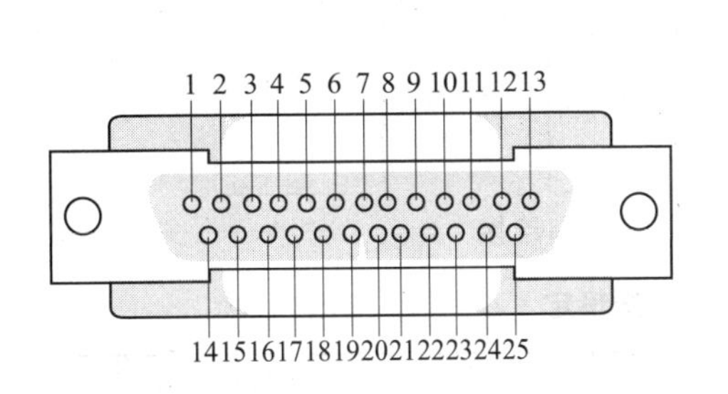

图 8－3　DB－25 连接器引脚

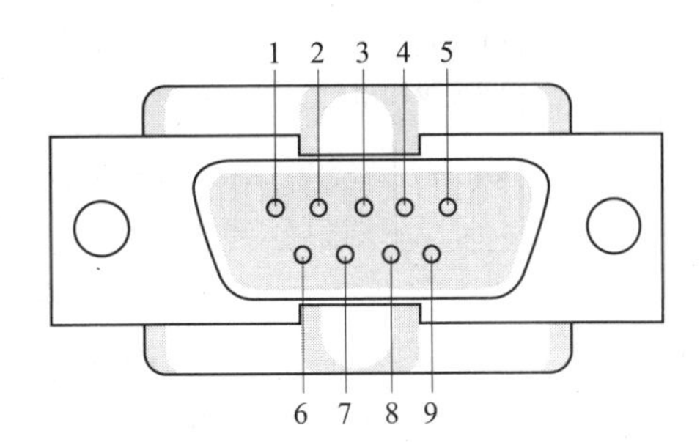

图 8－4　DB－9 连接器引脚

表 8－1　　**DB－25 和 DB－9 连接器引脚功能**

DB－25 串行口的引脚功能			DB－9 串行口的引脚功能		
引脚	名称	说明	引脚	名称	说明
8	DCD	载波检测	1	DCD	载波检测
3	RXD	接收数据	2	RXD	接收数据
2	TXD	发出数据	3	TXD	发送数据
20	DTR	数据终端准备好	4	DTR	数据终端准备好
7	SG	信号地	5	SG	信号地
6	DSR	数据准备好	6	DSR	数据准备好
4	TRS	请求发送	7	RTS	请求发送
5	CTS	清除发送	8	CTS	清除发送
22	RI	振铃指示	9	RI	振铃指示

三、FANUC 数控系统 RS232 接口

1. FANUC 0 系统接口连接与参数

（1）FANUC 0 系统接口连接（见图 8－5）

（2）FANUC 0 系统参数设定（见表 8－2）

2. FANUC 0i/16i/18i/21i 系统接口连接与参数

（1）FANUC 0i/16i/18i/21i 系统接口连接（见图 8－6）

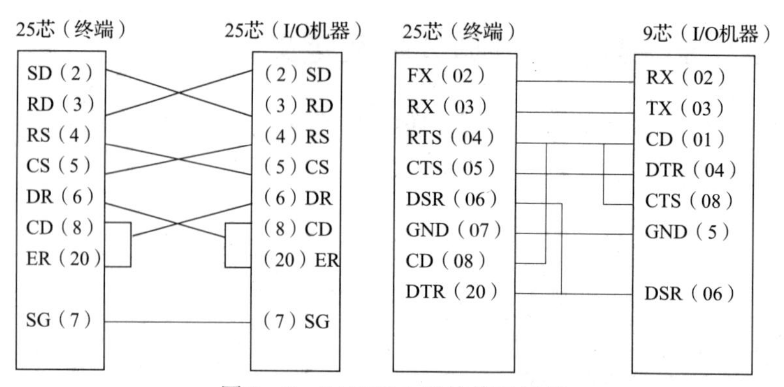

图 8－5　FANUC 0 系统接口连接

表 8－2　**FANUC 0 系统参数设定**

内　容		设定值
SETTING 页面	ISO 代码	1
	I/O 通道选择	0
	TV 检查	0
参数	0002	1000001
	0038	1000000
	0552	10

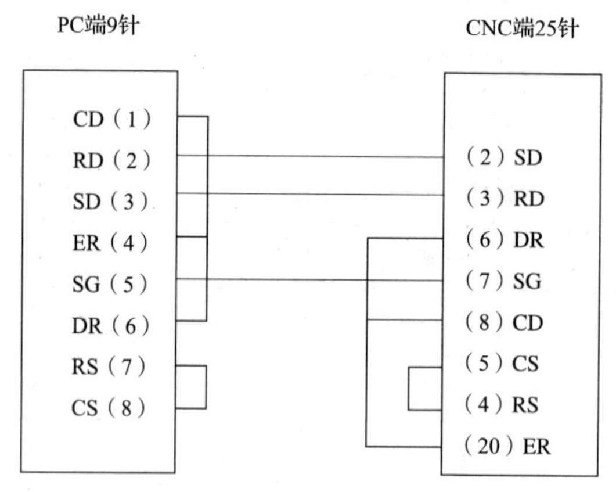

图 8－6　接口连接

（2）标准参数（见表 8－3）

表 8－3　**标准参数**

参数号	设定值
0000	00000010
0020	0
0100	00100110
0101	10001001
0102	0
0103	11

四、注意事项

（1）使用双绞屏蔽电缆制作传输线，长度不小于15 m。

（2）传输线金属屏蔽网应焊接在连接器金属壳上。

（3）PC与CNC连接必须在断电的情况下进行。

（4）PC与CNC的端口数据必须设置相同。

（5）通信电缆两端须装有光电隔离部件，分别保护数控系统和外设计算机。

（6）计算机与数控机床要有同一接地点，并可靠接地。

（7）通电情况下禁止插拔通信电缆。

（8）雷雨季节须注意，打雷期间应将通信电缆拔下，尽量避免雷击引起接口损坏。

第四节　应用PCIN软件实现程序传输的操作方法

一、PCIN软件的使用

利用计算机传输程序，将数据线连接好，计算机和机床送电启动，先打开计算机中的PCIN软件，系统弹出PCIN对话框，选V24－INI设置通信参数，使用DATA_OUT输出程序。此时，将机床软件操作面板上的DNC项设定为ON，然后将机床侧“方式选择”开关置于AUTO状态，按下CYCLESTART键，即可运行从计算机传来的程序。

1. 传送程序

参数设置完毕退出后，用方向键选择菜单“DATA_OUT”，按回车键，出现“FILE_NAME”窗口，找到要传送的程序路径，如“D:PROGRAM”。按回车键后，即可传送。传送完成后选择菜单“EXIT”按回车键退出PCIN软件。

2. 接收程序

参数设置完毕退出后，用方向键选择菜单“DATA_IN”，按回车键，出现“FILE_NAME”窗口，选择程序要存储的路径，例如“D:PROGRAM”。按回车键后，即可接收。

二、PCIN软件的操作过程

（1）用通信电缆将计算机与系统通信口连接起来，打开PCIN软件。在界面中选择“SPECIA”→“LANGUAGE”→“ENGLISH”命令，系统进入PCIN的英文界面，如图8－7所示。

（2）在界面中选择“V24－INI”，如图8－8所示，设置接口参数。

以上参数默认值皆为正确的，在线加工时除了波特率在必要时可改变外（必须与系统端设置一致），其他参数都不用修改。

参数设置好以后，保存该设置，按回车键完成，如图8－9所示。

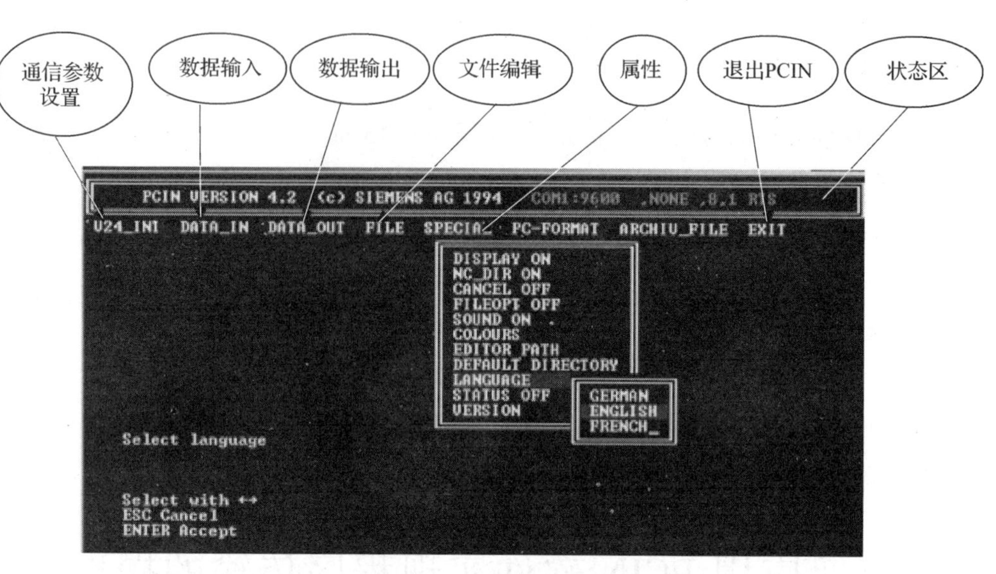

图 8－7 PCIN 英文界面

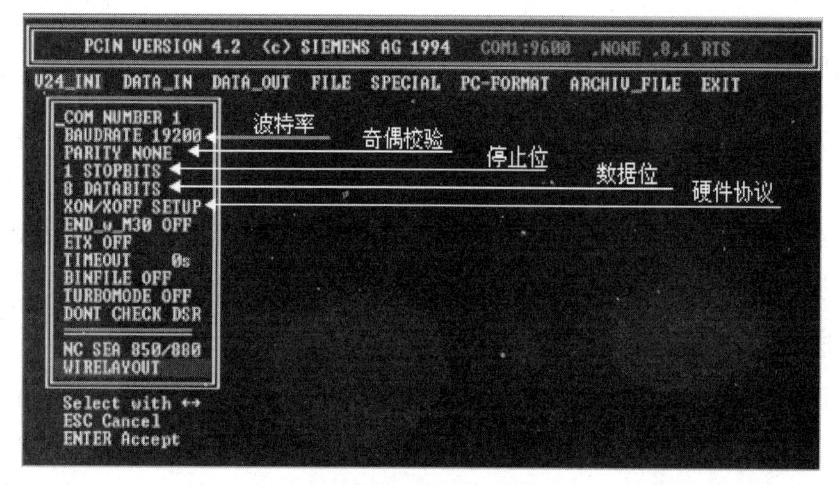

图 8－8 设置接口参数

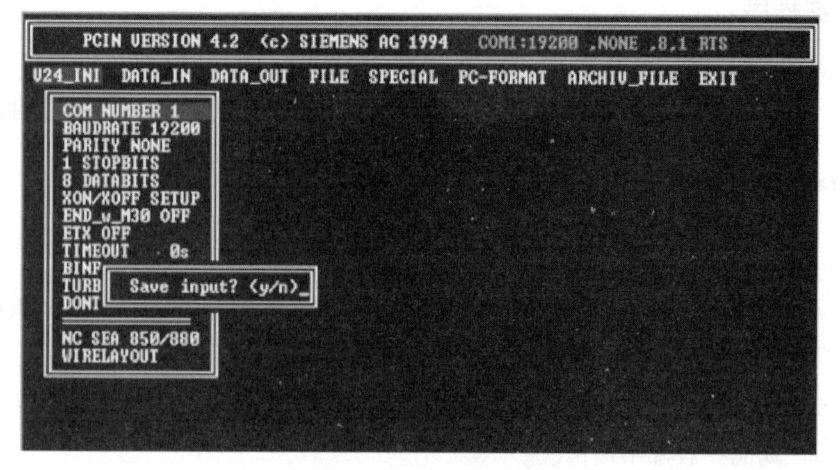

图 8－9 保存设置

第五节 串口通信软件简介

一、CNC－EDIT 传输软件

1. CNC－EDIT 的参数设置

CNC－EDIT 传输软件打开后单击“开新档”，弹出 CNC－EDIT 操作界面，如图 8－10 所示。在操作界面中可以编写程序或打开已有的程序。

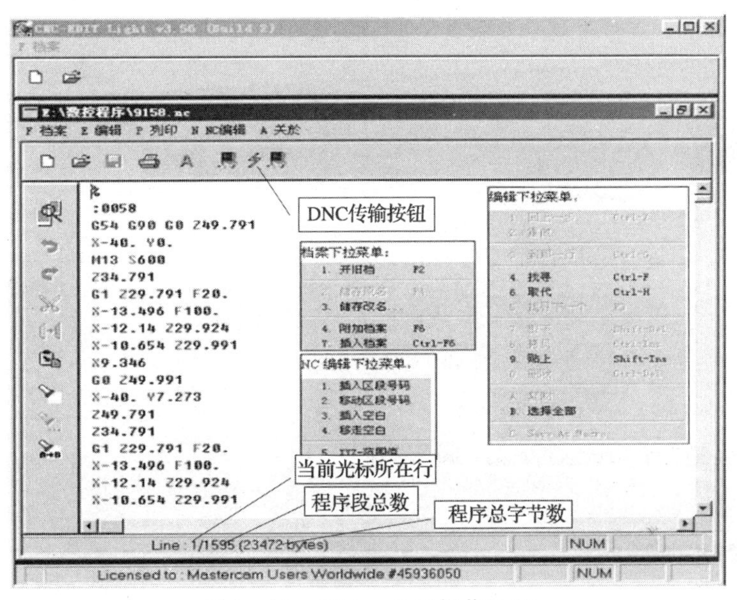

图 8－10 CNC－EDIT 操作界面

按下图中两个计算机图标的按钮（DNC 传输按钮），进入程序的 DNC 传输操作界面，如图 8－11 所示。在该界面中按“Setup”按钮，进入参数设置界面，如图 8－12 所示。设置完参数后，按“Save & Exit”按钮退出。

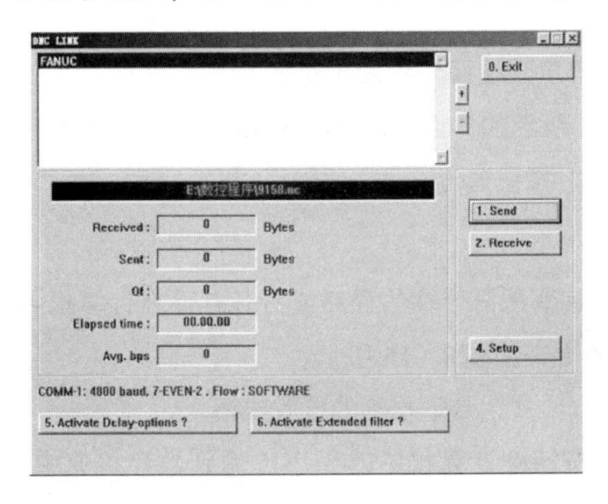

图 8－11 DNC 传输操作界面

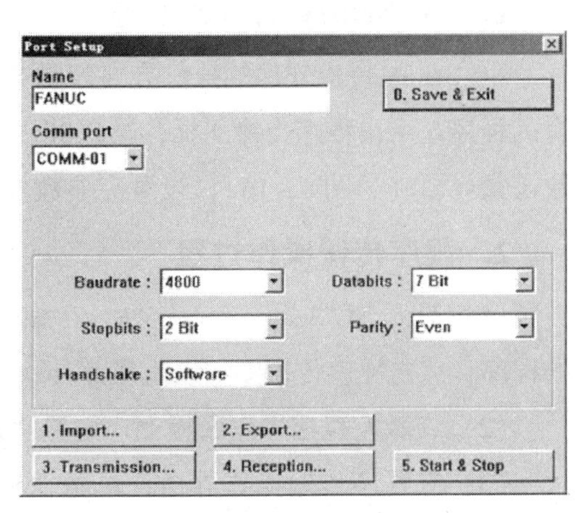

图 8－12 参数设置界面

2. 程序传输操作过程

（1）打开 CNC－EDIT 传输软件，在编辑区域编写所需传输的程序或打开存储在计算机中的程序，按 DNC 传输按钮进入程序传输操作界面。

（2）在数控机床操作面板中，选择“EDIT”方式，启动程序的接收或读入。

（3）在程序传输操作界面中，按“Send”按钮把计算机中的程序传输到数控机床中，其传输过程界面如图 8－13 所示。

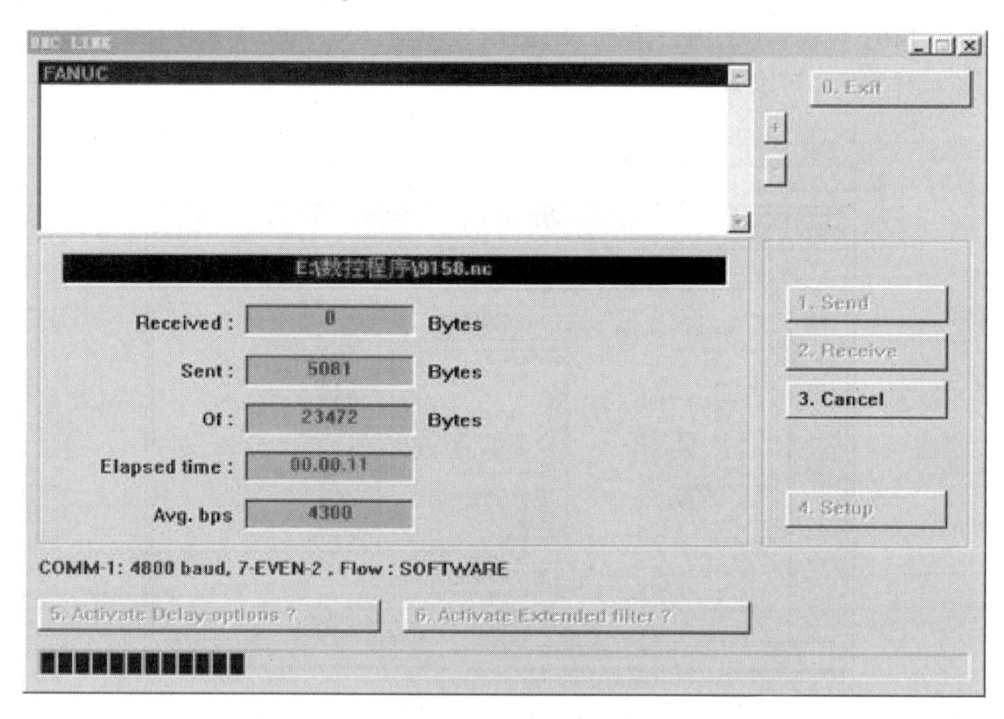

图 8－13　DNC 传输过程界面

二、NC Sentry 传输软件

1. NC Sentry 的参数设置

NC Sentry 传输软件的操作界面如图 8－14 所示，在操作界面中可以编写程序或打开已有的程序。点击程序传输图标，进入如图 8－15 所示的界面，单击“Settings”进入传输参数设置界面（见图 8－16），设置完参数按“OK”按钮退出。

2. 程序传输操作过程

（1）打开 NC Sentry 传输软件，在编辑区域编写所需传输的程序或打开存储在计算机中的程序，点击程序传输图标进入程序传输操作界面，如图 8－15 所示。

（2）在数控机床操作面板上，选择“EDIT”方式，启动程序的接收或读入。

（3）在程序传输操作界面，单击“Start”按钮把计算机中的程序传输到数控机床中，其传输过程界面如图 8－17 所示。

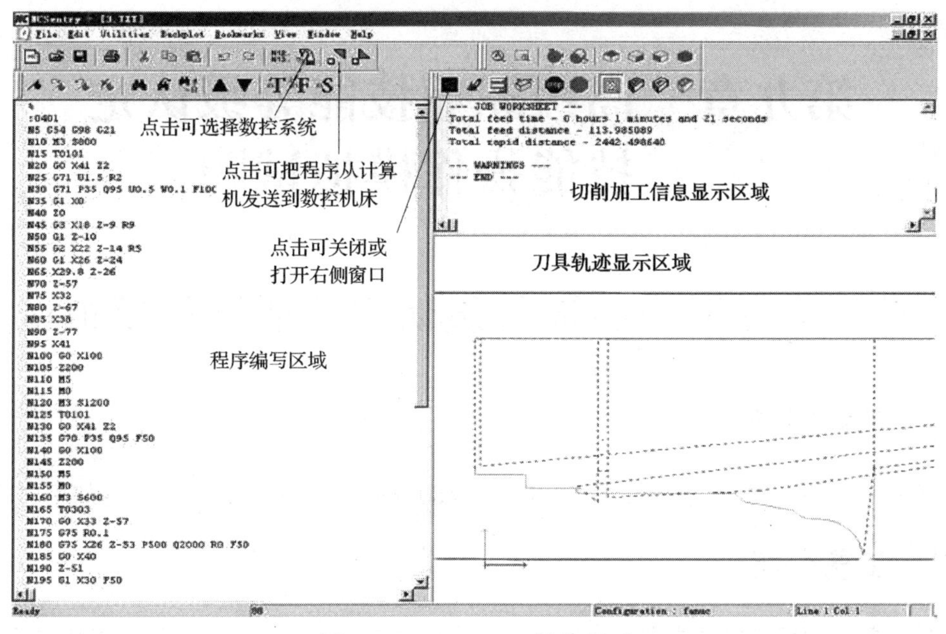

图 8－14　NC Sentry 操作界面

图 8－15　程序传输操作界面

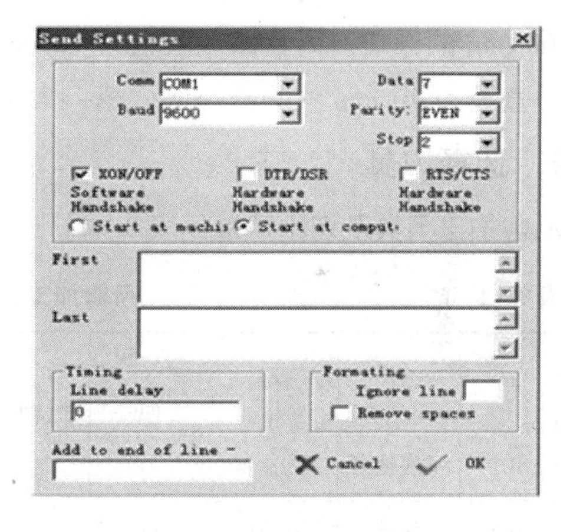

图 8－16　参数设置界面

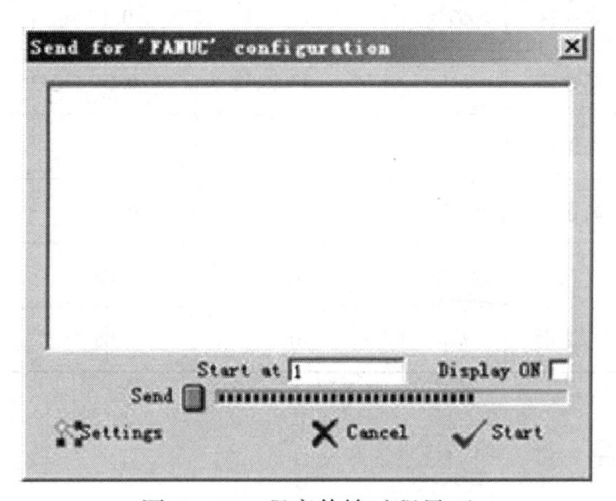

图 8－17　程序传输过程界面

第九章　高级职业技能等级认定技能操作模拟试题

第一节　高级职业技能等级认定技能操作模拟试题 1

一、工件图样

如图 9－1 所示，已知毛坯尺寸为 100 mm×80 mm×30 mm，试编写数控加工程序。

二、工艺分析

零件的加工内容较多，主要分布在上、下两个表面，包含了轮廓加工、型腔加工、槽加工和孔加工等。加工时，首先加工工件下表面，加工顺序是椭圆槽→直径为30 mm的孔→直径为 60 mm 的圆槽→离合器→直径为 10 mm 的孔。然后加工工件上表面，加工顺序是椭圆台→直径为 40 mm 的圆台→圆弧槽→离合器。

1. 选择刀具

所需加工刀具及切削用量见表 9－1。

表 9－1　　所需加工刀具及切削用量

序号	刀具号	名称	材料	直径/mm	切削速度/(mm·min^{-1})	每齿进给量/(mm·r^{-1})	主轴转速/(r·min^{-1})	进给速度/(mm·min^{-1})
1	T01	平底铣刀	高速钢	ϕ8	20	0.03	800	50
2	T02	平底铣刀	高速钢	ϕ16	20	0.05	400	40
3	T03	镗刀	高速钢	ϕ30	75	0.1	800	80
4	T04	平底铣刀	高速钢	ϕ10	20	0.04	650	50
5	T05	平底铣刀	高速钢	ϕ6	20	0.02	1 100	45
6	T06	中心钻	高速钢	ϕ3	20	0.01	2 000	40
7	T07	钻头	高速钢	ϕ9.8	20	0.05	650	65
8	T08	铰刀	高速钢	ϕ10	10	0.05	320	60

2. 确定刀具路径

（1）确定下表面刀具路径

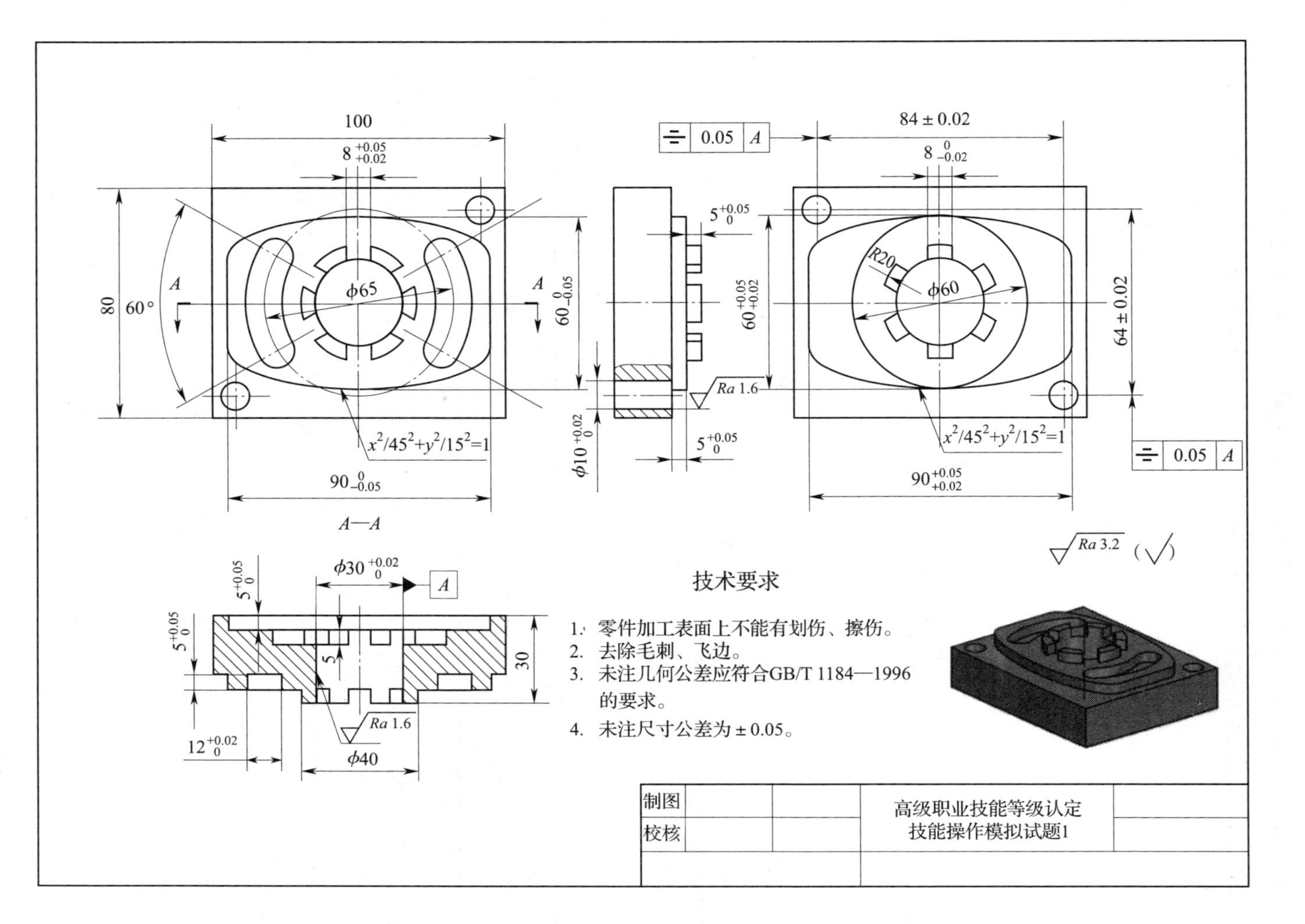

图 9-1　高级职业技能等级认定技能操作模拟试题1

1）椭圆槽加工刀具路径如图 9－2 所示。刀具从 1 点下刀，由 1 点到 2 点建立刀具半径左补偿，以圆弧半径 15 mm 从 2 点到 3 点切入，然后执行椭圆槽轮廓加工，以圆弧半径 15 mm 从 3 点到 4 点切出，最后由 4 点到 1 点取消刀具半径左补偿。各基点坐标值见表 9－2。

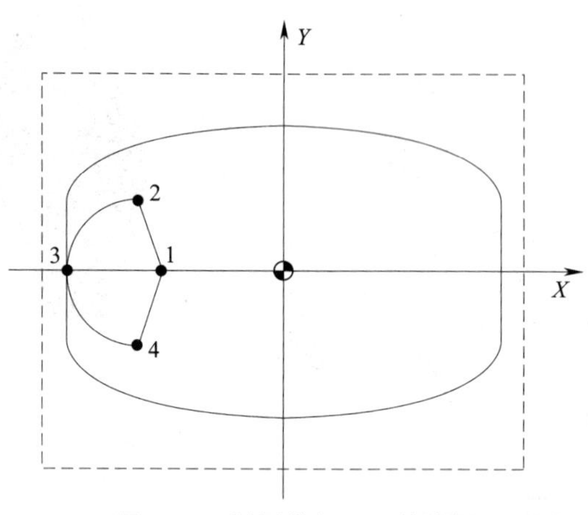

图 9－2　椭圆槽加工刀具路径

表 9－2　各基点坐标值

基点	X	Y
1	－25	0
2	－30	15
3	－45	0
4	－30	－15

2）孔（直径为 30 mm）加工刀具路径如图 9－3 所示。刀具从 1 点下刀，由 1 点到 2 点建立刀具半径左补偿，以圆弧半径 10 mm 从 2 点到 3 点切入，然后执行圆弧加工到 3 点，以圆弧半径 10 mm 从 3 点到 4 点切出，最后由 4 点到 1 点取消刀具半径左补偿。各基点坐标值见表 9－3。

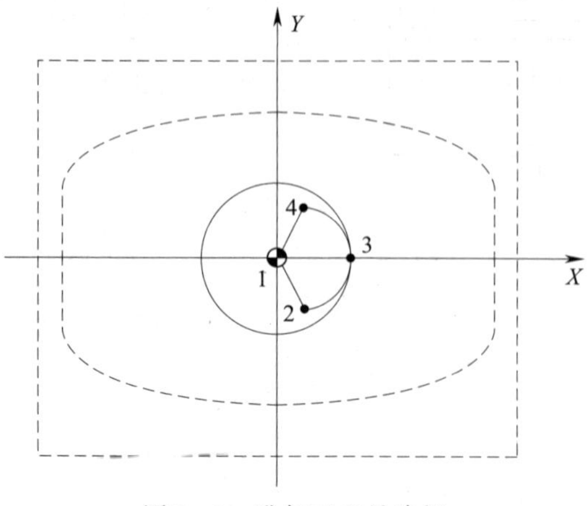

图 9－3　孔加工刀具路径

表 9－3　　各基点坐标值

基点	X	Y
1	0	0
2	5	－10
3	30	0
4	5	10

3）直径为 60 mm 的圆槽加工刀具路径如图 9－4 所示。刀具从 1 点下刀，然后执行圆弧加工到 1 点，1 点坐标（25，0）。

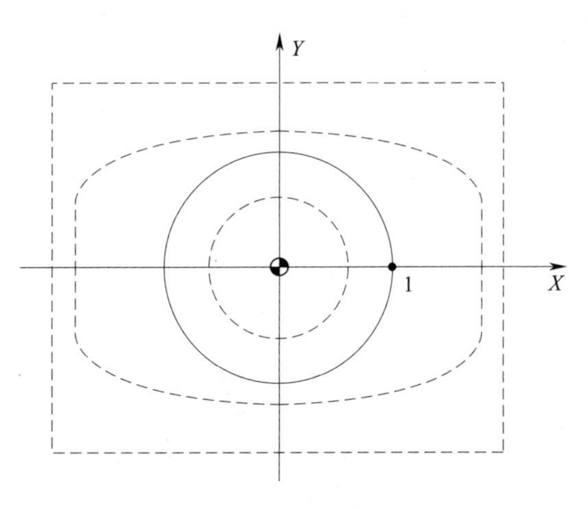

图 9－4　圆槽加工刀具路径

4）离合器加工刀具路径如图 9－5 所示。刀具从 1 点下刀，由 1 点到 2 点建立刀具半径左补偿，然后依次到达 3 点→4 点→5 点，最后由 5 点到 6 点取消刀具半径左补偿。其他齿采用旋转指令加工。图中各基点坐标值见表 9－4。

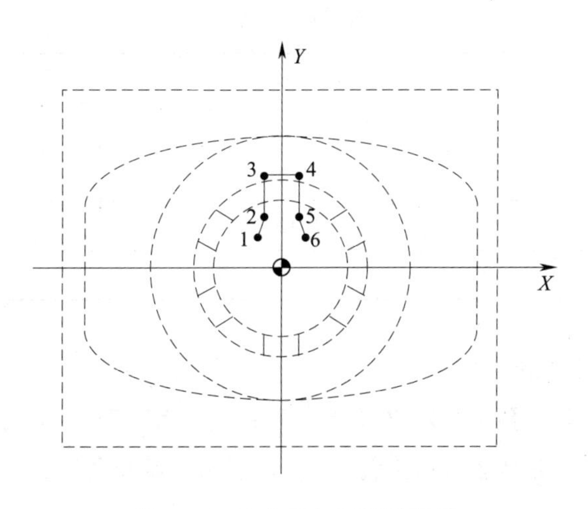

图 9－5　离合器加工刀具路径

表 9 – 4　　各基点坐标值

基点	X	Y
1	–5.32	7
2	–4	12
3	–4	21
4	4	21
5	4	12
6	5.32	7

5）钻孔（直径为 10 mm）加工刀具路径如图 9 – 6 所示。刀具依次加工孔 1、孔 2、孔 3 和孔 4。图中各基点坐标值见表 9 – 5。

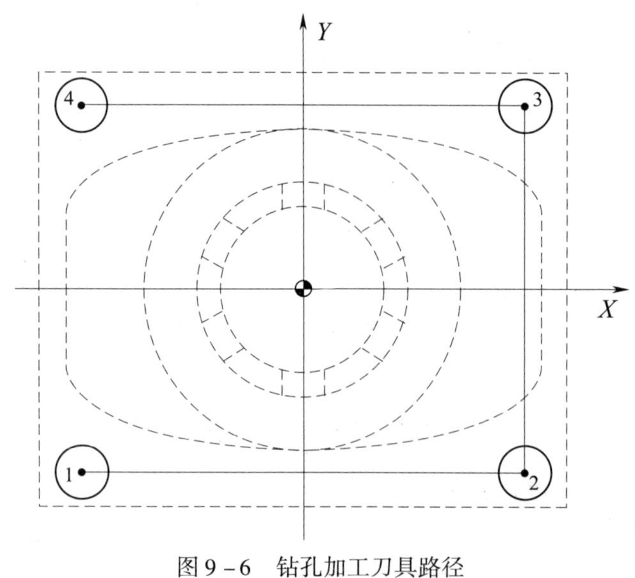

图 9 – 6　钻孔加工刀具路径

表 9 – 5　　各基点坐标值

基点	X	Y
1	–42	–32
2	42	–32
3	42	32
4	–42	32

（2）确定上表面刀具路径

1）椭圆台加工刀具路径如图 9 – 7 所示。刀具从 1 点下刀，由 1 点到 2 点建立刀具半径左补偿，以圆弧半径 15 mm 从 2 点到 3 点切入，然后执行椭圆台轮廓加工，以圆弧半径 15 mm 从 3 点到 4 点切出，最后由 4 点到 1 点取消刀具半径左补偿。各基点坐标值见表 9 – 6。

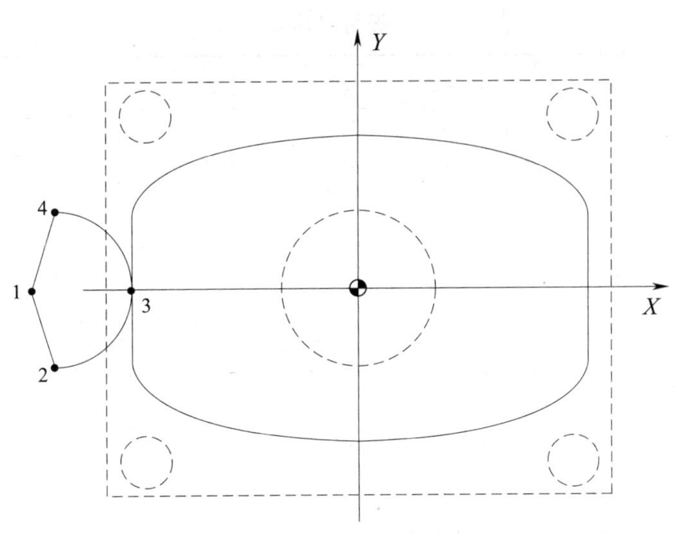

图 9－7　椭圆台加工刀具路径

表 9－6　　各基点坐标值

基点	X	Y
1	－65	0
2	－60	－15
3	－45	0
4	－60	15

2）圆台（直径为 40 mm）加工刀具路径如图 9－8 所示。刀具从 1 点下刀，由 1 点到 2 点建立刀具半径左补偿，由 2 点到 3 点直线切入，然后执行圆弧加工到达 3 点，从 3 点到 4 点直线切出，最后由 4 点到 5 点取消刀具半径左补偿。各基点坐标值见表 9－7。

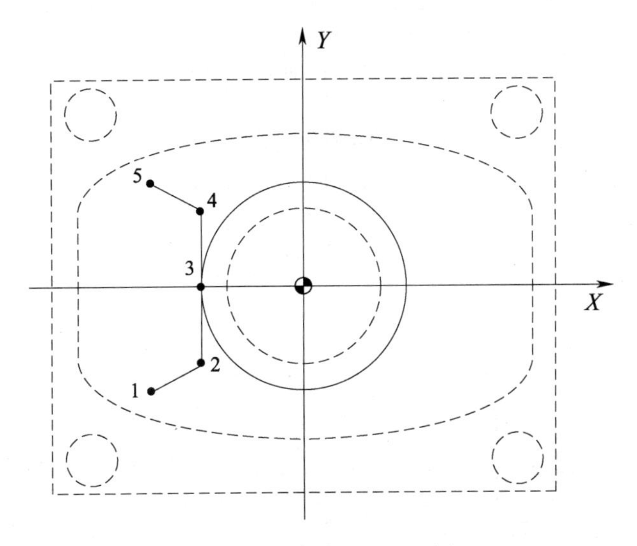

图 9－8　圆台加工刀具路径

表 9 –7　　各基点坐标值

基点	X	Y
1	–30	–20
2	–20	–15
3	–20	0
4	–20	15
5	–30	20

3）圆弧槽加工刀具路径如图 9 –9 所示。刀具从 1 点下刀，由 1 点到 2 点建立刀具半径左补偿，以圆弧半径 5 mm 从 2 点到 3 点切入，然后依次到达 4 点→5 点→6 点，到达 3 点以圆弧半径 5 mm 从 3 点到 7 点切出，最后由 7 点到 1 点取消刀具半径左补偿。右侧圆弧槽采用旋转指令加工。各基点坐标值见表 9 –8。

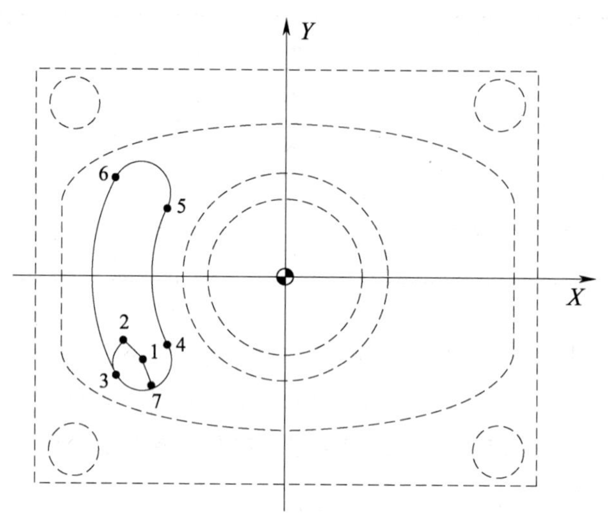

图 9 –9　圆弧槽加工刀具路径

表 9 –8　　各基点坐标值

基点	X	Y
1	–28. 146	–16. 25
2	–31. 512	–12. 42
3	–33. 342	–19. 25
4	–22. 95	–13. 25
5	–22. 95	13. 25
6	–33. 342	19. 25
7	–26. 512	–21. 08

4）离合器加工刀具路径如图9－10所示。刀具从1点下刀，由1点到2点建立刀具半径左补偿，然后依次到达3点→4点→5点，最后由5点到1点取消刀具半径左补偿。其他齿采用旋转指令加工。图中各基点坐标值见表9－9。

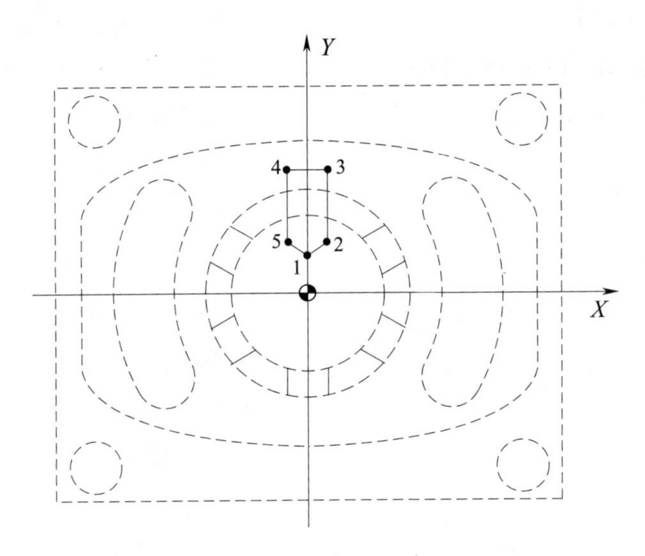

图9－10 离合器加工刀具路径

表9－9 各基点坐标值

基点	X	Y
1	0	8
2	4	10
3	4	24
4	－4	24
5	－4	10

三、参考程序

1. 下表面加工参考程序

（1）椭圆槽参考程序

O0901；	程序名
N10 G00 G17 G21 G40 G49 G90；	程序初始化
N20 G91 G28 Z0；	返回参考点
N30 T01 M06；	更换1号刀（ϕ8 mm平底铣刀）
N40 G54 G90 X－25.0 Y0；	建立工件坐标系，快速到1点
N50 G43 Z20.0 H01；	建立刀具长度补偿

```
N60 S800 M03;                            主轴正转，转速为 800 r/min
N70 M08;                                 切削液开
N80 Z5.0;                                下降到 Z5
N90 G01 Z-5.0 F20;                       以进给速度 20 mm/min 下降到 Z-5
N100 G41 X-30.0 Y15.0 D01 F50;           建立刀具半径左补偿
N110 G03 X-45.0 Y0 R15.0;                圆弧切入
N120 #1=180;                             角度初始值
N130 WHILE[#1LE360] DO1;                 当#1≤360 时，执行循环
N140 #2=45*COS[#1];                      计算 X 坐标值
N150 #3=15*SIN[#1]-15.0;                 计算 Y 坐标值
N160 G01 X#2 Y#3;                        椭圆加工
N170 #1=#1+1;                            自变量每循环一次加 1
N180 END1;                               循环结束
N190 #4=0;                               角度初始值
N200 WHILE[#4LE180] DO2;                 当#4≤180 时，执行循环
N210 #5=45*COS[#4];                      计算 X 坐标值
N220 #6=15*SIN[#4]+15.0;                 计算 Y 坐标值
N230 G01 X#5 Y#6;                        椭圆加工
N240 #4=#4+1;                            自变量每循环一次加 1
N250 END2;                               循环结束
N260 G01 Y0;                             直线插补到 3 点
N270 G03 X-30.0 Y-15.0 R15.0;            圆弧切出
N280 G40 G01 X-25.0 Y0;                  取消刀具半径左补偿
N290 G00 Z5.0;                           快速抬刀至 Z5
N300 G49 G91 G28 Z0;                     取消刀具长度补偿，回参考点
N310 M09;                                切削液关
N320 M30;                                程序结束
```

（2）孔（ϕ30 mm）加工参考程序

1）孔粗加工参考程序

```
O0902;                                   程序名
N10 G00 G17 G21 G40 G49 G90;             程序初始化
N20 G91 G28 Z0;                          返回参考点
N30 T02 M06;                             更换 2 号刀（φ16 mm 平底铣刀）
N40 G54 G90 X0 Y0;                       建立工件坐标系，快速到 1 点
N50 G43 Z20.0 H02;                       建立刀具长度补偿
```

```
N60 S400 M03;                              主轴正转，转速为 400 r/min
N70 M08;                                   切削液开
N80 Z5;                                    下降到 Z5
N90 #1 =5;                                 #1 的初始值为 5
N100 WHILE[#1LE30] DO1;                    当#1≤30，执行循环
N110 G01 Z-#1 F20;                         下刀至 Z-#1
N120 G41 G01 X5.0 Y-10.0 D02 F40;          建立刀具半径左补偿（补偿值8.1 mm）
N130 G03 X15.0 Y0 R10.0;                   圆弧切入到 3 点
N140 I-15.0;                               轮廓加工
N150 X5.0 Y10.0 R10.0;                     圆弧切出到 4 点
N160 G40 G01 X0 Y0;                        取消刀具半径左补偿
N170 #1 =#1 +5;                            自变量每循环一次加 5
N180 END1;                                 循环结束
N190 G00 Z5.0;                             快速抬刀至 Z5
N200 G49 G91 G28 Z0;                       取消刀具长度补偿，回参考点
N210 M09;                                  切削液关
N220 M30;                                  程序结束
```

2）孔精加工参考程序

```
O0903;                                     程序名
N10 G00 G17 G21 G40 G49 G90;               程序初始化
N20 G91 G28 Z0;                            返回参考点
N30 T03 M06;                               更换 3 号刀（φ30 mm 镗刀）
N40 G54 G90 X0 Y0;                         建立工件坐标系，快速到 1 点
N50 G43 Z20.0 H02;                         建立刀具长度补偿
N60 S800 M03;                              主轴正转，转速为 800 r/min
N70 M08;                                   切削液开
N80 G76 X0 Y0 Z-35.0 R5.0 Q2.0 F80;        精镗孔
N90 G80;                                   取消循环指令
N100 G49 G91 G28 Z0;                       取消刀具长度补偿，回参考点
N110 M09;                                  切削液关
N120 M30;                                  程序结束
```

(3) 圆槽加工参考程序

```
O0904;                                     程序名
N10 G00 G17 G21 G40 G49 G90;               程序初始化
N20 G91 G28 Z0;                            返回参考点
```

N30 T04 M06; 更换4号刀（ϕ10 mm 平底铣刀）
N40 G54 G90 X25.0 Y0; 建立工件坐标系，快速到1点
N50 G43 Z20.0 H04; 建立刀具长度补偿
N60 S650 M03; 主轴正转，转速为650 r/min
N70 M08; 切削液开
N80 Z5; 下降到Z5
N90 G01 Z-10.0 F20; 下降到Z-10
N100 G03 I-25.0 F50; 轮廓加工
N110 G00 Z5.0; 抬刀至Z5
N120 G49 G91 G28 Z0; 取消刀具长度补偿，回参考点
N130 M09; 切削液关
N140 M30; 程序结束

（4）离合器加工参考程序

1）主程序

O0905; 程序名
N10 G00 G17 G21 G40 G49 G90; 程序初始化
N20 G91 G28 Z0; 返回参考点
N30 T05 M06; 更换5号刀（ϕ6 mm 平底铣刀）
N40 G54 G90 X-5.32 Y7.0; 建立工件坐标系，快速到1点
N50 G43 Z20.0 H05; 建立刀具长度补偿
N60 S1100 M03; 主轴正转，转速为1 100 r/min
N70 M08; 切削液开
N80 Z5; 下降到Z5
N90 G01 Z-10.0 F20; 下降到Z-10
N100 #1=0; #1的初始值为0
N110 WHILE[#1LT360] DO1; 当#1<360时，执行循环
N120 G68 X0 Y0 R#1; 坐标系旋转#1
N130 M98 P1905; 调用子程序
N140 #1=#1+60; 自变量每循环一次加60
N150 END1; 取消循环
N160 G69; 取消旋转指令
N170 G00 Z5.0; 抬刀至Z5
N180 G49 G91 G28 Z0; 取消刀具长度补偿，回参考点
N190 M09; 切削液关
N200 M30; 程序结束

2）子程序

```
O1905;                                  子程序
N10 G01 X-5.32 Y7.0;                    移动到1点
N20 G41 G01 X-4.0 Y12.0 D05 F45;        建立刀具半径左补偿
N30 Y21.0;                              到3点
N40 X4.0;                               到4点
N50 Y12.0;                              到5点
N60 G40 X5.32 Y7.0;                     取消刀具半径左补偿
N70 M99;                                子程序结束
```

（5）孔（ϕ10 mm）加工程序

1）定位孔加工参考程序

```
O0906;                                  程序名
N10 G00 G17 G21 G40 G49 G90;            程序初始化
N20 G91 G28 Z0;                         返回参考点
N30 T06 M06;                            更换6号刀（ϕ3 mm中心钻）
N40 G54 G90 X-42.0 Y-32.0;              建立工件坐标系，快速到1点
N50 G43 Z20.0 H06;                      建立刀具长度补偿
N60 S2000 M03;                          主轴正转，转速为2 000 r/min
N70 M08;                                切削液开
N80 G81 X-42.0 Y-32.0 Z-5.0 R5.0 F40;   加工第一个孔
N90 X42.0;                              加工第二个孔
N100 Y32.0;                             加工第三个孔
N110 X42.0;                             加工第四个孔
N120 G80;                               取消固定循环指令
N130 G49 G91 G28 Z0;                    取消刀具长度补偿，回参考点
N140 M09;                               切削液关
N150 M30;                               程序结束
```

2）扩孔加工参考程序

```
O0907;                                  程序名
N10 G00 G17 G21 G40 G49 G90;            程序初始化
N20 G91 G28 Z0;                         返回参考点
N30 T07 M06;                            更换7号刀（ϕ9.8 mm钻头）
N40 G54 G90 X-42.0 Y-32.0;              建立工件坐标系，快速到1点
N50 G43 Z20.0 H07;                      建立刀具长度补偿
N60 S650 M03;                           主轴正转，转速为650 r/min
```

```
N70 M08;                                          切削液开
N80 G73 X-42.0 Y-32.0 Z-35.0 R5.0 Q2.0 F65;       加工第一个孔
N90 X42.0;                                        加工第二个孔
N100 Y32.0;                                       加工第三个孔
N110 X42.0;                                       加工第四个孔
N120 G80;                                         取消固定循环指令
N130 G49 G91 G28 Z0;                              取消刀具长度补偿，回参考点
N140 M09;                                         切削液关
N150 M30;                                         程序结束
```

3）铰孔加工参考程序

```
O0908;                                            程序名
N10 G00 G17 G21 G40 G49 G90;                      程序初始化
N20 G91 G28 Z0;                                   返回参考点
N30 T08 M06;                                      更换 8 号刀（φ10 mm 铰刀）
N40 G54 G90 X-42.0 Y-32.0;                        建立工件坐标系，快速到 1 点
N50 G43 Z20.0 H08;                                建立刀具长度补偿
N60 S320 M03;                                     主轴正转，转速为 320 r/min
N70 M08;                                          切削液开
N80 G81 X-42.0 Y-32.0 Z-35.0 R5.0 F60;            加工第一个孔
N90 X42.0;                                        加工第二个孔
N100 Y32.0;                                       加工第三个孔
N110 X42.0;                                       加工第四个孔
N120 G80;                                         取消固定循环指令
N130 G49 G91 G28 Z0;                              取消刀具长度补偿，回参考点
N140 M09;                                         切削液关
N150 M30;                                         程序结束
```

2. 上表面加工参考程序

（1）椭圆台参考程序

```
O0909;                                            程序名
N10 G00 G17 G21 G40 G49 G90;                      程序初始化
N20 G91 G28 Z0;                                   返回参考点
N30 T02 M06;                                      更换 2 号刀（φ16 mm 平底铣刀）
N40 G54 G90 X-65.0 Y0;                            建立工件坐标系，快速到 1 点
N50 G43 Z20.0 H02;                                建立刀具长度补偿
```

```
N60 S400 M03;                          主轴正转，转速为 400 r/min
N70 M08;                               切削液开
N80 Z5.0;                              下降到 Z5
N90 #1 =5.0;                           #1 的初始值为 5
N100 WHILE[#1LE10] DO1;                #1≤10，执行循环体
N110 G01 Z -#1 F40;                    每次下刀深度为#1
N120 G41 X -60.0 Y -15.0 D02 F40;      建立刀具半径左补偿
N130 G03 X -45.0 Y0 R15.0;             圆弧切入
N140 #2 =180;                          角度初始值
N150 WHILE[#2GE0] DO2;                 当#2≥0 时，执行循环
N160 #3 =45 * COS[#2];                 计算 X 坐标值
N170 #4 =15 * SIN[#2] +15.0;           计算 Y 坐标值
N180 G01 X#3 Y#4;                      椭圆加工
N190 #2 =#2 -1;                        自变量每循环一次减 1
N200 END2;                             循环结束
N210 #5 =0;                            角度初始值
N220 WHILE[#5GE -180] DO3;             当#5≥ -180 时，执行循环
N230 #6 =45 * COS[#5];                 计算 X 坐标值
N240 #7 =15 * SIN[#5] -15.0;           计算 Y 坐标值
N250 G01 X#6 Y#7;                      椭圆加工
N260 #5 =#5 -1;                        自变量每循环一次减 1
N270 END3;                             循环结束
N280 G01 Y0;                           直线插补到 3 点
N290 G03 X -60.0 Y15.0 R15.0;          圆弧切出
N300 G40 G01 X -65.0 Y0;               取消刀具半径左补偿
N310 #1 =#1 +5;                        自变量每循环一次加 5
N320 END1;                             循环结束
N330 G00 Z5.0;                         快速抬刀至 Z5
N340 G49 G91 G28 Z0;                   取消刀具长度补偿，回参考点
N350 M09;                              切削液关
N360 M30;                              程序结束
```

(2) 圆台参考程序

```
O0910;                                 程序名
N10 G00 G17 G21 G40 G49 G90;           程序初始化
N20 G91 G28 Z0;                        返回参考点
```

N30 T02 M06;	更换 2 号刀（ϕ16 mm 平底铣刀）
N40 G54 G90 X-30.0 Y-20.0;	建立工件坐标系，快速到 1 点
N50 G43 Z20.0 H02;	建立刀具长度补偿
N60 S400 M03;	主轴正转，转速为 400 r/min
N70 M08;	切削液开
N80 Z5.0;	下降到 Z5
N90 G01 Z-5.0 F40;	下降到 Z-5
N100 G41 X-20.0 Y-15.0 D02 F40;	建立刀具半径左补偿
N110 Y0;	直线切入到 3 点
N120 G02 I20.0;	轮廓加工
N130 G01 Y15.0;	直线切入到 4 点
N140 G40 G01 X-30.0 Y20.0;	取消刀具半径左补偿
N150 G00 Z5.0;	快速抬刀至 Z5
N160 G49 G91 G28 Z0;	取消刀具长度补偿，回参考点
N170 M09;	切削液关
N180 M30;	程序结束

（3）圆弧槽加工参考程序

1）主程序

O0911;	程序名
N10 G00 G17 G21 G40 G49 G90;	程序初始化
N20 G91 G28 Z0;	返回参考点
N30 T01 M06;	更换 1 号刀（ϕ8 mm 平底铣刀）
N40 G54 G90 X0 Y0;	建立工件坐标系，快速到中心点
N50 G43 Z20.0 H01;	建立刀具长度补偿
N60 S800 M03;	主轴正转，转速为 800 r/min
N70 M08;	切削液开
N80 Z5.0;	下降到 Z5
N90 #1=0;	#1 的初始值为 0
N100 WHILE[#1LE180] DO1;	#1≤180 时，执行循环体
N110 G68 X0 Y0 R#1;	坐标系旋转#1
N120 M98 P1911;	调用子程序
N130 #1=#1+180;	
N140 END1;	
N150 G69;	取消旋转指令
N160 G00 Z5.0;	快速抬刀至 Z5

```
N170 G49 G91 G28 Z0;                          取消刀具长度补偿，回参考点
N180 M09;                                     切削液关
N190 M30;                                     程序结束
```

2）子程序

```
O1911;                                        子程序
N10 X-28.146 Y-16.25;                         快速到1点
N20 G01 Z-5.0 F20;                            下刀至Z-5
N30 G41 G01 X-31.512 Y-12.42 D01 F50;         建立刀具半径左补偿
N40 G03 X-33.342 Y-19.25 R5.0;                圆弧切入到3点
N50 X-22.95 Y-13.25 R6.0;                     到4点
N60 G02 Y13.25 R26.5;                         到5点
N70 G03 X-33.342 Y19.25 R6.0;                 到6点
N80 Y-19.25 R38.5;                            到3点
N90 X-26.512 Y-21.08 R5.0;                    到7点
N100 G40 G01 X-28.146 Y-16.25;                取消刀具半径左补偿
N110 G00 Z5.0;                                快速抬刀至Z5
N120 M99;                                     子程序结束
```

（4）离合器加工参考程序

1）主程序

```
O0912;                                        程序名
N10 G00 G17 G21 G40 G49 G90;                  程序初始化
N20 G91 G28 Z0;                               返回参考点
N30 T05 M06;                                  更换5号刀（φ6 mm平底铣刀）
N40 G54 G90 X0 Y0;                            建立工件坐标系
N50 G43 Z20.0 H05;                            建立刀具长度补偿
N60 S1100 M03;                                主轴正转，转速为1 100 r/min
N70 M08;                                      切削液开
N80 Z5;                                       下降到Z5
N90 #1=0;                                     #1的初始值为0
N100 WHILE[#1LT360] DO1;                      当#1<360时，执行循环
N110 G68 X0 Y0 R#1;                           坐标系旋转#1
N120 M98 P1912;                               调用子程序
N130 #1=#1+60;                                自变量每循环一次加60
N140 END1;                                    取消循环
N150 G69;                                     取消旋转指令
N160 G00 Z5.0;                                抬刀至Z5
N170 G49 G91 G28 Z0;                          取消刀具长度补偿，回参考点
```

```
N180 M09;                          切削液关
N190 M30;                          程序结束
2）子程序
O1912;                             子程序
N10 G00 X0 Y8.0;                   移动到 1 点
N20 G01 Z-5.0 F45;                 下刀至 Z-5
N30 G41 G01 X4.0 Y10.0 D05 F45;    建立刀具半径左补偿
N40 Y24.0;                         到 3 点
N50 X-4.0;                         到 4 点
N60 Y10.0;                         到 5 点
N70 G40 X0 Y8.0;                   取消刀具半径左补偿
N80 M99;                           子程序结束
```

四、评分标准

评分表见表 9-10。

表 9-10　评分表

序号	配分	尺寸类型	公称尺寸	上偏差	下偏差	上极限尺寸	下极限尺寸	实际尺寸	得分	允差
A—主要尺寸										0.003
1	3	L	8	0.05	0.02	8.05	8.02			
2	3	L	60	0	-0.05	60	59.95			
3	3	L	90	0	-0.05	90	89.95			
4	3	L	5	0.05	0	5.05	5			
5	3	L	5	0.05	0	5.05	5			
6	5	Φ	10	0.02	0	10.02	10			
7	3	L	84	0.02	-0.02	84.02	83.98			
8	3	L	8	0	-0.02	8	7.98			
9	4	⌯	0.05	0.05	0.001	0.05	0.001			
10	3	L	64	0.02	-0.02	64.02	63.98			
11	3	L	90	0.05	0.02	90.05	90.02			
12	3	L	60	0.05	0.02	60.05	60.02			
13	4	⌯	0.05	0.05	0.001	0.05	0.001			
14	3	L	5	0.05	0	5.05	5			
15	3	Φ	30	0.02	0	30.02	30			
16	3	L	12	0.02	0	12.02	12			
17	3	L	5	0.05	0	5.05	5			
小计	55									

续表

序号	配分	尺寸类型	公称尺寸	上偏差	下偏差	上极限尺寸	下极限尺寸	实际尺寸	得分	允差
B—次要尺寸										
1	2	∠	60	0.5	-0.5	60.5	59.5			
2	2	Φ	65	0.1	-0.1	65.1	64.9			
3	2	R	20	0.1	-0.1	20.1	19.9			
4	2	Φ	40	0.1	-0.1	40.1	39.9			
5	2	L	5	0.1	-0.1	5.1	4.9			
6	2	Φ	40	0.1	-0.1	40.1	39.9			
小计	12									
C—表面质量										
1	5	Ra	Ra 1.6	1.6	0	1.6	0			
2	5	Ra	Ra 1.6	1.6	0	1.6	0			
3	14	Ra	Ra 3.2	3.2	0	3.2	0			
小计	24									
D—主观评判										
1	2	零件表面没有划伤、擦痕								
2	2	去除毛刺、飞边								
3	5	安全生产								
小计	9									
合计	100									

注：1. 表中尺寸单位为 mm，表面粗糙度值单位为 μm；

2. 超差不得分。

第二节　高级职业技能等级认定技能操作模拟试题 2

一、工件图样

如图 9－11 所示，已知毛坯尺寸为 100 mm×80 mm×25 mm，试编写数控加工程序。

二、工艺分析

零件的加工内容较多，主要分布在前面和上、下两个表面，包含了轮廓加工、型腔加工、槽加工和孔加工等。加工时，首先加工前面，加工顺序是型腔加工→圆弧台阶加工；然后加工下表面的十字槽和四个斜台阶；最后加工上表面，加工顺序是外轮廓加工→台阶加工（20 mm×15 mm×5 mm）→平键加工（20 mm×10 mm×5 mm）→型腔加工（20 mm×25 mm×9 mm）→椭圆槽加工→孔（ϕ20 mm）加工→倒圆角→孔（ϕ8 mm）加工。

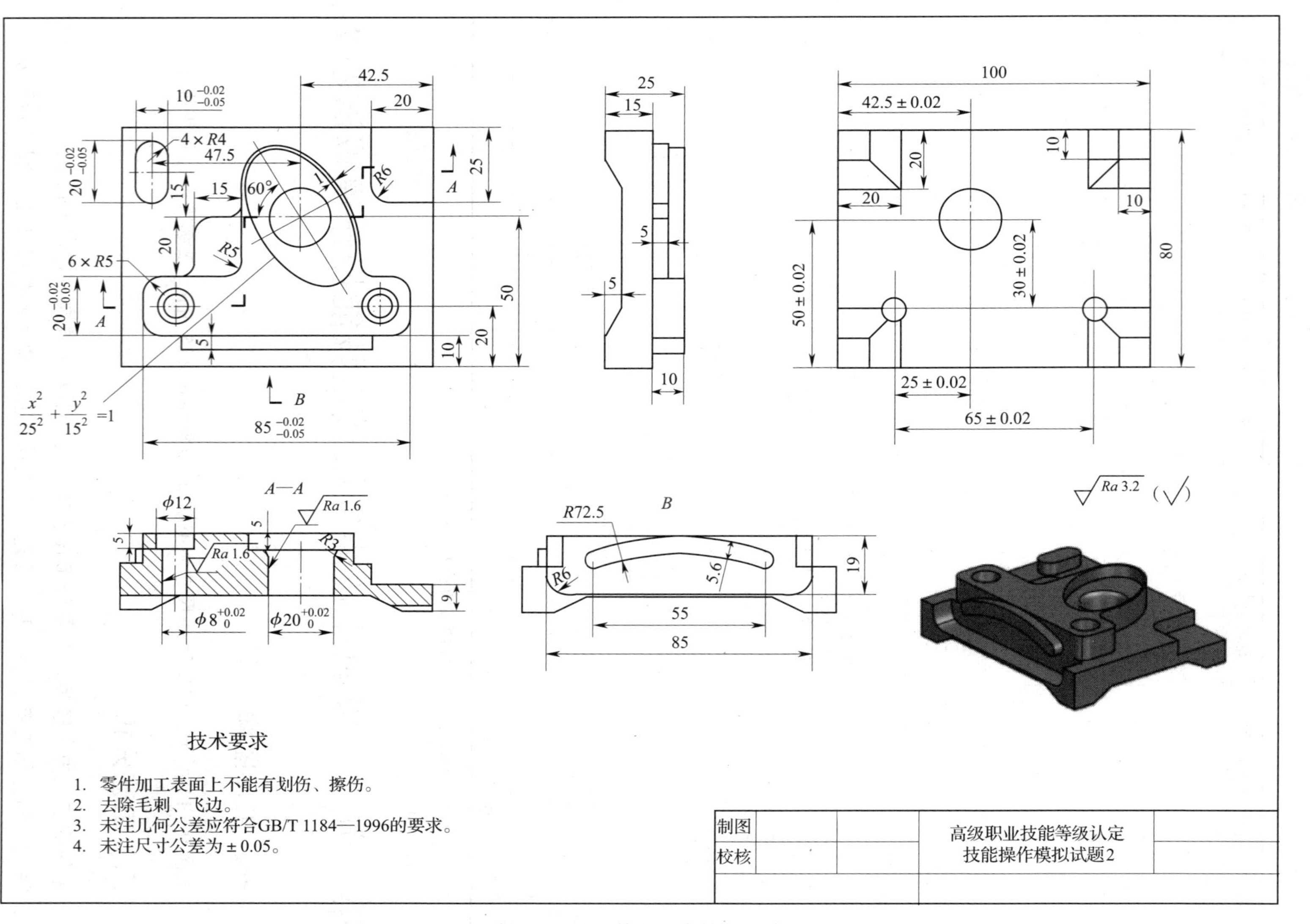

图 9 - 11 高级职业技能等级认定技能操作模拟试题2

1. 选择刀具

所需加工刀具及切削用量见表 9－11。

表 9－11　　所需加工刀具及切削用量

序号	刀具号	名称	材料	直径/mm	切削速度/(mm·min^{-1})	每齿进给量/(mm·r^{-1})	主轴转速/(r·min^{-1})	进给速度/(mm·min^{-1})
1	T01	平底铣刀	高速钢	ϕ16	20	0.05	400	40
2	T02	平底铣刀	高速钢	ϕ8	20	0.03	800	50
3	T03	平底铣刀	高速钢	ϕ10	20	0.04	650	50
4	T04	镗刀	高速钢	ϕ20	70	0.1	1 100	110
5	T05	中心钻	高速钢	ϕ3	20	0.01	2 000	40
6	T06	钻头	高速钢	ϕ7.8	20	0.03	800	50
7	T07	铰刀	高速钢	ϕ8	10	0.05	400	40

2. 确定刀具路径

(1) 前面加工刀具路径

1) 型腔加工刀具路径 1 如图 9－12 所示。刀具从 1 点下刀，依次到达 2 点→3 点→4 点→5 点。各基点坐标值见表 9－12。

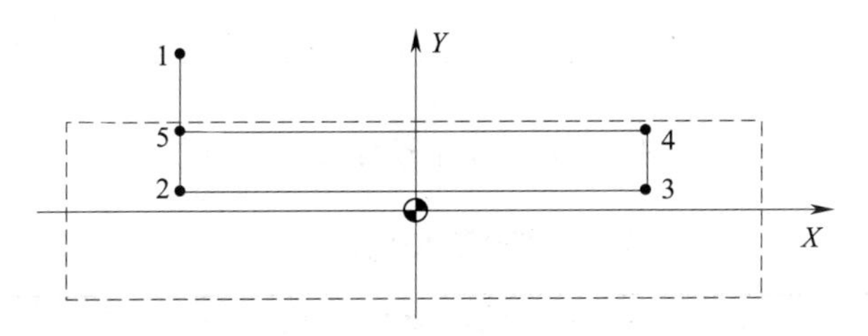

图 9－12　型腔加工刀具路径 1

表 9－12　　各基点坐标值

基点	X	Y
1	－33.5	22.5
2	－33.5	2.5
3	33.5	2.5
4	33.5	11.5
5	－33.5	11.5

2) 型腔加工刀具路径 2 如图 9－13 所示。刀具从 1 点下刀，然后依次到达 2 点→3 点→4 点→5 点，到达 6 点后抬刀。图中部分基点坐标值见表 9－13。

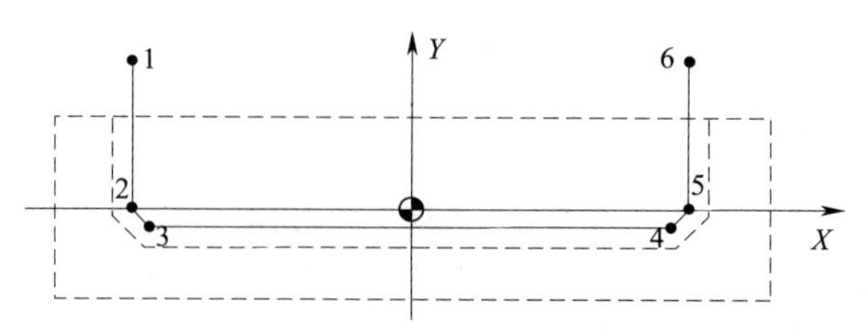

图 9－13　型腔加工刀具路径 2

表 9－13　部分基点坐标值

基点	X	Y
1	－38. 5	20. 5
2	－38. 5	－0. 5
3	－36. 5	－2. 5

3）圆弧台阶加工刀具路径如图 9－14 所示。刀具从 1 点下刀，由 1 点到 2 点建立刀具半径左补偿，由 2 点到 3 点直线切入，然后依次到达 4 点→5 点→6 点→7 点→3 点，由 3 点到 8 点直线切出，最后由 8 点到 9 点取消刀具半径左补偿。图中部分基点坐标值见表 9－14。

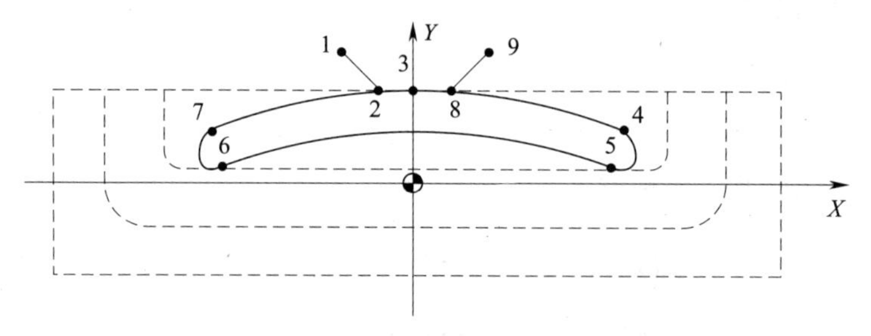

图 9－14　圆弧台阶加工刀具路径

表 9－14　部分基点坐标值

基点	X	Y
1	－10	17. 5
2	－5	12. 5
3	0	12. 5
4	28. 523	7. 105
5	26. 477	1. 892

（2）下表面加工刀具路径

1）十字槽加工刀具路径如图 9－15 所示。刀具从 1 点下刀，然后依次到达 2 点→3 点→4 点→……→14 点，到达 2 点后，抬刀至安全高度，快速移动到 15 点下刀后到达 16 点→17 点，到达 18 点后抬刀。图中部分基点坐标值见表 9－15。

2）斜台阶加工刀具路径采用宏程序编程，如图 9－16 所示。刀具从 1 点下刀，然后到达 2 点，到达 3 点后沿着 *Y* 向移动距离 *n* 到 4 点，再沿 *Z* 向下降一段距离，到达 5 点，到达

6 点后沿 X 向移动距离 n，以此类推，直至完成斜台阶的加工。图中各基点的坐标值采用宏程序的方式计算得出。

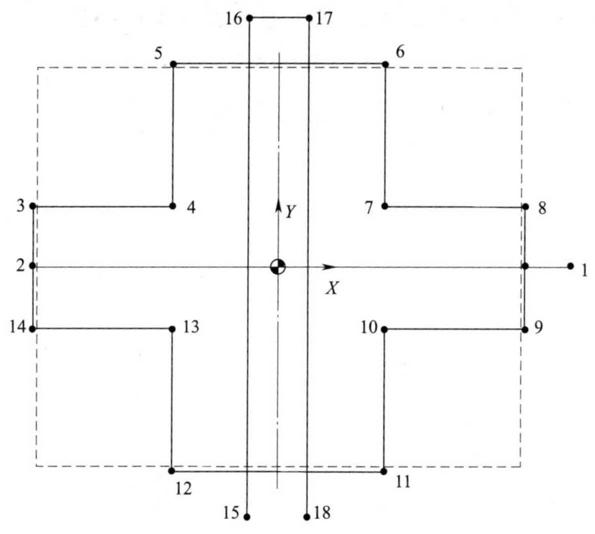

图 9-15　十字槽加工刀具路径

表 9-15　部分基点坐标值

基点	X	Y
1	60	0
2	-51	0
3	-51	12
4	-22	12
5	-22	41
15	-6	-50
16	-6	50

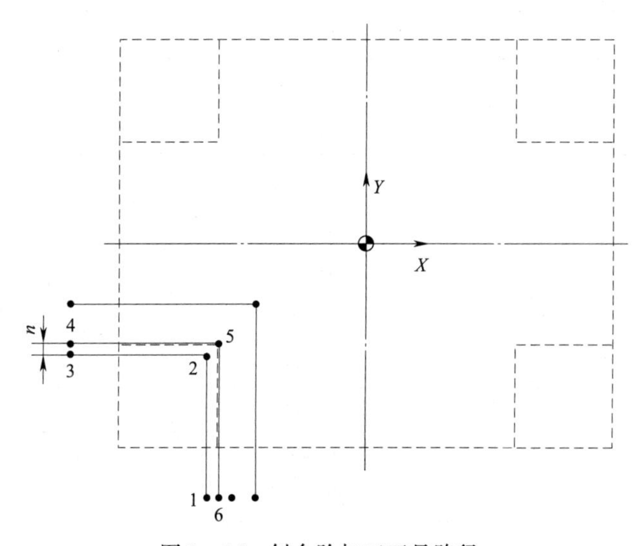

图 9-16　斜台阶加工刀具路径

（3）上表面加工刀具路径

1）外轮廓加工刀具路径如图 9－17 所示。刀具从 1 点下刀，通过 2 点到 3 点建立刀具半径左补偿，以 *R*5 mm 圆弧切入到 3 点，然后依次到达 4 点→5 点→6 点……到达 12 点后通过宏程序执行椭圆加工程序到达 13 点，再依次到达 14 点→15 点……到达 19 点后，以 *R*5 mm 圆弧切出到 20 点，最后由 20 点到 21 点取消刀具半径补偿。图中各基点坐标值见表 9－16。

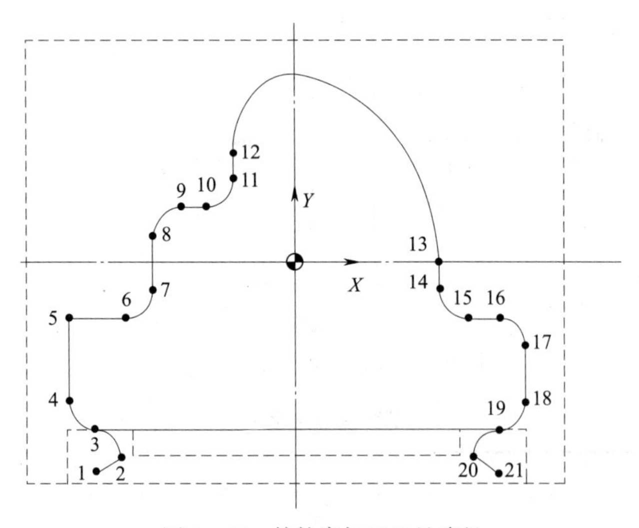

图 9－17　外轮廓加工刀具路径

表 9－16　　各基点坐标值

基点	X	Y
1	－37.591	－38
2	－32.591	－35
3	－37.591	－30
4	－42.591	－25
5	－42.591	－10
6	－31.591	－10
7	－26.591	－5
8	－26.591	5
9	－21.591	10
10	－16.591	10
11	－11.591	15
12	－11.591	19.572
13	26.405	0
14	26.409	－5
15	31.409	－10

续表

基点	X	Y
16	37.409	-10
17	42.409	-15
18	42.409	-25
19	37.409	-30
20	32.409	-35
21	37.409	-38

2）台阶加工刀具路径如图 9 - 18 所示。刀具从 1 点下刀，通过 1 点到 2 点建立刀具半径左补偿，以 *R*5 mm 圆弧切入到 3 点，然后依次到达 4 点→5 点→6 点，到达 6 点后，以 *R*5 mm 圆弧切出到 7 点，最后由 7 点到 8 点取消刀具半径补偿。图中各基点坐标值见表 9 - 17。

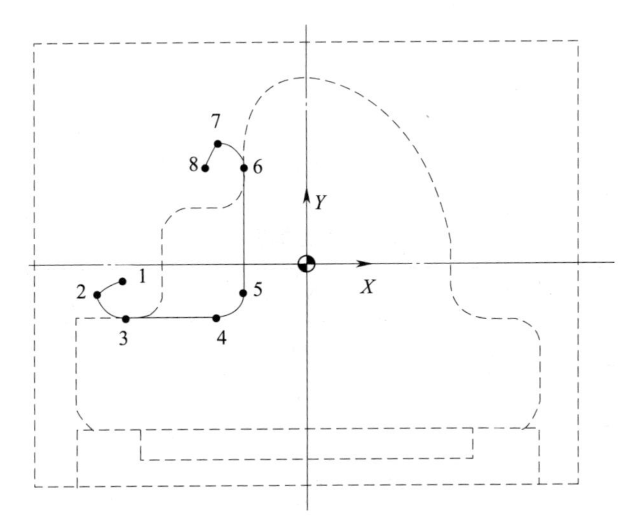

图 9 - 18　台阶加工刀具路径

表 9 - 17　　各基点坐标值

基点	X	Y
1	-33.591	-3
2	-38.591	-5
3	-33.591	-10
4	-16.591	-10
5	-11.591	-5
6	-11.591	17
7	-16.591	22
8	-18.591	17

3）平键加工刀具路径如图 9 – 19 所示。刀具从 1 点下刀，通过 1 点到 2 点建立刀具半径左补偿，以 *R*5 mm 圆弧切入到 3 点，然后依次到达 4 点→5 点→6 点→……→10 点，再到达 3 点后，以 *R*5 mm 圆弧切出到 11 点，最后由 11 点到 1 点取消刀具半径补偿。图中各基点坐标值见表 9 – 18。

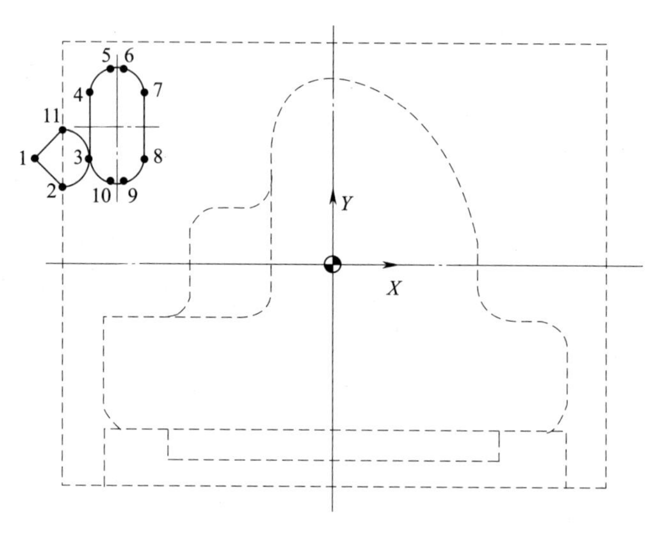

图 9 – 19　平键加工刀具路径

表 9 – 18　　各基点坐标值

基点	X	Y
1	–55	19
2	–50	14
3	–45	19
4	–45	31
5	–41	35
6	–39	35
7	–35	31
8	–35	19
9	–39	15
10	–41	15
11	–50	24

4）型腔加工刀具路径如图 9 – 20 所示。刀具从 1 点下刀，通过 1 点到 2 点建立刀具半径左补偿，然后依次到达 3 点→4 点→5 点，最后由 5 点到 6 点取消刀具半径补偿。图中各基点坐标值见表 9 – 19。

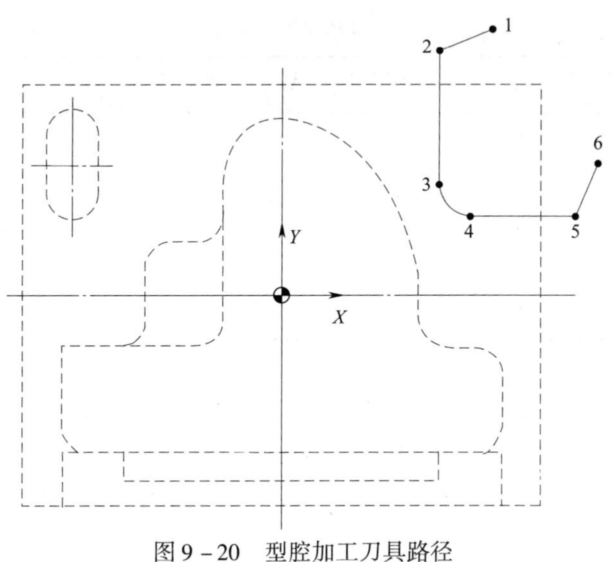

图 9－20　型腔加工刀具路径

表 9－19　　各基点坐标值

基点	X	Y
1	39.909	50
2	29.909	46
3	29.909	21
4	35.909	15
5	55.909	15
6	59.909	25

5）椭圆槽加工刀具路径如图 9－21 所示。刀具从 1 点下刀，通过 1 点到 2 点建立刀具半径左补偿，以 $R6$ mm 圆弧切入到 3 点，然后执行椭圆轮廓加工，再到达 3 点后，以 $R6$ mm 圆弧切出到 4 点，最后由 4 点到 1 点取消刀具半径补偿。图中各基点坐标值见表 9－20。

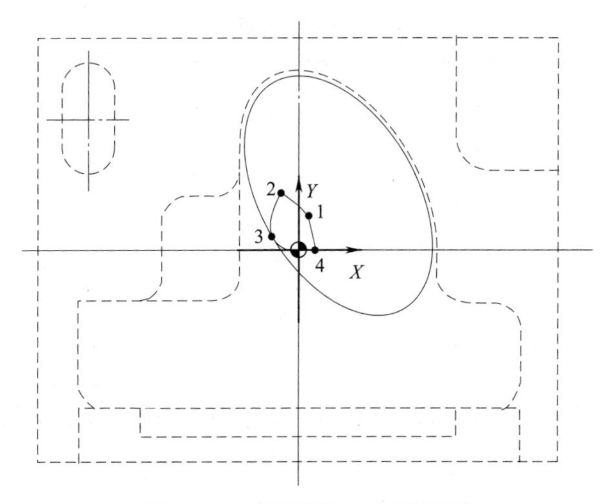

图 9－21　椭圆槽加工刀具路径

表 9－20　　各基点坐标值

基点	X	Y
1	1.438	6.5
2	－3.294	10.696
3	－5.49	2.5
4	2.707	0.304

6）孔（ϕ20 mm）加工刀具路径如图 9－22 所示。刀具从 1 点下刀，通过 1 点到 2 点建立刀具半径左补偿，以 R7.5 mm 圆弧切入到 3 点，然后执行孔加工，再到达 3 点后，以 R7.5 mm 圆弧切出到 4 点，最后由 4 点到 1 点取消刀具半径补偿。图中各基点坐标值见表 9－21。

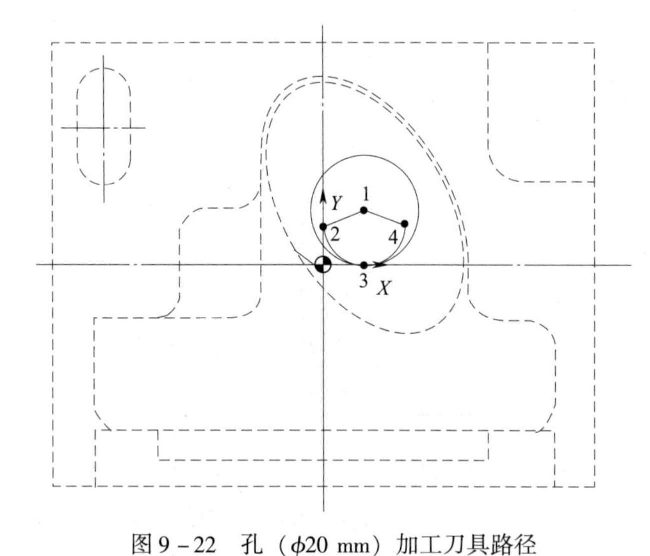

图 9－22　孔（ϕ20 mm）加工刀具路径

表 9－21　　各基点坐标值

基点	X	Y
1	7.591	10
2	0.091	7.5
3	7.591	0
4	15.091	7.5

7）倒圆角加工刀具路径与孔（ϕ20 mm）加工刀具路径相同，如图 9－22 所示。

8）孔（ϕ8 mm）加工刀具路径如图 9－23 所示。刀具依次对孔 1 和孔 2 进行加工。图中各基点坐标值见表 9－22。

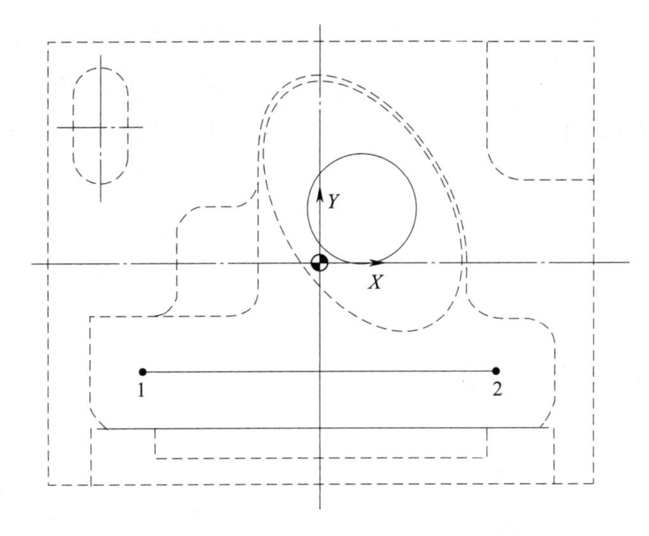

图 9-23　孔（ϕ8 mm）加工刀具路径

表 9-22　　各基点坐标值

基点	X	Y
1	-32.5	-20
2	32.5	-20

三、参考程序

1. 前面加工参考程序

(1) 型腔加工参考程序 1

程序	说明
O0913;	程序名
N10 G00 G17 G21 G40 G49 G90;	程序初始化
N20 G91 G28 Z0;	返回参考点
N30 T01 M06;	更换 1 号刀（ϕ16 mm 平底铣刀）
N40 G54 G90 X-33.5 Y22.5;	建立工件坐标系，快速到 1 点
N50 G43 Z20.0 H01;	建立刀具长度补偿
N60 S400 M03;	主轴正转，转速为 400 r/min
N70 M08;	切削液开
N80 Z5.0;	下降到 Z5
N90 G01 Z-5.0 F20;	下降到 Z-5
N100 Y2.5 F40;	到 2 点
N110 X33.5;	到 3 点
N120 Y11.5;	到 4 点

```
N130 X-33.5;                          到 5 点
N140 G00 Z5.0;                        快速抬刀至 Z5
N150 G49 G91 G28 Z0;                  取消刀具长度补偿，回参考点
N160 M09;                             切削液关
N170 M30;                             程序结束
```

（2）型腔加工参考程序 2

```
O0914;                                程序名
N10 G00 G17 G21 G40 G49 G90;          程序初始化
N20 G91 G28 Z0;                       返回参考点
N30 T02 M06;                          更换 2 号刀（φ8 mm 平底铣刀）
N40 G54 G90 X-38.5 Y20.5;             建立工件坐标系，快速到 1 点
N50 G43 Z20.0 H02;                    建立刀具长度补偿
N60 S800 M03;                         主轴正转，转速为 800 r/min
N70 M08;                              切削液开
N80 Z5.0;                             下降到 Z5
N90 #1=5;                             #1 的初始值为 5
N100 WHILE[#1LE10] DO1;               #1≤10 时，执行循环体
N110 G01 Z-#1 F20;                    下降一个深度
N120 Y-0.5 F50;                       到 2 点
N130 G03 X-36.5 Y-2.5 R2.0;           到 3 点
N140 G01 X36.5;                       到 4 点
N150 G03 X38.5 Y-0.5 R2.0;            到 5 点
N160 G01 Y20.5;                       到 6 点
N170 G00 X-38.5 Y20.5;                到 1 点
N180 #1=#1+5;                         自变量每循环一次加 5
N190 END1;                            取消循环
N200 G00 Z5.0;                        快速抬刀至 Z5
N210 G49 G91 G28 Z0;                  取消刀具长度补偿，回参考点
N220 M09;                             切削液关
N230 M30;                             程序结束
```

（3）圆弧台阶参考程序

```
O0915;                                程序名
N10 G00 G17 G21 G40 G49 G90;          程序初始化
N20 G91 G28 Z0;                       返回参考点
N30 T02 M06;                          更换 2 号刀（φ8 mm 平底铣刀）
```

```
N40 G54 G90 X-10.0 Y17.5;           建立工件坐标系，快速到1点
N50 G43 Z20.0 H02;                  建立刀具长度补偿
N60 S800 M03;                       主轴正转，转速为800 r/min
N70 M08;                            切削液开
N80 Z5.0;                           下降到Z5
N90 G01 Z-5.0 F20;                  下降到-5
N100 G41 G01 X-5 Y12.5 D02 F50;     建立刀具半径左补偿
N110 X0;                            到3点
N120 G02 X28.523 Y7.105 R78.1;      到4点
N130 X26.477 Y1.892 R2.8;           到5点
N140 G03 X-26.477 R72.5;            到6点
N150 G02 X-28.523 Y7.105 R2.8;      到7点
N160 G02 X0 Y12.5 R78.1;            到3点
N170 G01 X5.0;                      到8点
N180 G41 X10.0 Y17.5;               到9点
N190 G00 Z5.0;                      快速抬刀至Z5
N200 G49 G91 G28 Z0;                取消刀具长度补偿，回参考点
N210 M09;                           切削液关
N220 M30;                           程序结束
```

2. 下表面加工参考程序

(1) 十字槽加工参考程序

```
O0916;                              程序名
N10 G00 G17 G21 G40 G49 G90;        程序初始化
N20 G91 G28 Z0;                     返回参考点
N30 T01 M06;                        更换1号刀（φ16 mm平底铣刀）
N40 G54 G90 X60.0 Y0;               建立工件坐标系，快速到1点
N50 G43 Z20.0 H01;                  建立刀具长度补偿
N60 S400 M03;                       主轴正转，转速为400 r/min
N70 M08;                            切削液开
N80 Z5.0;                           下降到Z5
N90 G01 Z-5.0 F20;                  下降到Z-5
N100 X-51.0 F40;                    到2点
N110 Y12.0;                         到3点
N120 X-22.0;                        到4点
```

```
N130 Y41.0;                        到 5 点
N140 X22.0;                        到 6 点
N150 Y12.0;                        到 7 点
N160 X51.0;                        到 8 点
N170 Y-12.0;                       到 9 点
N180 X22.0;                        到 10 点
N190 Y-41.0;                       到 11 点
N200 X-22.0;                       到 12 点
N210 Y-12.0;                       到 13 点
N220 X-51.0;                       到 14 点
N230 Y0;                           到 2 点
N240 G00 Z5.0;                     快速抬刀至 Z5
N250 X-6.0 Y-50.0;                 到 15 点
N260 G01 Z-5.0;                    下降至 Z-5
N270 Y50.0;                        到 16 点
N280 X6.0;                         到 17 点
N290 Y-50.0;                       到 18 点
N300 G00 Z5.0;                     快速抬刀至 Z5
N310 G49 G91 G28 Z0;               取消刀具长度补偿，回参考点
N320 M09;                          切削液关
N330 M30;                          程序结束
```

（2）斜台阶加工参考程序

```
O0917;                             程序名
N10 G00 G17 G21 G40 G49 G90;       程序初始化
N20 G91 G28 Z0;                    返回参考点
N30 T01 M06;                       更换 1 号刀（φ16 mm 平底铣刀）
N40 G54 G90 X-32.0 Y-50.0;         建立工件坐标系，快速到 1 点
N50 G43 Z20.0 H01;                 建立刀具长度补偿
N60 S400 M03;                      主轴正转，转速为 400 r/min
N70 M08;                           切削液开
N80 Z5.0;                          下降到 Z5
N90 #1=0;                          #1 的初始值为 0
N100 WHILE[#1LE10] DO1;            当#1≤10 时，执行循环
N110 G01 Z[-#1] F20;               每次下刀深度为#1
N120 X[-32.0+#1] F40;              直线插补到 1 点
```

```
N130 Y[-22.0+#1];                          直线插补到2点
N140 X-60.0;                               直线插补到3点
N150 #2=#1+0.1;                            #2的赋值为#1+0.1
N160 G01 Z[-#2] F20;                       每次下刀深度为#2
N170 Y[-22.0+#2] F50;                      直线插补到4点
N180 X[-32.0+#2];                          直线插补到5点
N190 Y-48.0;                               直线插补到6点
N200 #1=#1+0.2;                            自变量每循环一次加0.2
N210 END1;                                 取消循环
N220 G00 Z5.0;                             抬刀至Z5
N230 G49 G91 G28 Z0;                       取消刀具长度补偿，回参考点
N240 M09;                                  切削液关
N250 M30;                                  程序结束
```

3. 上表面加工参考程序

（1）外轮廓加工参考程序

```
O0918;                                     程序名
N10 G00 G17 G21 G40 G49 G90;               程序初始化
N20 G91 G28 Z0;                            返回参考点
N30 T02 M06;                               更换2号刀（φ8 mm平底铣刀）
N40 G54 G90 X-37.591 Y-38.0;               建立工件坐标系，快速到1点
N50 G43 Z20.0 H02;                         建立刀具长度补偿
N60 S800 M03;                              主轴正转，转速为800 r/min
N70 M08;                                   切削液开
N80 Z5.0;                                  下降到Z5
N90 G01 Z-10.0 F20;                        以20 mm/min下降到Z-10
N100 G41 X-32.591 Y-38.0 D01 F50;          建立刀具半径左补偿
N110 G03 X-37.591 Y-30.0 R5.0;             圆弧插补到3点
N120 G02 X-42.591 Y-25.0 R5.0;             圆弧插补到4点
N130 G01 Y-10.0;                           直线插补到5点
N140 X-31.591;                             直线插补到6点
N150 G03 X-26.591 Y-5.0 R5.0;              圆弧插补到7点
N160 G01 Y5.0;                             直线插补到8点
N170 G02 X-21.591 Y10.0 R5.0;              圆弧插补到9点
N180 G01 X-16.591;                         直线插补到10点
```

```
N190 G03 X-11.591 Y15.0 R5.0;          圆弧插补到 11 点
N200 G01 Y19.572;                      直线插补到 12 点
N210 G68 X7.5 Y10.0 R-60.0;            以点（7.5，10）为中心旋转-60°
N220 #1=133;                           #1 的初始值为 133
N230 WHILE[#1LE313] DO1;               当#1≤313 时，执行循环
N240 #2=26*COS[#1]+7.5;                X 坐标值计算
N250 #3=-16*SIN[#1]+10.0;              Y 坐标值计算
N260 G01 X[#2] Y[#3] F120;             直线逼近椭圆
N270 #1=#1+1;                          自变量每循环一次加 1°
N280 END1;                             取消循环
N290 G69;                              取消旋转
N300 G01 X26.409 Y-5.0 F40;            直线插补到 13 点
N310 G03 X31.409 Y-10.0 R5.0;          圆弧插补到 14 点
N320 G01 X37.409;                      直线插补到 15 点
N330 G02 X42.409 Y-15.0 R5.0;          圆弧插补到 16 点
N340 G01 Y-25.0;                       直线插补到 17 点
N350 G02 X37.409 Y-30.0 R5.0;          圆弧插补到 18 点
N360 G03 X32.409 Y-35.0 R5.0;          圆弧插补到 19 点
N370 G40 G01 X37.409 Y-38.0;           取消刀具半径补偿
N380 G00 Z5.0;                         抬刀至 Z5
N390 G49 G91 G28 Z0;                   取消刀具长度补偿，回参考点
N400 M09;                              切削液关
N410 M30;                              程序结束
```

（2）台阶加工参考程序

```
O0919;                                 程序名
N10 G00 G17 G21 G40 G49 G90;           程序初始化
N20 G91 G28 Z0;                        返回参考点
N30 T02 M06;                           更换 2 号刀（φ8 mm 平底铣刀）
N40 G54 G90 X-33.591 Y-3.0;            建立工件坐标系，快速到 1 点
N50 G43 Z20.0 H02;                     建立刀具长度补偿
N60 S800 M03;                          主轴正转，转速为 800 r/min
N70 M08;                               切削液开
N80 Z5.0;                              下降到 Z5
N90 G01 Z-5.0 F20;                     下降到 Z-5
N100 G41 X-38.591 Y-5.0 D01 F50;       建立刀具半径左补偿
```

N110 G03 X-33.591 Y-10.0 R5.0;	到3点
N120 G01 X-16.591;	到4点
N130 G03 X-11.591 Y-5.0;	到5点
N140 Y17.0;	到6点
N150 G03 X-16.591 Y22.0;	到7点
N160 G41 G01 X18.591 Y17.0;	到8点
N170 G00 Z5.0;	快速抬刀至Z5
N180 G49 G91 G28 Z0;	取消刀具长度补偿，回参考点
N190 M09;	切削液关
N200 M30;	程序结束

(3) 平键加工参考程序

O0920;	程序名
N10 G00 G17 G21 G40 G49 G90;	程序初始化
N20 G91 G28 Z0;	返回参考点
N30 T02 M06;	更换2号刀（ϕ8 mm平底铣刀）
N40 G54 G90 X-55.0 Y19.0;	建立工件坐标系，快速到1点
N50 G43 Z20.0 H02;	建立刀具长度补偿
N60 S800 M03;	主轴正转，转速为800 r/min
N70 M08;	切削液开
N80 Z5.0;	下降到Z5
N90 G01 Z-10.0 F20;	下降到Z-10
N100 G41 X-50.0 Y14.0 D02 F50;	建立刀具半径左补偿
N110 G03 X-45.0 Y19.0 R5.0;	到3点
N120 G01 Y31.0;	到4点
N130 G02 X-41.0 Y35.0 R4.0;	到5点
N140 G01 X-39.0;	到6点
N150 G02 X-35.0 Y31.0 R4.0;	到7点
N160 Y19.0;	到8点
N170 G02 X-39.0 Y15.0 R4.0;	到9点
N180 G01 X-41.0;	到10点
N190 G02 X-45.0 Y19.0 R4.0;	到3点
N200 G03 X-50.0 Y24.0 R5.0;	到11点
N210 G40 G01 X-55.0 Y19.0;	取消刀具半径左补偿
N220 G00 Z5.0;	快速抬刀至Z5
N230 G49 G91 G28 Z0;	取消刀具长度补偿，回参考点

```
N240 M09;                                    切削液关
N250 M30;                                    程序结束
```

（4）型腔加工参考程序

```
O0921;                                       程序名
N10 G00 G17 G21 G40 G49 G90;                 程序初始化
N20 G91 G28 Z0;                              返回参考点
N30 T02 M06;                                 更换 2 号刀（φ8 mm 平底铣刀）
N40 G54 G90 X-39.909 Y50.0;                  建立工件坐标系，快速到 1 点
N50 G43 Z20.0 H02;                           建立刀具长度补偿
N60 S800 M03;                                主轴正转，转速为 800 r/min
N70 M08;                                     切削液开
N80 Z5.0;                                    下降到 Z5
N90 G01 Z-10.0 F20;                          下降到 Z-10
N100 G41 X29.909 Y46.0 D02 F50;              建立刀具半径左补偿
N110 Y21.0;                                  到 3 点
N120 G03 X35.909 Y15.0 R6.0;                 到 4 点
N130 G01 X55.909;                            到 5 点
N140 G40 X59.909 Y25.0;                      取消刀具半径左补偿
N150 G00 Z5.0;                               快速抬刀至 Z5
N160 G49 G91 G28 Z0;                         取消刀具长度补偿，回参考点
N170 M09;                                    切削液关
N180 M30;                                    程序结束
```

（5）椭圆槽加工参考程序

```
O0922;                                       程序名
N10 G00 G17 G21 G40 G49 G90;                 程序初始化
N20 G91 G28 Z0;                              返回参考点
N30 T02 M06;                                 更换 2 号刀（φ8 mm 平底铣刀）
N40 G54 G90 X1.529 Y6.5;                     建立工件坐标系，快速到 1 点
N50 G43 Z20.0 H01;                           建立刀具长度补偿
N60 S800 M03;                                主轴正转，转速为 800 r/min
N70 M08;                                     切削液开
N80 Z5.0;                                    下降到 Z5
N90 G01 Z-10.0 F20;                          以 20 mm/min 下降到 Z-10
N100 G41 G01 X-3.294 Y10.696 D01 F50;        建立刀具半径左补偿
N110 G03 X-5.49 Y2.5 R6.0;                   圆弧插补到 3 点
```

```
N120 #1 =90;                                          #1 的初始值为 90
N130 WHILE[#1LE270] DO1;                              当#1≤270 时，执行循环
N140 #2 =25 * COS[#1];                                X 坐标值计算（未旋转）
N150 #3 =15 * SIN[#1];                                Y 坐标值计算（未旋转）
N160 #4 =#2 * COS[-60] -#3 * SIN[-60] +7.5;           旋转后的 X 坐标值
N170 #5 =#2 * SIN[-60] +#3 * COS[-60] +10.0;          旋转后的 Y 坐标值
N180 G01 X[#4] Y[#5] F120;                            直线逼近椭圆
N190 #1 =#1 +1;                                       自变量每循环一次加 1°
N200 END1;                                            取消循环
N210 G03 X2.707 Y0.304 R6.0;                          圆弧插补到 4 点
N220 G40 G01 X1.438 Y6.5;                             取消刀具半径补偿
N230 G00 Z5.0;                                        抬刀至 Z5
N240 G49 G91 G28 Z0;                                  取消刀具长度补偿，回参考点
N250 M09;                                             切削液关
N260 M30;                                             程序结束
```

（6）孔（ϕ20 mm）加工参考程序

```
O0923;                                                程序名
N10 G00 G17 G21 G40 G49 G90;                          程序初始化
N20 G91 G28 Z0;                                       返回参考点
N30 T03 M06;                                          更换 3 号刀（φ10 mm 平底铣刀）
N40 G54 G90 X7.591 Y10.0;                             建立工件坐标系
N50 G43 Z20.0 H03;                                    建立刀具长度补偿
N60 S650 M03;                                         主轴正转，转速为 650 r/min
N70 M08;                                              切削液开
N80 Z5.0;                                             下降到 Z5
N90 #1 =5;                                            #1 的初始值为 5
N100 WHILE[#1LE15] DO1;                               当#1≤15 时，执行循环
N110 G01 Z[-#1] F50;                                  下降到#1
N120 G41 X0.091 Y7.5 D03;                             建立刀具半径左补偿
N130 G03 X7.591 Y0 R7.5;                              到 3 点
N140 J10.0;                                           孔加工
N150 X15.091 Y7.5 R7.5;                               到 4 点
N160 G40 G01 X7.591 Y10.0;                            取消刀具半径左补偿
N170 #1 =#1 +5;                                       自变量每循环一次加 5
N180 END1;                                            取消循环
```

```
N190 G00 Z5.0;                         快速抬刀至 Z5
N200 G49 G91 G28 Z0;                   取消刀具长度补偿，回参考点
N210 M09;                              切削液关
N220 M30;                              程序结束
```

（7）倒圆角参考程序

```
O0924;                                 程序名
N10 G00 G17 G21 G40 G49 G90;           程序初始化
N20 G91 G28 Z0;                        返回参考点
N30 T03 M06;                           更换 3 号刀（φ10 mm 平底铣刀）
N40 G54 G90 X7.5 Y10.0;                建立工件坐标系，快速到 1 点
N50 G43 Z20.0 H03;                     建立刀具长度补偿
N60 S650 M03;                          主轴正转，转速为 650 r/min
N70 M08;                               切削液开
N80 Z5.0;                              下降到 Z5
N90 #1 =90;                            #1 的初始值为 90
N100 WHILE[#1GE0] DO1;                 当#1≥0 时，执行循环
N110 #2 =3 -3 * SIN[#1];               计算 Z 向下刀深度
N120 #3 =3 -3 * COS[#1] +10;           计算圆半径
N130 #4 =#3 -10;                       计算 1 点坐标
N140 G90 Y[-#4];                       到 1 点
N150 G01 Z[-#2] F20;                   Z 向下刀
N160 G91 G41 X -7.5 Y -2.5 D02;        到 2 点
N170 G03 X7.5 Y -7.5 R7.5;             到 3 点
N180 J#3;                              倒角加工
N190 X7.5 Y7.5 R7.5;                   到 4 点
N200 G40 G01 X -7.5 Y2.5;              取消刀具半径左补偿
N210 #1 =#1 -1;                        自变量每循环一次减 1
N220 END1;                             取消循环
N230 G00 Z5.0;                         快速抬刀至 Z5
N240 G49 G91 G28 Z0;                   取消刀具长度补偿，回参考点
N250 M09;                              切削液关
N260 M30;                              程序结束
```

（8）孔加工参考程序

1）钻孔（中心孔）参考程序

```
O0925;                                 程序名
```

```
N10 G00 G17 G21 G40 G49 G90;                          程序初始化
N20 G91 G28 Z0;                                       返回参考点
N30 T05 M06;                                          更换5号刀（φ3 mm中心钻）
N40 G54 G90 X-32.5 Y-20.0;                            建立工件坐标系，快速到1点
N50 G43 Z20.0 H05;                                    建立刀具长度补偿
N60 S2000 M03;                                        主轴正转，转速为2 000 r/min
N70 G81 X-32.5 Y-20.0 Z-5.0 R5.0 F40;                 加工中心孔1
N80 X32.5;                                            加工中心孔2
N90 G80;                                              取消固定循环指令
N100 G49 G91 G28 Z0;                                  取消刀具长度补偿，回参考点
N110 M30;                                             程序结束
```

2）钻孔（扩孔）参考程序

```
O0926;                                                程序名
N10 G00 G17 G21 G40 G49 G90;                          程序初始化
N20 G91 G28 Z0;                                       返回参考点
N30 T06 M06;                                          更换6号刀（φ7.8 mm钻头）
N40 G54 G90 X-32.5 Y-20.0;                            建立工件坐标系，快速到1点
N50 G43 Z20.0 H06;                                    建立刀具长度补偿
N60 S800 M03;                                         主轴正转，转速为800 r/min
N70 G73 X-32.5 Y-20.0 Z-25.0 R5.0 Q2.0 F50;           加工中心孔1
N80 X32.5;                                            加工中心孔2
N90 G80;                                              取消固定循环指令
N100 G49 G91 G28 Z0;                                  取消刀具长度补偿，回参考点
N110 M30;                                             程序结束
```

3）钻孔（铰孔）参考程序

```
O0927;                                                程序名
N10 G00 G17 G21 G40 G49 G90;                          程序初始化
N20 G91 G28 Z0;                                       返回参考点
N30 T07 M06;                                          更换7号刀（φ8 mm铰刀）
N40 G54 G90 X-32.5 Y-20.0;                            建立工件坐标系，快速到1点
N50 G43 Z20.0 H07;                                    建立刀具长度补偿
N60 S400 M03;                                         主轴正转，转速为400 r/min
N70 G81 X-32.5 Y-20.0 Z-25.0 R5.0 F40;                加工中心孔1
N80 X32.5;                                            加工中心孔2
N90 G80;                                              取消固定循环指令
```

```
N100 G49 G91 G28 Z0;              取消刀具长度补偿，回参考点
N110 M30;                         程序结束
```

四、评分标准

评分表见表 9－23。

表 9－23　　评分表

序号	配分	尺寸类型	公称尺寸	上偏差	下偏差	上极限尺寸	下极限尺寸	实际尺寸	得分	允差
A—主要尺寸										0.003
1	4	L	10	-0.02	-0.05	9.98	9.95			
2	4	L	65	0.02	-0.02	65.02	64.98			
3	4	L	85	-0.02	-0.05	84.98	84.95			
4	4	L	20	-0.02	-0.05	19.98	19.95			
5	4	L	20	-0.02	-0.05	19.98	19.95			
6	4	L	68.91	0.02	-0.02	68.93	68.89			
7	4	Φ	8	0.02	0	8.02	8			
8	4	Φ	20	0.02	0	20.02	20			
小计	32									
B—次要尺寸										
1	1	L	42.5	0.1	-0.1	42.6	42.4			
2	1	L	20	0.1	-0.1	20.1	19.9			
3	1	L	47.5	0.1	-0.1	47.6	47.4			
4	1	L	10	0.1	-0.1	10.1	9.9			
5	1	R	5	0.1	-0.1	5.1	4.9			
6	1	R	6	0.1	-0.1	6.1	5.9			
7	1	L	25	0.1	-0.1	25.1	24.9			
8	1	L	20	0.1	-0.1	20.1	19.9			
9	1	L	15	0.1	-0.1	15.1	14.9			
10	1	∠	60	0.5	-0.5	60.5	59.5			
11	1	R	5	0.1	-0.1	5.1	4.9			
12	1	R	5	0.1	-0.1	5.1	4.9			
13	1	L	5	0.1	-0.1	5.1	4.9			

续表

序号	配分	尺寸类型	公称尺寸	上偏差	下偏差	上极限尺寸	下极限尺寸	实际尺寸	得分	允差
14	1	L	10	0.1	-0.1	10.1	9.9			
15	1	L	20	0.1	-0.1	20.1	19.9			
16	1	L	50	0.1	-0.1	50.1	49.9			
17	1	L	25	0.1	-0.1	25.1	24.9			
18	1	L	15	0.1	-0.1	15.1	14.9			
19	1	L	5	0.1	-0.1	5.1	4.9			
20	1	L	5	0.1	-0.1	5.1	4.9			
21	1	L	10	0.1	-0.1	10.1	9.9			
22	1	L	40	0.1	-0.1	40.1	39.9			
23	1	L	10	0.1	-0.1	10.1	9.9			
24	1	L	10	0.1	-0.1	10.1	9.9			
25	1	L	60	0.1	-0.1	60.1	59.9			
26	1	L	5	0.1	-0.1	5.1	4.9			
27	1	L	5	0.1	-0.1	5.1	4.9			
28	1	R	3	0.1	-0.1	3.1	2.9			
29	1	L	9	0.1	-0.1	9.1	8.9			
30	1	R	72.5	0.1	-0.1	72.6	72.4			
31	1	R	6	0.1	-0.1	6.1	5.9			
32	1	L	5.6	0.1	-0.1	5.7	5.5			
33	1	L	55	0.1	-0.1	55.1	54.9			
34	1	L	85	0.1	-0.1	85.1	84.9			
35	1	L	19	0.1	-0.1	19.1	18.9			
小计	35									
C—表面质量										
1	5	Ra	Ra 1.6	1.6	0	1.6	0			
2	5	Ra	Ra 1.6	1.6	0	1.6	0			
3	14	Ra	Ra 3.2	3.2	0	3.2	0			
小计	24									

续表

序号	配分	尺寸类型	公称尺寸	上偏差	下偏差	上极限尺寸	下极限尺寸	实际尺寸	得分	允差
D—主观评判										
1	2	零件表面没有划伤、擦痕								
2	2	去除毛刺、飞边								
3	5	安全生产								
小计	9									
合计	100									

注：1．表中尺寸单位为 mm，表面粗糙度值单位为 μm；

2．超差不得分。